高等学校数学教材系列丛书

概率论与数理统计

（第二版）

温小霓　王光锐　编著

西安电子科技大学出版社

内 容 简 介

本书包括了概率论和数理统计的基本内容：随机事件与概率，随机变量与概率分布，随机变量的数字特征，随机向量；抽样和抽样分布，参数估计，假设检验，方差分析及回归分析。

本书叙述清楚，简明易懂，重点突出，只要求读者具有微积分和线性代数的知识即可学习本书内容。

本书可供高等院校相关专业学生及电大、网络教育、自学考试等有关层次学生使用，也可作为相关技术人员的自学参考书。

前　言

本书可作为高等院校相关专业"概率论与数理统计"课程的教材。在编写中力求突出重点，深入浅出；对基本概念、重要公式和定理注重其实际意义的解释说明，便于同学们自学。

本书分为两个部分：第一部分为概率论部分，由王光锐教授负责编写；第二部分为数理统计部分，由温小霓教授负责编写。本次修订由温小霓教授负责。修订时注意保持了上一版简明易懂的特色，适当增加了部分内容，强化了应用，使内容讲述更加清楚。概率论部分课内约需 28 学时，数理统计部分课内约需 20 学时，总计约需 48 学时学完全书。各章章末附有习题，书末附有习题答案，可供同学们参考。

在成书过程中得到了西安电子科技大学出版社领导和同志们的大力支持，在此表示衷心的感谢。

由于时间仓促和水平所限，书中缺点和不足之处在所难免，恳请大家批评指正。

编　者
2016 年 10 月

目 录

第一部分 概 率 论

引言 …………………………………………………………………… 1
第一章 排列与组合 …………………………………………………… 3
  1.1 排列 …………………………………………………………… 4
    1.1.1 全排列 ………………………………………………… 4
    1.1.2 选排列 ………………………………………………… 5
    1.1.3 有重复的排列 ………………………………………… 6
  1.2 组合 …………………………………………………………… 7
  习题一 …………………………………………………………… 9
第二章 随机事件与概率 …………………………………………… 12
  2.1 随机事件 ……………………………………………………… 12
    2.1.1 随机试验与样本空间 ………………………………… 12
    2.1.2 随机事件 ……………………………………………… 14
    2.1.3 事件间的关系与运算 ………………………………… 15
    2.1.4 事件运算的简单性质 ………………………………… 22
  2.2 概率的古典定义 ……………………………………………… 23
  2.3 古典概率的计算 ……………………………………………… 26
  2.4 概率的公理化 ………………………………………………… 28
    2.4.1 概率的公理化定义 …………………………………… 28
    2.4.2 概率的性质 …………………………………………… 29
  2.5 条件概率与事件的独立性 …………………………………… 31
    2.5.1 条件概率 ……………………………………………… 31
    2.5.2 事件的独立性 ………………………………………… 37

2.6　全概率公式与贝叶斯公式 ………………………………… 39
　　2.6.1　全概率公式 ……………………………………………… 39
　　2.6.2　贝叶斯(Bayes)公式 …………………………………… 43
2.7　贝努里概型 …………………………………………………… 45
习题二 ………………………………………………………………… 47

第三章　随机变量与概率分布 ……………………………………… 52
3.1　随机变量的概念 ……………………………………………… 52
3.2　离散型随机变量 ……………………………………………… 53
　　3.2.1　离散型随机变量概率分布的概念 ……………………… 53
　　3.2.2　几类常见离散型随机变量的概率分布 ………………… 55
3.3　随机变量的分布函数 ………………………………………… 60
3.4　连续型随机变量 ……………………………………………… 64
　　3.4.1　概率密度函数的概念 …………………………………… 64
　　3.4.2　几种重要的连续型随机变量的分布 …………………… 66
3.5　随机变量函数的分布 ………………………………………… 72
　　3.5.1　X 是离散型的情形 ……………………………………… 73
　　3.5.2　X 是连续型的情形 ……………………………………… 74
习题三 ………………………………………………………………… 77

第四章　随机变量的数字特征 ……………………………………… 81
4.1　离散型随机变量的数学期望 ………………………………… 81
　　4.1.1　基本概念 ………………………………………………… 81
　　4.1.2　几个常用分布的期望 …………………………………… 83
4.2　连续型随机变量的数学期望 ………………………………… 84
　　4.2.1　定义 ……………………………………………………… 84
　　4.2.2　几个常用分布的期望 …………………………………… 84
4.3　数学期望的性质及随机变量函数的期望 …………………… 86
　　4.3.1　数学期望的性质 ………………………………………… 86
　　4.3.2　随机变量函数的期望公式 ……………………………… 88
4.4　方差及其性质 ………………………………………………… 90
　　4.4.1　方差的概念及计算公式 ………………………………… 90

4.4.2　常用分布的方差 ……………………………………… 90
　　4.4.3　方差的简单性质 ……………………………………… 96
　　4.4.4　切比雪夫(Chebyshev)不等式 ………………………… 96
　习题四 …………………………………………………………… 97

第五章　随机向量 …………………………………………… 99
　5.1　二维随机向量 ……………………………………………… 99
　　5.1.1　分布函数与边缘分布 …………………………………… 99
　　5.1.2　二维离散随机向量 ……………………………………… 101
　　5.1.3　二维连续随机向量 ……………………………………… 104
　5.2　随机变量的独立性 ………………………………………… 107
　　5.2.1　随机变量的独立性 ……………………………………… 107
　　5.2.2　两个随机变量函数的分布 ……………………………… 110
　5.3　随机向量的数字特征 ……………………………………… 115
　　5.3.1　两个随机变量函数的数学期望 ………………………… 115
　　5.3.2　期望与方差的性质 ……………………………………… 117
　　5.3.3　协方差 …………………………………………………… 118
　　5.3.4　相关系数 ………………………………………………… 121
　5.4　大数定律和中心极限定理 ………………………………… 124
　习题五 …………………………………………………………… 126

第二部分　数 理 统 计

引言 ………………………………………………………………… 131

第一章　抽样和抽样分布 …………………………………… 133
　1.1　基本概念 …………………………………………………… 133
　　1.1.1　总体及其分布 …………………………………………… 133
　　1.1.2　样本(简单随机样本) …………………………………… 134
　　1.1.3　样本分布 ………………………………………………… 135
　　1.1.4　统计量(样本数字特征) ………………………………… 135
　1.2　抽样分布 …………………………………………………… 138
　　1.2.1　正态总体样本均值的分布 ……………………………… 138

  1.2.2 χ^2 分布 ·· 140
  1.2.3 t 分布(Student 分布) ··· 144
  1.2.4 F 分布 ·· 147
  1.2.5 正态总体的样本均值与样本方差的分布 ············· 150
 习题一 ··· 152
第二章 参数估计 ··· 154
 2.1 参数的点估计 ··· 154
  2.1.1 矩估计法 ··· 155
  2.1.2 极大似然估计法 ·· 158
 2.2 估计量的评价标准 ··· 164
  2.2.1 无偏性 ·· 165
  2.2.2 有效性 ·· 167
  2.2.3 一致性 ·· 169
  2.2.4 均方误差 ··· 170
 2.3 正态总体均值与方差的区间估计 ···································· 170
  2.3.1 区间估计概述 ·· 170
  2.3.2 单个正态总体均值 μ、方差 σ^2、比例 p 的区间估计 ······· 175
  2.3.3 两个正态总体均值差的估计 ····························· 181
  2.3.4 两个正态总体方差比的置信区间 ····················· 187
 习题二 ··· 189
第三章 假设检验 ··· 193
 3.1 假设检验与两类错误 ·· 193
  3.1.1 假设检验 ··· 193
  3.1.2 两类错误 ··· 197
 3.2 正态总体均值的假设检验 ·· 200
  3.2.1 单个总体 $N(\mu,\sigma^2)$ 的均值 μ 的检验 ··············· 200
  3.2.2 两个正态总体均值差的检验——t 检验 ········· 207
 3.3 正态总体方差的假设检验 ·· 209
  3.3.1 单个正态总体 σ^2 的检验——χ^2 检验 ············ 209
  3.3.2 两个总体方差相等的检验——F 检验 ············ 211

习题三 ··· 216
第四章　方差分析及回归分析 ·· 219
　4.1　一元方差分析 ··· 219
　　4.1.1　单因素试验 ··· 219
　　4.1.2　方差分析的 Excel 应用 ·· 229
　4.2　一元线性回归 ··· 230
　　4.2.1　一元线性回归 ··· 231
　　4.2.2　对 a、b 的估计 ··· 232
　　4.2.3　回归分析的 Excel 应用 ·· 235
　　4.2.4　σ^2 的估计 ··· 238
　4.3　一元线性回归中的假设检验和预测 ····································· 239
　　4.3.1　回归模型的检验 ··· 239
　　4.3.2　预测 ··· 242
　　4.3.3　可化为线性回归的例子 ··· 245
　　习题四 ··· 247
习题答案 ··· 251
附录一　标准正态分布表 ··· 262
附录二　泊松分布表 ··· 264
附录三　t 分布表 ··· 266
附录四　χ^2 分布表 ·· 267
附录五　F 分布表 ··· 269

第一部分 概率论

引 言

　　自然界里人们观察到的现象,可以分为两大类:一类称为确定性现象;另一类称为随机现象。所谓确定性现象,是指在一定条件下必然会发生的现象。例如在一个标准大气压下水在 100℃时必然沸腾,物体在重力作用下必然会下落,等等。这一类现象在观察之前是可以预言的,它的结果是确定的。研究这类确定性现象中的数量关系,常常采用的数学手段是代数、几何以及微积分等方法。所谓随机现象,是指在一定条件下可能发生也可能不发生的现象。例如从一大批同类产品中任意抽取一个产品,抽到的是合格品还是不合格品;抛掷一枚硬币,结果是正面向上还是背面向上;某射手射击一次是击中 10 环还是没有击中 10 环;等等。这些现象只有在观察后才能知道它的结果,事先由于它出现哪个结果的不确定性,因而其结果是无法预言的。是不是随机现象就没有规律可循呢?人们通过反复地观察和实践,发现它们具有明显的统计规律性。例如,从一大批产品中任意抽取一个产品,抽到合格品或不合格品是随机的,然而,当重复抽取时,合格品率是稳定的。又如对靶进行射击,观察命中点的分布,当射击次数很多时，就会发现离靶心越近，分布越密，等等。由此可见，个别随机现象的出现是偶然的，事前无法进行断言，而在大量重复观察或重复试验时，随机现象中隐伏着一些必然的规律，我们就称之为随机现象的统计规律性。

概率论是研究随机现象统计规律性的一门数学学科，它是现代数学的重要分支之一。它不仅有自己独特的概念与方法，与其它数学分支又有紧密的联系。

目前，概率论的方法在工业、农业、军事、医学、电子、公用事业、经济管理及尖端科学等各个领域中都有着广泛的应用。因此，对每一个科学工作者或科技人员来说，掌握这门学科具有重要的现实意义。

第一章 排列与组合

排列组合是计量的工具,就是俗话说的"数数"的方法。例如五个球队进行单循环赛,共要进行多少场比赛;又如一周六天,有三门课,每天上一门,不能连续两天上同一门课,课表有多少种不同的排法,等等。在计算比赛场次和课表排法这些"数"时,是有一定规律的。这就是本章所要讨论的内容。它也是学习概率论和数理统计必须具备的知识。

下面首先介绍一个基本原理——乘法原理。

例1 设从 A 地出发到 B 地去,必须经过 C、D 两地。而 A 到 C 有两种走法,C 到 D 有三种走法,D 到 B 有两种走法(见图 1-1),问从 A 到 B 共有几种不同的走法?

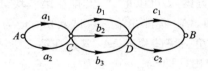

图 1-1

解 我们把所有走法排列如下:

$a_1 b_1 c_1$ $a_1 b_1 c_2$ $a_1 b_2 c_1$ $a_1 b_2 c_2$ $a_1 b_3 c_1$ $a_1 b_3 c_2$
$a_2 b_1 c_1$ $a_2 b_1 c_2$ $a_2 b_2 c_1$ $a_2 b_2 c_2$ $a_2 b_3 c_1$ $a_2 b_3 c_2$

显然,共有 $2 \times 3 \times 2 = 12$ 种不同的走法。

一般地,若要完成一件工作必须经过 k 个步骤,而完成第一个步骤有 n_1 种方法,完成第二个步骤有 n_2 种方法,……,完成第 k 个步骤有 n_k 种方法,那么完成这件工作共有:$n_1 \times n_2 \times \cdots \times n_k$ 种方法。这就是**乘法原理**。

例 2 某厂有甲、乙、丙三个车间,分别有职工 100、120 和 150 人。厂里要选举三名代表,并规定需从甲、乙、丙三个车间各选一名,问共有多少种可能的选举结果?

解 要完成这个选举必须经过三个步骤,即先从甲、乙、丙三个车间各选一名代表,再应用乘法原理计算。由于甲车间选一名代表有 100 种选法,类似地,乙车间有 120 种选法,丙车间有 150 种选法。所以选举三名代表共有:$100 \times 120 \times 150 = 1\,800\,000$ 种可能的选举结果。

1.1 排 列

在日常生活或科学实验中,我们常常需要把一些不同的事物按一定顺序排列起来。例如,我们要试验三个不同小麦品种 A_1、A_2、A_3 的好坏,需要安排在三块试验田上试种,这就有若干个不同的安排方法(方案)。可以把 A_1 安排在第一块试验田,A_2 安排在第二块试验田,A_3 安排在第三块试验田,记为 $A_1A_2A_3$;也可以把 A_1 安排在第一块试验田,A_3 安排在第二块试验田,A_2 安排在第三块试验田,即 $A_1A_3A_2$;如此,还可以得到 $A_2A_1A_3$,$A_2A_3A_1$,$A_3A_1A_2$,$A_3A_2A_1$ 共六种安排方法。这就是排列问题。下面给出它的定义。

定义 把 n 个不同的事物(称元素)按某种顺序排成一列称为**排列**。

1.1.1 全排列

将 n 个元素进行排列,若每个排列中所有 n 个元素全需出现且每个元素都只出现一次,则这样的排列称为**全排列**。

对于一个元素 A,显然只有一种排列。两个元素 A、B 共有两种排列法,即 AB 和 BA。三个元素 A、B、C 的全排列共有 6 种,

即 ABC、ACB、BAC、BCA、CAB 和 CBA。对于三个元素的全排列，我们可以看成有三个步骤：第一步要从三个元素中任选一个元素放在第一位置上；第二步要从剩下的二个元素中任选一个元素放在第二位置上；第三步把最后剩下的一个元素放在第三位置上。于是，因为第一位置上有 3 种选法，第二位置上有 2 种选法，第三位置上只有 1 种选法，再根据乘法原理，三个元素 A、B、C 的全排列共有 $3\times2\times1=3!=6$ 种。

一般地，n 个不同元素的全排列的种数是 $n!$，这是因为要组成一个 n 个元素的全排列有 n 个步骤，第一步要从 n 个元素中任选一个放在第一位置上，有 n 种选法；第二步要从剩下的 $n-1$ 个元素中任选一个放在第二位置上，有 $n-1$ 种选法；……；第 n 步是要从最后剩下的一个元素中选一个放在第 n 位置上，显然这一步只有唯一的一种选法。根据乘法原理，于是 n 个元素的全排列共有

$$n\cdot(n-1)\cdot(n-2)\cdots 2\cdot 1 = n!$$

种。通常我们用 P_n 来表示 n 个不同元素的全排列种数，因此有

$$P_n = n! \tag{1.1}$$

1.1.2 选排列

从 n 个不同的元素 A_1、A_2、$\cdots$、A_n 中任取 $m(m\leqslant n)$ 个进行排列，称为**选排列**。通常用 A_n^m 表示这样的排列种数。

求 A_n^m 的方法与求 P_n 的方法类似。每一个选排列要选 m 个元素放在 m 个位置上去，即有 m 个步骤。第一步是从 n 个元素中任选一个放在第一位置上，有 n 种选法；第二步是从剩下的 $n-1$ 个元素中任选一个放在第二位置上去，共有 $n-1$ 种选法；……；第 m 步是从剩下的 $n-(m-1)$ 个元素中任选一个放在第 m 个位置上去，共有 $n-(m-1)=n-m+1$ 种选法，故由乘法原理知

$$A_n^m = n(n-1)(n-2)\cdots(n-m+1) = \frac{n!}{(n-m)!} \qquad (1.2)$$

例 1 由 1~5 这 5 个数字能组成多少个不同的三位数?(每个数字在同一个三位数中只能用一次。)

解 这是一个选排列问题,结果为
$$A_5^3 = 5 \times 4 \times 3 = 60$$

例 2 某厂举行技术表演赛,共有 6 名男工和 4 名女工参加。比赛后按各人得分多少排列名次。假定他们的得分各不相同。试问:(1)可能有多少种不同的排法?(2)如果将男工和女工分开排列名次,可能有多少种不同的排法?

解 (1) 10 名工人按得分多少排列名次,是一个全排列问题。共有 10! = 3 628 800 种排法。

(2) 6 名男工按得分多少排列名次,有 6! 种排法;4 名女工按得分多少排列名次,有 4! 种排法。根据乘法原理知男女工各自排列名次,共有
$$6! \times 4! = 17\ 280$$
种不同的排法。

1.1.3 有重复的排列

从 n 个不同的元素中有放回地取出 m 个元素的排列,由乘法原理知共有
$$\underbrace{n \times n \times \cdots \times n}_{m \text{ 个}} = n^m \qquad (1.3)$$
种排法。

例 3 电话机的按键盘上有 0~9 共 10 个数字。若电话号码由 6 位数字组成(首位数可以是 0),试问此电话机共可拨出多少个不同的电话号码?

解 由于电话号码的各位数可从键盘上重复按出,故这是一

个有重复的排列问题。共有
$$10 \times 10 \times 10 \times 10 \times 10 \times 10 = 10^6$$
个不同的电话号码。

1.2 组　　合

在排列中,我们不仅要注意排列里的元素,而且还要注意到它们的次序。也就是说,在排列中,即使所含元素相同,但只要次序不同就认为是不同的排列。然而,在实际问题中,有时只需考虑参加排列的元素而无需考虑它们的次序。例如从 1000 件产品中任取 3 件,问有几种取法(结果不放回),这类问题就是组合问题。

定义　从 n 个不同元素 A_1、A_2、$\cdots$、A_n 中任取 $m(m \leqslant n)$ 个组成一组而不论它们的排列次序如何,称每个组为一个**组合**。

我们用 C_n^m 表示从 n 个元素中任取 m 个进行组合的数目。如何求 C_n^m 呢?事实上排列和组合之间是有一定关系的。

从 n 个元素中取 m 个进行排列,可以看成是:先取 m 个元素进行组合,然后再对这 m 个元素进行全排列。所以,由乘法原理知这些排列的总数应为 $C_n^m \cdot m!$,即
$$A_n^m = C_n^m \cdot m!$$
故
$$C_n^m = \frac{A_n^m}{m!} = \frac{n(n-1)\cdots(n-m+1)}{m!}$$
$$= \frac{n!}{m!(n-m)!} \qquad (1.4)$$

关于组合还可从另一个角度来看:从 n 个不同元素中任取 m 个进行组合,也可以看成是把 n 个元素分成两组:甲组为 $m(m \leqslant n)$ 个,乙组为 $n-m$ 个,这样的不同分法共有

$$C_n^m = \frac{n!}{m!(n-m)!}$$

种。而甲组有一种分法时，乙组必相应地有一种分法与之对应。也就是说，甲组有多少种分法，乙组必有相同数目的分法。

因此有：
$$C_n^m = C_n^{n-m} \tag{1.5}$$

由上式得：

当 $m=1$ 时， $\quad C_n^1 = C_n^{n-1} = n \tag{1.6}$

当 $m=n$ 时， $\quad C_n^n = \dfrac{n!}{n!\,(n-n)!} = \dfrac{1}{0!}$

而按组合的定义知
$$C_n^n = 1$$

所以我们规定
$$0! = 1 \tag{1.7}$$

例 1 从 10 个零件中一次抽取 3 个，有多少种取法？

解 因为是一次抽取 3 个零件，所以不必考虑它们的排列次序。这显然是一个组合问题。共有
$$C_{10}^3 = \frac{10 \times 9 \times 8}{3!} = 120$$

种不同的取法。

例 2 有一批产品共 100 件，其中含合格品 95 件，次品 5 件。现在从中任取 10 件，要求使其中恰有 2 件次品，问有几种不同的取法？

解 按题目条件抽取 10 件产品可以看成分两个步骤完成：首先从 95 件合格品中任取 8 件，然后从 5 件次品中任取 2 件，故共有
$$C_{95}^8 \cdot C_5^2 = \frac{95!}{8!\,87!} \cdot \frac{5!}{2!\,3!}$$

种取法。

习 题 一

1. 某班共 9 名战士,排成一列纵队。

(1) 共有多少种排法?

(2) 若班长排在前头,副班长排在后头,共有多少种排法?

(3) 这 9 名战士并排照相,让班长在正中间,共有多少种排法?

(4) 这 9 名战士并排照相,但副班长不在两端,共有多少种排法?

2. (1) 某班有八门课,某日上午要排四节课,每门课最多排一节,共有多少种排法?

(2) 五部不同的字典,从上到下摆放在桌子上,共有多少种摆法?

(3) 教室里靠窗户的一行有八个座位,只有六个同学去坐,有多少种坐法?

3. 用数码 0、1、2、3、4、5 排成没有重复数字的六位数,问:

(1) 共能排成多少个六位数?

(2) 其中有多少个偶数?多少个奇数?

(3) 有多少个 10 的倍数?

(4) 有多少个 25 的倍数?

4. 在运动会入场式上,m 个男运动员和 n 个女运动员排成一列横队,问:

(1) 共有多少种排法?

(2) 如果 n 个女运动员排在一起,共有多少种排法?

(3) 如果 m 个男运动员排在一起,共有多少种排法?

(4) 如果 m 个男运动员和 n 个女运动员分别排在一起,共有多少种排法?

5. (1) 从 10 名同学中派 7 人去植树,有多少种派法?

(2) 从 10 名同学中留下 7 人不去植树,有多少种留法?

(3) 由(1)和(2)能总结出什么规律?

(4) 当 $C_n^4 = C_n^6$ 时,求 n。

6. 某羽毛球队有 10 名队员。

(1) 从中选 3 人参加比赛,共有多少种选法?

(2) 从中选 3 人参加比赛,且必须把队长选在内,共有多少种选法?

(3) 在(2)中若要求不把队长选在内,共有多少种选法?

(4) 由(1)、(2)、(3)可得出什么规律?

7. 某乒乓球队有 5 名女队员和 10 名男队员,从中选出两名男队员和两名女队员进行混合双打练习,问共有多少种分组方法?

8. 从 20 种不同的小麦品种中选出 5 种,在 5 块不同土壤的试验田中进行试验,

(1) 共有多少种试验方案?

(2) 包括品种 A 在内的试验方案有多少种?

(3) 包括品种 A 和品种 B 在内的试验方案有多少种?

9. 一台机器,需要 5 名工人管理,其中至少要有 2 名熟练工人。现有 9 名工人,其中 4 名是熟练工人。要从其中选 5 人去管理机器,共有多少种选法?

10. (1) 在 3000 和 8000 之间有多少个没有重复数字的四位数?

(2) 在(1)的四位数中,奇数有多少个? 偶数有多少个?

11. 一种机器零件需经锯床、车床、钻床、铣床、磨床进行加工才能完成,

(1) 这五道工序有多少种排法?

(2) 若锯床必须最先加工,有多少种排法?

若钻床不能在最后加工,有多少种排法?

（4）若车床和铣床必须连续加工，且只能车床在前，铣床在后，有多少种排法？

12. 100台收音机样品中，有96台合格品，4台次品。从这100台中任意选取5台，

（1）5台都是合格品的抽样有多少种？

（2）5台中有2台是次品的抽样有多少种？

（3）5台中至少有2台是次品的抽样有多少种？

13. 有 x 名选手参加了单循环制的象棋比赛。其中有两名选手各比赛了三次就不参加了，且这两名选手间未进行比赛。这样，一共比赛了84场，求 x 的值。

第二章 随机事件与概率

2.1 随机事件

2.1.1 随机试验与样本空间

我们把观察或试验统称为**试验**。也就是说,这里把试验的含义推广了,它既指各种各样的科学试验,也包括了对某事物的某一特征进行一次观察。

具有以下特征的试验称之为**随机试验**:

(1) 它可以在相同条件下重复进行;

(2) 每次试验可能的结果不止一个,而究竟会出现哪一个结果,在试验前不可能准确地预知;

(3) 试验中的一切可能的结果在试验前是已知的,而且每次试验中必有一个结果出现,也仅有一个结果出现。

例1 抛一枚硬币,观察出现正反面情况。这里一次试验就是抛一枚硬币,这就是随机试验,记为 E_1。试验可能的结果有两个:正面向上,反面向上。在试验前无法预言哪一个结果会出现;试验后必有一个且仅有一个结果出现。

例2 设袋中有 6 个球,每个球上依次编有 1、2、3、4、5、6 六个号码。从中任取一个球,观察取得球的号码。这也是一个随机试验,记为 E_2。试验的可能结果有 6 个,号码是 1、2、3、4、5、6。

例3 将一枚硬币抛两次,观察出现正反面的情况。这里把硬币抛两次作为进行一次试验。这也是随机试验,记为 E_3。试验结果有 4 个:(正,正),(正,反),(反,正),(反,反)。

用树形图描述上述结果如图 2-1 所示。

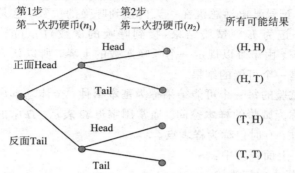

第一步有 n_1 种选择，第二步有 n_2 种选择，总共有 $n_1 \times n_2 = 2 \times 2 = 4$ 种可能的结果。

图 2-1

树形图显示了从起点出发通向各个分支的所有可能结果的流程，图 2-2 总结了从 True/False(T/F) 出发的多选问题的所有可能结果。

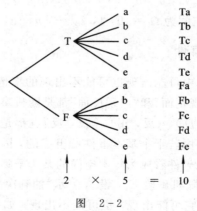

图 2-2

例 4 五件产品中有一件次品（记为 a）和四件正品（记为 b_1, b_2, b_3, b_4），现从中随机取出两件，观察结果。这是一个随机试验，记为 E_4。它有 10 个可能的结果：(a, b_1), (a, b_2), (a, b_3),

(a, b_4),(b_1, b_2),(b_1, b_3),(b_1, b_4),(b_2, b_3),(b_2, b_4),(b_3, b_4)。

例5 记录某电话总机在一天内接到呼唤的次数。这是一个随机试验,记为 E_5。试验结果(接到呼唤的次数)的可能值是:0,1,2,…。由于难以规定一个呼唤次数的上界,所以认为每个正整数都是一个可能的结果。

随机试验的每一个可能结果称为**基本事件**,全体基本事件组成的集合称为试验的**样本空间**。通常用字母 Ω 表示。Ω 中的元素即基本事件,有时也称为**样本点**。

因此,上面各例中:

E_1 的样本空间为 $\Omega_1 = \{正, 反\}$;

E_2 的样本空间为 $\Omega_2 = \{1, 2, 3, 4, 5, 6\}$;

E_3 的样本空间为 $\Omega_3 = \{(正, 正), (正, 反), (反, 正), (反, 反)\}$;

E_4 的样本空间为 $\Omega_4 = \{(a, b_1), (a, b_2), (a, b_3), (a, b_4), (b_1, b_2), (b_1, b_3), (b_1, b_4), (b_2, b_3), (b_2, b_4), (b_3, b_4)\}$;

E_5 的样本空间为 $\Omega_5 = \{0, 1, 2, \cdots, n, \cdots\}$。

2.1.2 随机事件

在随机试验中可能出现也可能不出现的事情称为**随机事件**。比如例1中"出现正面"和"出现反面"都是随机事件。又如例3中(正,正)、(正,反)、(反,正)、(反,反)也都是随机事件。而更多的随机事件是由若干个基本事件所组成的,因此,从集合论的观点可以把随机事件看成为样本空间的某个子集。

例6 对于随机试验 E_4,设 A 表示"抽到次品"的事件,这是一个随机事件,它可能出现,也可能不出现。如果在一次试验中 A 出现,当且仅当事件(a, b_1)、(a, b_2)、(a, b_3)、(a, b_4)在这次试验中出现一个,我们就可以认为 A 是由基本事件(a, b_1)、(a, b_2)、(a, b_3)、(a, b_4)所组成的。也就是说,随机事件 A 是由

基本事件为元素所组成的集合,即
$$A = \{(a, b_1), (a, b_2), (a, b_3), (a, b_4)\}$$
此集合显然是样本空间 Ω_4 的子集。

从例 6 可以看出,由于随机事件是由基本事件所组成的,引入样本空间后随机事件可看成是样本空间的子集,而且随机事件出现,当且仅当这个子集所包含的一个基本事件出现。

作为极端情况,我们把每次试验中都必然出现的事件称为**必然事件**。必然事件就是样本空间本身,记为 Ω;而每次试验都不可能出现的事件称为**不可能事件**。不可能事件是指不含任何试验结果的空集,记为 $\varnothing$。例如在随机试验 E_2 中:随机事件 $A_1 =$ "取出球的号码不大于 6",是必然事件;而随机事件 $A_2 =$ "取出一球号码大于 10",是不可能事件。

必然事件与不可能事件本质上没有随机性,也就是说它们并不是随机事件。但是为了讨论方便,我们还是把它们当作一种特殊的随机事件。今后我们把随机试验简称为试验,而把随机事件简称事件。

2.1.3 事件间的关系与运算

下面我们讨论事件间的关系并引进事件的运算。处理的方法与集合论完全相同,只是使用术语不同。

1. 事件的包含与相等

如果事件 A 发生必然导致事件 B 发生,则称事件 B **包含**事件 A,或称 A 是 B 的**子事件**。记为 $A \subset B$ 或 $B \supset A$。

在这种情况下,组成事件 A 的每个基本事件都是组成 B 的基本事件。如图 2-3 所示。

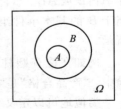

图 2-3

如果事件 A 包含事件 B，同时事件 B 也包含事件 A，即 $A \subset B$，$B \subset A$ 同时成立，则称事件 A 与事件 B **相等**。记作 $A = B$。

例如 E_2 中，若 A 表示"取出一球的球号为5"，B 表示"取出一球的球号为奇数"，则 $A \subset B$。又若 A 表示"取出一球的球号能被3整除"，B 表示"取出一球的球号是3或6"，则 $A = B$。

2. 事件的和

"事件 A 和事件 B 至少有一个发生"这也是一个事件，称为事件 A 与事件 B 的**和**或**并**，记作 $A \cup B$。事件 $A \cup B$ 是一切属于 A 或属于 B 的基本事件组成的集合。如图 2-4 所示。

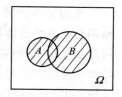

图 2-4

例如在检查圆柱形产品是否合格的试验中，以 C 表示事件"产品不合格"，A_1 表示事件"产品长度不合格"，A_2 表示事件"产品直径不合格"，则有 $C = A_1 \cup A_2$。

一般地，事件 A_1、A_2、$\cdots$、A_n、$\cdots$ 中至少有一个事件发生的事件称为事件 A_1、A_2、$\cdots$、A_n、$\cdots$ 的和，记作

$$A_1 \cup A_2 \cup \cdots \cup A_n \cup \cdots \quad \text{或} \quad \bigcup_{n=1}^{\infty} A_n$$

3. 事件的积

"事件 A 与事件 B 同时发生"也是一个事件，称为事件 A 与事件 B 的**积**或**交**，记作 $A \cap B$ 或 AB。事件 $A \cap B$ 是既属于 A 又属于 B 的基本事件组成的集合。如图 2-5 所示。

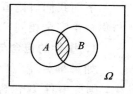

图 2-5

例如在检查圆柱形产品是否合格的试验中，"产品合格"是"直径合格"与"长度合格"这两个事件的积。

类似地可以定义事件 A_1、A_2、$\cdots$、A_n、$\cdots$ 的积或交，记作

$$A_1 \cap A_2 \cap \cdots \cap A_n \cap \cdots \quad \text{或} \quad \bigcap_{n=1}^{\infty} A_n$$

4. 事件的差

"事件 A 发生而 B 不发生"是一个事件，称为事件 A 与事件 B 的**差**。记作 $A-B$。事件 $A-B$ 是属于 A 但不属于 B 的基本事件所组成的集合。如图 2-6 所示。

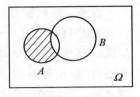

图 2-6

例如在试验 E_2 中，设 A 为事件"出现偶数号"，B 为事件"出现号数超过 3"，则 $A-B$ 表示号数为偶数但又不能超过 3，即"出现号数为 2"。

5. 互不相容（互斥）事件与对立事件

如果两个事件 A、B 不能同时发生，即 A、B 同时发生是不可能事件，记

$$A \cap B = \varnothing \qquad (2.1)$$

则称事件 A、B **互不相容**（或**互斥**）。

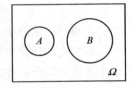

图 2-7

在这种情况下，事件 A 与事件 B 的基本事件集合中没有公共元素。如图 2-7 所示。

设有 n 个事件 A_1、A_2、$\cdots$、A_n，若对其中任何一对事件 A_i、A_j，均有

$$A_i \cap A_j = \varnothing \qquad (i \neq j, \ i、j = 1, 2, \cdots, n)$$

则称这些事件 A_1、A_2、$\cdots$、A_n **两两互不相容**。

如果事件 A 与事件 B 必然有一个发生，且仅有一个发生，即

$$A \cup B = \Omega \quad 且 \quad A \cap B = \varnothing \qquad (2.2)$$

则称事件 A 与 B 为**对立事件**（或称**互逆**）。记作 $A = \overline{B}$ 或 $B = \overline{A}$。

在这种情况下，事件 A 与事件 B 的基本事件集合是互补的。如图 2-8 所示。

例如在试验 E_5 中，事件 A 为"呼叫次数为偶数"，事件 B 为"呼叫次数为奇数"，

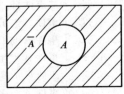

图 2-8

则 A 与 B 互为对立事件。

注意：随机试验的所有基本事件都是两两互不相容的，因为每次试验只能出现一个结果（基本事件），任何两个不同结果都不能同时出现。但基本事件彼此未必为对立事件。例如 E_2 中的基本事件"出现号码 2"与"出现号码 3"是互不相容的，但它们不是对立的。因为号码 2 不出现时，号码 3 也可能不出现。总之，对立事件一定是互不相容的，而互不相容事件却未必是对立事件。

由于 $A-B$ 表示"事件 A 发生而事件 B 不发生"，而 $\bar{B}$ 是 B 的对立事件，故 $A\cap\bar{B}$ 也表示 A 发生同时 B 不发生。从而有等式

$$A - B = A \cap \bar{B} \tag{2.3}$$

在事件的运算中，用 $A\cap\bar{B}$ 表示 A 与 B 的差常常是比较方便的。

从以上的讨论中我们可以清楚地看到，概率论中事件之间的关系和运算与集合论中相应的集合之间的关系和运算是完全一致的。为了便于比较，我们把集合与事件的对应关系列表如下（见表 2.1）。

表 2.1　集合与事件的对应关系

记 号	概 率 论	集 合 论
Ω	必然事件，样本空间	空间（全集）
$\varnothing$	不可能事件	空集
ω	基本事件，样本点	元素
A	事件	Ω 的子集
$\omega\in A$	事件 A 出现（发生）	ω 是集合 A 的元素
$A\subset B$	事件 A 出现导致事件 B 出现（发生）	A 是 B 的子集
$A=B$	二事件 A、B 相等	二集合 A、B 相等
$A\cup B$	事件 A 与 B 中至少有一个发生	集合 A 与 B 的并集
$A\cap B$	事件 A 与 B 同时发生	集合 A 与 B 的交集
$A-B$	事件 A 发生而 B 不发生	集合 A 与 B 的差集
$\bar{A}$	A 的对立事件	集合 A 对 Ω 的余（补）集
$A\cap B=\varnothing$	事件 A 与事件 B 互不相容（互斥）	集合 A 与 B 不相交

例 7 设 A、B、C 是三个事件。试用 A、B、C 的运算关系表示下列事件：

(1) A 发生而 B 与 C 均不发生；

(2) A 与 B 都发生而 C 不发生；

(3) A、B、C 恰有一个发生；

(4) A、B、C 中不多于一个发生；

(5) A、B、C 中至少有一个发生。

解 (1) 可以表示为 $A \cap \bar{B} \cap \bar{C}$ 或 $A-B-C$。利用文氏图 2-9 即可知这种表示法的正确性。

(2) 可以表示为 $A \cap B \cap \bar{C}$ 或 $(A \cap B) - C$，见图 2-10 所示。

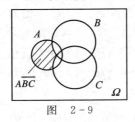

图 2-9

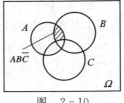

图 2-10

(3) A、B、C 中恰有一个发生就是 A 发生，B 不发生，C 不发生，即 $A \cap \bar{B} \cap \bar{C}$ 发生；或者 B 发生，A 不发生，C 不发生，即 $\bar{A} \cap B \cap \bar{C}$ 发生；或者 C 发生，A 不发生，B 不发生，即事件 $\bar{A} \cap \bar{B} \cap C$ 发生，于是事件"A、B、C 中恰有一个发生" = $(A \cap \bar{B} \cap \bar{C}) \cup (\bar{A} \cap B \cap \bar{C}) \cup (\bar{A} \cap \bar{B} \cap C) = A\bar{B}\bar{C} \cup \bar{A}B\bar{C} \cup \bar{A}\bar{B}C$，如图 2-11 所示。

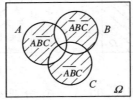

图 2-11

(4) A、B、C 中不多于一个发生就是 A、B、C 中恰有一个发生，或 A、B、C 都不发生。而 A、B、C 都不发生即为事件 $\bar{A}\cap \bar{B}\cap \bar{C}=\overline{ABC}$。事件"$A$、$B$、$C$ 中不多于一个发生"="A、B、C 中恰有一个发生"$\cup$"A、B、C 都不发生"$=(A\bar{B}\bar{C})\cup(\bar{A}B\bar{C})\cup(\bar{A}\bar{B}C)\cup(\bar{A}\bar{B}\bar{C})$。

另一方面，A、B、C 不多于一个发生就是 A、B、C 中至少有两个不发生，于是它还可以表示为 $\overline{BC}\cup\overline{CA}\cup\overline{AB}$，即为 B、C 不发生，或者 C、A 不发生，或是 A、B 不发生。用文氏图表示即为图 2-12 所示。

(5) A、B、C 中至少有一个发生可以写为 $A\cup B\cup C$，它还可表示为 "A、B、C 中至少有一个发生"="A、B、C 中恰有一个发生"$\cup$"A、B、C 中恰有两个发生"$\cup$"A、B、C 三个都发生"。

而 "A、B、C 中恰有一个发生"$=A\bar{B}\bar{C}\cup\bar{A}B\bar{C}\cup\bar{A}\bar{B}C$

"A、B、C 中恰有二个发生"$=AB\bar{C}\cup A\bar{B}C\cup\bar{A}BC$

故

$$A\cup B\cup C = A\bar{B}\bar{C}\cup\bar{A}B\bar{C}\cup\bar{A}\bar{B}C\cup AB\bar{C}\cup A\bar{B}C\cup\bar{A}BC\cup ABC$$

由图 2-13 中阴影部分不难看出，此式为七个互不相容事件的和。

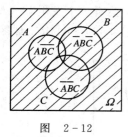

图 2-12

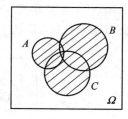

图 2-13

例 8 向靶射击两次，以 A_1、A_2 分别表示第一、第二次射击中靶的事件，试以 A_1、A_2 表达下列事件：

(1) 只第一次射击中靶;
(2) 只射中一次靶;
(3) 两次都未中靶;
(4) 至少中靶一次;
(5) 至少中靶一次的对立事件。

解 (1) 事件"只第一次射击中靶"意味着两次射击中第二次射击未中靶。第二次未中靶是第二次中靶的对立事件,用 $\bar{A}_2$ 表示。因此"只第一次中靶"可表示为 $A_1\bar{A}_2$。

(2) "只射中一次靶"可表示为 $A_1\bar{A}_2 \cup \bar{A}_1 A_2$。

(3) "两次都未中靶"可表示为 $\bar{A}_1\bar{A}_2$。

(4) 事件"至少中靶一次"即是"第一次中靶"与事件"第二次中靶"之和,即它可表示为 $A_1 \cup A_2$。

另外,又因为"至少中靶一次"="恰好中靶一次"∪"恰好中靶两次"。而"恰好中靶一次"=$A_1\bar{A}_2 \cup \bar{A}_1 A_2$,"恰好中靶两次"=$A_1 A_2$。于是 $A_1 \cup A_2 = A_1\bar{A}_2 \cup \bar{A}_1 A_2 \cup A_1 A_2$。

(5) "至少中靶一次"的对立事件是"两次都不中靶",即"第一次不中靶,第二次也不中靶"=$\bar{A}_1\bar{A}_2$。而"至少中靶一次"= $A_1 \cup A_2$,其对立事件应为 $\overline{A_1 \cup A_2}$,因此有关系式:

$$\overline{A_1 \cup A_2} = \bar{A}_1 \bar{A}_2$$

上式表明:"A_1、A_2 至少有一个发生"的对立事件是"A_1、A_2 都不发生"。这是一个普遍的规律。例如有两个产品,"至少有一个产品合格"的对立事件就是"两个产品都是不合格品"。而"两个产品都是合格品"的对立事件就是"两个产品中至少有一个不合格",它用等式表示为

$$\overline{A_1 A_2} = \bar{A}_1 \cup \bar{A}_2$$

其中 A_1 表示第一个产品是合格品,A_2 表示第二个产品是合格品。此式说明两个事件同时发生的对立事件是它们中至少有一个不发生。

这样，我们便得到了两个重要等式：
$$\overline{A_1 \cup A_2} = \overline{A}_1 \overline{A}_2 \qquad (2.4)$$
和
$$\overline{A_1 A_2} = \overline{A}_1 \cup \overline{A}_2 \qquad (2.5)$$
这两个等式称为**对偶原理**，它在事件的运算中经常用到。

对偶原理还可以推广到多个事件的情况，如
$$\overline{A_1 \cup A_2 \cup \cdots \cup A_n} = \overline{A}_1 \overline{A}_2 \cdots \overline{A}_n \qquad (2.6)$$
$$\overline{A_1 A_2 \cdots A_n} = \overline{A}_1 \cup \overline{A}_2 \cup \cdots \cup \overline{A}_n \qquad (2.7)$$
它们表明："n 个事件中至少有一个事件发生"的对立事件是"所有 n 个事件都不发生"；"所有事件都发生"的对立事件是"至少有一个事件不发生"。

2.1.4 事件运算的简单性质

上面我们得到了事件的对偶原理。如果把事件看成样本空间 Ω 的子集，则与集合论中集合运算的对偶原理完全一致。因此，在把事件看成样本空间 Ω 的子集后，集合运算的简单性质都可以搬到事件的运算中来，下面只列出一些简单的性质。

(1) 交换律 $A \cup B = B \cup A, \qquad AB = BA$

(2) 结合律 $(A \cup B) \cup C = A \cup (B \cup C)$
                 $(AB)C = A(BC)$

(3) 分配律 $A(B \cup C) = AB \cup AC$
                 $A \cup BC = (A \cup B)(A \cup C)$

(4) 重叠律 $A \cup A = A, \qquad AA = A$

(5) 反转律 $\overline{\overline{A}} = A$

(6) $A - B = A\overline{B}$

(7) 吸收律   若 $A \subset B$，则 $A \cup B = B, AB = A$

特别地，$A\cup\Omega=\Omega$, $\quad A\Omega=A$

$A\cup\varnothing=A$, $\quad A\varnothing=\varnothing$

（8）对偶律 $\overline{A\cup B}=\overline{A}\,\overline{B}$, $\quad \overline{AB}=\overline{A}\cup\overline{B}$

$\overline{\bigcup_i A_i}=\bigcap_i \overline{A_i}$, $\quad \overline{\bigcap_i A_i}=\bigcup_i \overline{A_i}$

在运算过程中，要注意运算的顺序。运算顺序有如下规定：

1° 有括号则先执行括号内的运算；

2° 顺序：第一求"对立事件"；第二求"事件的积"；第三求"事件的和"或"差"。

2.2 概率的古典定义

随机现象是指一类既可能发生又可能不发生的现象。而随机事件发生可能性的大小则是我们研究的中心。一个随机事件发生的可能性的大小，应该是随机事件本身的固有属性，这个属性是不依人们的主观意志而改变的。

当人们多次做某一试验时，常常会发现某些事件发生的可能性要大一些，而另外一些事件发生的可能性要小一些。例如射击10次中靶的可能性比射击2次中靶的可能性大得多。又如投掷一枚均匀的硬币，出现正面和出现反面的可能性大体相同。很自然地，人们想用一个数 P 来作为衡量事件发生可能性大小的尺度，使随机事件 A 发生可能性较大时就对应一个较大的数，发生可能性较小时就对应一个较小的数。这个数我们就称它为随机事件 A 发生的**概率**。记作 $P(A)$。

对于已给随机事件 A，怎样来确定 $P(A)$ 的值呢？

我们先来讨论一类最简单又最直观的随机试验。它的特点是：

（1）试验的可能结果的个数有限，即只有有限个基本事件。

设为 n 个事件，记为 ω_1、ω_2、$\cdots$、ω_n，此时，样本空间 $\Omega=\{\omega_1,\omega_2,\cdots,\omega_n\}$。

(2) 在每次试验中，它的各种可能结果（即各基本事件）出现的可能性相同——又称具有等可能性。

具有以上两种特点的试验称为**古典型试验**，简称为**古典概型**。

还是以投掷一枚硬币，观察其正、反面出现的试验为例。由于试验结果只有两个：出现正面和出现反面，又因硬币质地均匀，形状对称，出现正面和出现反面的可能性相同，这个试验属于古典概型。而事件"出现正面"的可能性有多大呢？人们容易回答它等于 1/2。这是因为试验的可能结果只有两个，而每个结果出现的可能性又是一样的。

对于古典概型，事件 A 的概率定义如下：

定义 设有一个古典型试验，$\Omega=\{\omega_1,\omega_2,\cdots,\omega_n\}$ 为其样本空间，而事件 A 是由 Ω 中的 $m\,(m\leqslant n)$ 个不同的基本事件所组成的，则称

$$P(A) = \frac{m}{n} = \frac{\text{事件 } A \text{ 中包含基本事件个数}}{\text{基本事件总数}} \tag{2.8}$$

为事件 A 发生的**概率**。这样的定义称为概率的古典定义。

由概率的定义可知，概率 $P(A)$ 具有以下性质：

定理 古典概率具有以下性质：

(1) 非负性：对任意事件 A，有

$$0 \leqslant P(A) \leqslant 1 \tag{2.9}$$

(2) 规范性：必然事件的概率等于 1，不可能事件的概率等于 0，即

$$P(\Omega) = 1, \qquad P(\varnothing) = 0 \tag{2.10}$$

(3) 可加性：如果事件 A 与 B 互不相容，即 $A \cap B = \varnothing$，则

$$P(A \cup B) = P(A) + P(B) \tag{2.11}$$

证 对于任意事件 A,以 m_A 表示它所包含的基本事件个数。设 n 为基本事件总数,则对于任意事件 A,有

$$0 \leqslant m_A \leqslant n \quad \text{或} \quad 0 \leqslant \frac{m_A}{n} \leqslant 1$$

故

$$0 \leqslant P(A) = \frac{m_A}{n} \leqslant \frac{n}{n} = 1$$

即

$$0 \leqslant P(A) \leqslant 1$$

特别地:

$$P(\Omega) = \frac{n}{n} = 1, \quad P(\varnothing) = \frac{0}{n} = 0$$

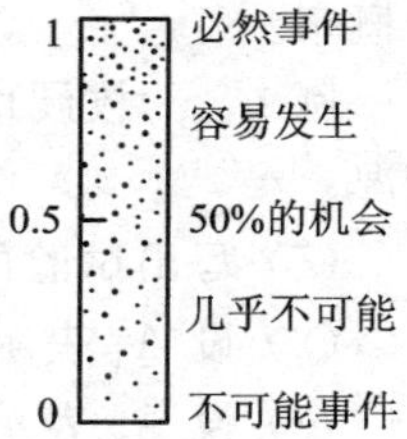

图 2-14

事件的概率值如图 2-14 所示。

下面证明可加性。设 A 含 m_1 个基本事件:$\omega_1^{(1)}, \omega_2^{(1)}, \cdots, \omega_{m_1}^{(1)}$;$B$ 含 m_2 个基本事件:$\omega_1^{(2)}, \cdots, \omega_{m_2}^{(2)}$,即

$$A = \{\omega_1^{(1)}, \cdots, \omega_{m_1}^{(1)}\}, \quad B = \{\omega_1^{(2)}, \cdots, \omega_{m_2}^{(2)}\}$$

由定义

$$P(A) = \frac{m_1}{n}, \quad P(B) = \frac{m_2}{n}$$

又

$$A \bigcup B = \{\omega_1^{(1)}, \cdots, \omega_{m_1}^{(1)}, \omega_1^{(2)}, \cdots, \omega_{m_2}^{(2)}\}$$

中含有 $m_1 + m_2$ 个基本事件。由于 $A \bigcap B = \varnothing$,于是

$$P(A \bigcup B) = \frac{m_1 + m_2}{n} = \frac{m_1}{n} + \frac{m_2}{n} = P(A) + P(B)$$

定理证完

关于古典概率的可加性,还可以推广到有限多个互不相容事件的情形。

2.3 古典概率的计算

在这一节中我们举例说明如何按概率的古典定义去计算事件的概率。

例1 一枚硬币连抛三次作为一次试验,观察出现正反面的情况:

(1) 写出试验的样本空间;
(2) 设 A_0 表示事件"正面不出现",求 $P(A_0)$;
(3) 设 A_1 表示事件"出现一次正面",求 $P(A_1)$;
(4) 设 A_2 表示事件"第一次出现正面",求 $P(A_2)$。

解 (1) 样本空间为
$\Omega=\{$(正,正,反),(正,反,正),(正,正,正),(正,反,反)
  (反,正,反),(反,反,正),(反,正,正),(反,反,反)$\}$
$n=8$

(2) 事件 A_0 可表示为 $A_0=\{$(反,反,反)$\}$,$m=1$,故
$$P(A_0)=\frac{m}{n}=\frac{1}{8}$$

(3) 事件 $A_1=\{$(正,反,反),(反,正,反),(反,反,正)$\}$,$m=3$,故
$$P(A_1)=\frac{m}{n}=\frac{3}{8}$$

(4) 事件 $A_2=\{$(正,反,反),(正,正,反),(正,反,正),(正,正,正)$\}$,$m=4$,故
$$P(A_2)=\frac{m}{n}=\frac{4}{8}=\frac{1}{2}$$

例2 号码锁上有 6 个拨号盘,每个拨号盘上有 0~9 共 10 个数字。当这 6 个拨号盘上的数字组成某一个 6 位数时(第一位数字可以为 0)锁才能打开。问:如果不知道锁的号码,一次就打

开锁的概率是多少?

解 在上例中是把样本空间中所有基本事件一一列出。现在这样做不仅没有必要也是极其繁琐的。因为这个号码锁上,可以有 10^6 个等可能的 6 位数字,这就是总的基本事件数 n。而在不知道开锁号码时,在一次开锁中,拨出任何一个号码是等可能的。若用 A 表示事件"一次就把锁打开",显然 A 只包含一个基本事件,即 $m=1$。故

$$P(A) = \frac{1}{10^6}$$

这是个很小的数字。因此,一次要把锁打开几乎是不可能的。

例 3 设有一批产品共 100 件,其中有 5 件次品。现从中任取 50 件,求所取 50 件中无次品的概率。

解 首先,从 100 件产品中任取 50 件,共有 C_{100}^{50} 个不同的结果(全体基本事件数),每一个结果就是一个事件。设 $A=$"任取 50 件其中无次品",显然,要使所取的 50 件中无次品,必须这 50 件都要从 95 件正品中取出。可见这种无次品的取法共有 C_{95}^{50} 种(即事件 A 含 C_{95}^{50} 个基本事件)。故

$$P(A) = \frac{C_{95}^{50}}{C_{100}^{50}} = \frac{95!/(50!45!)}{100!/(50!50!)}$$

$$= \frac{50 \cdot 49 \cdot 48 \cdot 47 \cdot 46}{100 \cdot 99 \cdot 98 \cdot 97 \cdot 96}$$

$$= \frac{1\,081}{38\,412}$$

$$\approx 2.8\%$$

例 4 在一批 100 件产品中有 3 件次品。从这批产品中随机地抽取 3 件,求其中至少有一件次品的概率。

解 设 $A=$"任取 3 件中至少有一件次品",$A_i=$"任取 3 件中恰有 i 件次品"($i=1,2,3$),则 $A=A_1 \cup A_2 \cup A_3$,且 A_1、A_2、A_3 是三个互不相容事件。

由可加性知
$$P(A) = P(A_1) + P(A_2) + P(A_3)$$
而
$$P(A_1) = \frac{C_{97}^2 \cdot C_3^1}{C_{100}^3} = \frac{4\,656 \times 3}{161\,700} = \frac{13\,966}{161\,700} = 0.086\,38$$

$$P(A_2) = \frac{C_{97}^1 \cdot C_3^2}{C_{100}^3} = \frac{97 \times 3}{161\,700} = \frac{291}{161\,700} = 0.001\,80$$

$$P(A_3) = \frac{C_{97}^0 \cdot C_3^3}{C_{100}^3} = \frac{1}{161\,700} = 0.000\,006$$

故
$$P(A) = 0.086\,38 + 0.001\,80 + 0.000\,006 = 0.088\,19$$

2.4 概率的公理化

2.4.1 概率的公理化定义

前面我们讨论了古典概型及其概率，但人们发现古典定义存在很大的局限性。首先古典概型必须满足等可能性这个条件，而实际问题中这一点常常是难以确定的。另外，在实际问题中也常遇到可能结果数为无限的情况。因此人们希望找到一个一般的概型以便更广泛、更确切地描述随机现象。通过对随机现象的数学本质的研究和对古典概率定义的分析，人们就把古典概型中一些最本质的性质作为概率的公理化结构，由此得到一个更为严格的定义。

定义 设 A 为随机事件，$P(A)$ 为一个**实数**，并且具有以下性质：

（1）非负性　　$0 \leqslant P(A) \leqslant 1$ 　　　　　　　　　(2.12)

（2）规范性　　$P(\Omega)=1, \quad P(\varnothing)=0$ 　　　　　(2.13)

(3) **完全可加性** 对于两两互不相容的随机事件序列 A_1, $A_2, \cdots, A_n, \cdots (A_i \cap A_j = \varnothing, i \neq j)$，有

$$P(\bigcup_{n=1}^{\infty} A_n) = \sum_{n=1}^{\infty} P(A_n) \qquad (2.14)$$

则称 $P(A)$ 为事件 A 发生的**概率**。

概率的公理化定义包含了古典概率的定义。

2.4.2 概率的性质

由定义不难得到下面一些性质：

性质 1 对任意事件 A，有

$$P(\overline{A}) = 1 - P(A) \qquad (2.15)$$

证 因为 $A \cup \overline{A} = \Omega$ 且 $A \cap \overline{A} = \varnothing$，由定义中的规范性知

$$P(A \cup \overline{A}) = P(\Omega) = 1$$

由完全可加性又得

$$P(A \cup \overline{A}) = P(A) + P(\overline{A}) = 1$$

故有

$$P(\overline{A}) = 1 - P(A)$$

性质 2 设 A、B 为两事件，且 $B \subset A$，则

$$P(A - B) = P(A) - P(B) \qquad (2.16)$$

且

$$P(A) \geqslant P(B) \qquad (2.17)$$

证 当 $B \subset A$ 时，有

$$A = B \cup (A - B) \quad 且 \quad B \cap (A - B) = \varnothing$$

由完全可加性知

$$P(A) = P\{B \cup (A - B)\} = P(B) + P(A - B)$$

即

$$P(A - B) = P(A) - P(B)$$

又 $P(A - B) \geqslant 0$，于是 $P(A) \geqslant P(B)$。

性质 3 对任意两事件 A、B，有

$$P(A \cup B) = P(A) + P(B) - P(AB) \qquad (2.18)$$

此式称为**加法公式**。

证 由于 $A \cup B = A \cup \{B-(AB)\}$，且 $A \cap (B-AB) = \varnothing$，因而得

$$P(A \cup B) = P\{A \cup (B-AB)\} = P(A) + P\{B-(AB)\}$$

又因为 $AB \subset B$，由完全可加性知

$$P\{B - (A \cap B)\} = P(B) - P(AB)$$

故

$$P(A \cup B) = P(A) + P(B) - P(AB)$$

因此，一般情况下有

$$P(A \cup B) \leqslant P(A) + P(B) \qquad (2.19)$$

以上性质 3 可以推广到三个事件的情形：

性质 4 对任意三个事件 A_1、A_2、A_3，有
$$\begin{aligned}P(A_1 \cup A_2 \cup A_3) = &P(A_1) + P(A_2) + P(A_3) \\ &- P(A_1 A_2) - P(A_1 A_3) - P(A_2 A_3) \\ &+ P(A_1 A_2 A_3)\end{aligned} \qquad (2.20)$$

一般地，可用归纳法证明：

对于 n 个事件，A_1、A_2、$\cdots$、A_n，有一般加法公式：

$$\begin{aligned}P(A_1 \cup A_2 \cup \cdots \cup A_n) = &\sum_{i=1}^{n} P(A_i) - \sum_{1 \leqslant i < j \leqslant 2} P(A_i A_j) \\ &+ \sum_{1 \leqslant i < j < k \leqslant 3} P(A_i A_j A_k) + \cdots \\ &+ (-1)^{n-1} P(A_1 A_2 \cdots A_n)\end{aligned} \qquad (2.21)$$

例 1 已知事件 A、B 的概率为

$$P(A) = P(B) = \frac{1}{2}$$

求证 $P(AB) = P(\overline{A}\overline{B})$。

证　$P(\overline{A}\overline{B}) = P(\overline{A \cup B}) = 1 - P(A \cup B)$
$\qquad\qquad = 1 - [P(A) + P(B) - P(AB)]$
$\qquad\qquad = 1 - \left[\dfrac{1}{2} + \dfrac{1}{2} - P(AB)\right] = P(AB)$

故原式成立。

例 2　设事件 A、B 的概率分别为 $\dfrac{1}{4}$、$\dfrac{1}{3}$，根据下列情况分别求 $P(B-A)$。

（1）$A \subset B$；　　　　（2）$P(AB) = \dfrac{1}{6}$。

解　（1）当 $A \subset B$ 时，
$$P(B-A) = P(B) - P(A) = \dfrac{1}{3} - \dfrac{1}{4} = \dfrac{1}{12}$$

（2）$P(A \cup B) = P(A) + P(B) - P(AB)$
$$= \dfrac{1}{3} + \dfrac{1}{4} - \dfrac{1}{6} = \dfrac{5}{12}$$

又 $A \cup B = A \cup (B-A)$，而 $A(B-A) = \varnothing$，故
$$P(A \cup B) = P(A) + P(B-A)$$

于是
$$P(B-A) = P(A \cup B) - P(A) = \dfrac{5}{12} - \dfrac{1}{4} = \dfrac{1}{6}$$

2.5　条件概率与事件的独立性

2.5.1　条件概率

前面讨论的概率是不带任何条件的，所以也称作**无条件概率**。但有时我们在计算事件 A 发生的概率时，事先得到了事件 B

已经发生的信息,这就是**条件概率**的问题。下面先来看一个例子。

例1 设有 6 个零件,编号依次为 1~6。从中随机地抽取一个。如果已知这个零件的编号大于 3,求抽得编号为 4 的零件的概率。

解 设 $A=$"取到零件编号为 4",$B=$"取到零件编号大于 3",则可简记为 $A=\{4\}$,$B=\{4,5,6\}$。

如果我们不知道事件 B 已经发生这个条件,则试验的样本空间 Ω 及基本事件的概率可见表 2.2。

表 2.2

Ω	ω_1	ω_2	ω_3	ω_4	ω_5	ω_6
取到零件的编号	1	2	3	4	5	6
概率	$\frac{1}{6}$	$\frac{1}{6}$	$\frac{1}{6}$	$\frac{1}{6}$	$\frac{1}{6}$	$\frac{1}{6}$

由古典概率计算公式有

$$P(A)=\frac{1}{6}, \qquad P(B)=\frac{3}{6}=\frac{1}{2}$$

这里 $P(A)$ 和 $P(B)$ 都是无条件概率。

现在要来计算的是在事件 B 已经发生的条件下,事件 A 发生的概率,记作 $P(A|B)$。因为事件 B 已经发生,可能的编号只能是 4、5、6 三个中的一个,所以原来的样本空间缩减为 $B=\{4,5,6\}$,见表 2.3 所示。

表 2.3

B	ω_4	ω_5	ω_6
取到零件的编号	4	5	6
概率	$\frac{1}{3}$	$\frac{1}{3}$	$\frac{1}{3}$

于是所求条件概率 $P(A|B)$ 就是在新的样本空间 B 中基本事件 $\{4\}$ 的概率。

显然

$$P(A \mid B) = \frac{1}{3}$$

从另一个角度来分析：计算已知事件 B 发生时事件 A 发生的概率，在本例中就是计算在样本空间 Ω 中 AB 包含的基本事件数与 B 包含的基本事件数之比，于是有

$$P(A \mid B) = \frac{AB \text{ 包含的基本事件数}}{B \text{ 包含的基本事件数}} = \frac{P(AB)}{P(B)} = \frac{1}{3}$$

我们将上例中得到的结果推广于一般情形，给出如下定义：

定义 设 A、B 是两个随机事件，$P(B)>0$，则称

$$P(A \mid B) = \frac{P(AB)}{P(B)}$$

为在事件 B 发生的条件下，事件 A 发生的**条件概率**。

条件概率也是概率。有关概率的一般性质或定理对条件概率依然成立。如：

(1) $0 \leqslant P(A|B) \leqslant 1$；

(2) $P(\varnothing|B)=0$，$P(\Omega|B)=1$；

(3) $P(\overline{A}|B)=1-P(A|B)$；

(4) $P\{(A_1 \cup A_2)|B\}=P(A_1|B)+P(A_2|B)-P(A_1 A_2|B)$，

其中 $P(B)>0$。

由上例可以看到计算条件概率有以下两种方法：

(1) 直接在 Ω 缩减了的样本空间 B 中计算 A 发生的概率，就得到 $P(A|B)$。

(2) 在样本空间 Ω 中，先计算 $P(AB)$ 和 $P(B)$，再得到

$$P(A \mid B) = \frac{P(AB)}{P(B)}$$

下面再看几个计算条件概率的例子：

例 2 盒中装有 16 个球，其中 6 个是玻璃球，另外 10 个是木质球。而玻璃球中 2 个是红色的，4 个是蓝色的；木质球中 3 个是红色的，7 个是蓝色的。现从盒中任取一球，问：如果已知取到的是蓝球，此球是玻璃球的概率是多少？

解 设 $A=$"取到的是玻璃球"，$B=$"取到的是蓝色球"。

问题就是要求在事件 B 发生的条件下，事件 A 发生的条件概率 $P(A|B)$。

将盒中球的分配情况列表并图示如下：

	玻璃	木质	合计
红	2	3	5
蓝	4	7	11
合计	6	10	16

显然，容易求得

$$P(A)=\frac{6}{16}, \qquad P(B)=\frac{11}{16}$$

于是在缩小了的空间 B 中求得 $P(A|B)=\frac{4}{11}$。

另外，由于 $P(AB)=\frac{4}{16}$，由定义

$$P(A|B)=\frac{P(AB)}{P(B)}=\frac{4/16}{11/16}=\frac{4}{11}$$

可见，两种方法所求结果是一致的。

例 3 袋中有白球 4 个，黑球 2 个。连取两球，取后不放回。如果已知第一个是白球，问第二个球是白球的概率是多少？

解 令 $B=$"取出的第一个球是白球"，$A=$"取出的第二个球是白球"，则 $AB=$"两次取出的都为白球"。

从袋中取出两球共有 C_6^2 种取法，而包含在 AB 中的基本事件数是 C_4^2，因此

$$P(AB) = \frac{C_4^2}{C_6^2} = \frac{2}{5}$$

而第一次取出白球的概率

$$P(B) = \frac{4}{6} = \frac{2}{3}$$

故

$$P(A \mid B) = \frac{P(AB)}{P(B)} = \frac{2/5}{2/3} = \frac{3}{5}$$

实际上,第二个球为白球的概率更容易直接计算出来。因为第一个取出的是白球,袋中剩下的 5 个球中有 3 个是白球,故

$$P(A \mid B) = \frac{3}{5}$$

显然两种解法的结果是一致的。

由条件概率的定义可得重要的**乘法公式**:

若 $P(B)>0$,则

$$P(AB) = P(B)P(A \mid B) \qquad (2.22)$$

若 $P(A)>0$,则

$$P(AB) = P(A)P(B \mid A) \qquad (2.23)$$

等式(2.22)和(2.23)都称为**乘法公式**。它表明:两个事件同时发生的概率等于其中一个事件的概率与另一事件在前一事件发生的条件下的条件概率的乘积。利用条件概率去计算乘积事件的概率,这在概率计算中有广泛的应用。

例 4 设在全部产品中有 2% 是废品,而合格品中有 85% 是一级品,求任意抽出一个产品是一级品的概率。

解 设 $A=$"抽出合格品",$B=$"抽出一级品",则

$$P(A) = 1 - P(\overline{A}) = 1 - 0.02 = 0.98$$

又

$$P(B \mid A) = 0.85$$

故所求概率

$$P(AB) = P(A)P(B \mid A) = 0.98 \times 0.85 = 0.83$$

例 5 在 10 个零件中有 3 个次品，从中取两次，每次任取一个，取后不放回。求下列事件的概率：

(1) 两个都是正品；

(2) 两个都是次品；

(3) 一个是正品，一个是次品。

解 设 A_1＝"第一次取得正品"，A_2＝"第二次取得正品"，则 $\overline{A}_1$＝"第一次取得次品"，$\overline{A}_2$＝"第二次取得次品"。

(1) $A_1 A_2$＝"两个都是正品"，而 $P(A_1) = \dfrac{7}{10}$，在 A_1 已经发生的条件下，10 个零件已取出一个正品，不放回，故还有 9 个零件，其中还有 6 个正品，因此

$$P(A_2 \mid A_1) = \dfrac{6}{9}$$

由乘法公式得：

$$P(A_1 A_2) = P(A_1) P(A_2 \mid A_1) = \dfrac{7}{10} \cdot \dfrac{6}{9} = \dfrac{7}{15}$$

(2) $\overline{A}_1 \overline{A}_2$＝"两个都是次品"，则

$$P(\overline{A}_1 \overline{A}_2) = P(\overline{A}_1) P(\overline{A}_2 \mid \overline{A}_1) = \dfrac{3}{10} \cdot \dfrac{2}{9} = \dfrac{1}{15}$$

(3) 设 C＝"一个正品，一个次品"，则

$$C = A_1 \overline{A}_2 \cup \overline{A}_1 A_2$$

由于 $A_1 \overline{A}_2$ 与 $\overline{A}_1 A_2$ 不能同时发生，即是互不相容的，由可加性知

$$P(C) = P(A_1 \overline{A}_2) + P(\overline{A}_1 A_2)$$
$$= P(A_1) P(\overline{A}_2 \mid A_1) + P(\overline{A}_1) P(A_2 \mid \overline{A}_1)$$

又 $\qquad P(A_1) = \dfrac{7}{10}, \qquad P(\overline{A}_2 \mid A_1) = \dfrac{3}{9}$

$$P(\overline{A}_1) = \frac{3}{10}, \qquad P(A_2 | \overline{A}_1) = \frac{7}{9}$$

故
$$P(C) = \frac{7}{10} \cdot \frac{3}{9} + \frac{3}{10} \cdot \frac{7}{9} = \frac{7}{15}$$

注意 乘法公式可以推广到有限多个事件的情形，例如对于 A_1、A_2、A_3 三个事件，若 $P(A_1 A_2) > 0$，则

$$P(A_1 A_2 A_3) = P(A_1) P(A_2 | A_1) P(A_3 | A_1 A_2) \quad (2.24)$$

一般地，有

定理（乘法公式） 设 A_1、A_2、$\cdots$、A_n 为任意 n 个事件（$n \geqslant 2$），且 $P(A_1 A_2 \cdots A_{n-1}) > 0$，则

$$\begin{aligned}P(A_1 A_2 \cdots A_n) = {} & P(A_1) P(A_2 | A_1) P(A_3 | A_1 A_2) \cdots \\ & \times P(A_n | A_1 A_2 \cdots A_{n-1}) \quad (2.25)\end{aligned}$$

2.5.2 事件的独立性

我们知道条件概率 $P(A|B)$ 一般不等于无条件概率 $P(A)$，这说明事件 B 的发生对事件 A 的发生是有影响的。

如果事件 B 的发生不影响事件 A 发生的概率，即有 $P(A|B) = P(A)$，就称事件 A 对事件 B 是**独立**的。

若有 $P(A|B) = P(A)$，则公式(2.22)就可写成

$$P(AB) = P(A) P(B) \quad (2.26)$$

这是一个很有用的公式。

定义 若两个事件满足式(2.26)，即 $P(AB) = P(A) P(B)$，则称事件 A、B 是相互**独立**的。

由条件概率和事件独立性的定义，容易推知：若四对事件 A,B；$A,\overline{B}$；$\overline{A},B$；$\overline{A},\overline{B}$ 中有一对独立，则另外三对也独立（即这四对事件或者都独立，或者都不独立）。

事件的独立概念可以推广到三个事件中。

定义 如果有

$$\begin{cases} P(AB) = P(A)P(B) \\ P(AC) = P(A)P(C) \\ P(BC) = P(B)P(C) \\ P(ABC) = P(A)P(B)P(C) \end{cases} \qquad (2.27)$$

则称事件 A、B、C **相互独立**。

类似于三个事件的相互独立性,对于 n 个事件 A_1、A_2、$\cdots$、A_n 的相互独立性,有如下的定义:

定义 如果对任何正整数 $k(2 \leqslant k \leqslant n)$ 有

$$P(A_{i_1} A_{i_2} \cdots A_{i_k}) = P(A_{i_1}) P(A_{i_2}) \cdots P(A_{i_k}) \qquad (2.28)$$

其中 i_1、i_2、$\cdots$、i_k 是满足下面不等式的任何 k 个自然数:

$$1 \leqslant i_1 < i_2 < \cdots < i_k \leqslant n$$

则称 n 个事件 A_1、A_2、$\cdots$、A_n 是**相互独立的**。

显然,当 A_1、A_2、$\cdots$、A_n 相互独立时,有

$$P(A_1 A_2 \cdots A_n) = P(A_1) P(A_2) \cdots P(A_n) \qquad (2.29)$$

怎样判断一些事件是相互独立的呢?在很多情况下,根据对事件本质的分析就可以知道,并不需要复杂的计算。

例 6 设某型号的高射炮,每一门炮(发射一发)击中飞机的概率为 0.6。现若干门炮同时发射(每炮射一发)。问欲以 99% 的把握击中来犯的一架敌机,至少需配置几门高射炮?

解 设 n 是以 99% 的概率击中敌机需配置的高射炮门数。令 $A_i=$ "第 i 门炮击中敌机" ($i=1, 2, \cdots, n$),$A=$ "敌机被击中"。由于 $A = A_1 \cup A_2 \cup \cdots \cup A_n$,问题是要找 n,使

$$P(A) = P(A_1 \cup A_2 \cup \cdots \cup A_n) \geqslant 0.99 \qquad (2.30)$$

因为 $\overline{A_1 \cup A_2 \cup \cdots \cup A_n} = \overline{A}_1 \cdot \overline{A}_2 \cdots \overline{A}_n$,且 $\overline{A}_1$、$\overline{A}_2$、$\cdots$、$\overline{A}_n$ 是相互独立的,所以

$$\begin{aligned} P(A) &= 1 - P(\overline{A}) = 1 - P(\overline{A}_1 \overline{A}_2 \cdots \overline{A}_n) \\ &= 1 - P(\overline{A}_1) P(\overline{A}_2) \cdots P(\overline{A}_n) \\ &= 1 - (0.4)^n \end{aligned}$$

因此，不等式(2.30)化为
$$1-(0.4)^n \geqslant 0.99$$
即
$$(0.4)^n \leqslant 0.01$$
$$n \geqslant \frac{\log 0.01}{\log 0.4} = \frac{2}{0.3979} = 5.026$$

故至少需配置 6 门高射炮方能以 99% 以上的把握击中来犯的一架敌机。

2.6 全概率公式与贝叶斯公式

2.6.1 全概率公式

在事件概率的计算中，我们总是希望能够通过简单事件的概率计算而得到复杂事件的概率。为了这一目的，我们经常要把一个复杂事件分解成若干个互不相容的简单事件的和，再对这些事件计算其概率，然后利用概率的可加性而得到最后结果。在这一类计算中，全概率公式是经常要用到的。

先介绍**划分**的概念。设试验 E 的样本空间 Ω 可表示为一组互不相容的事件 B_1、B_2、$\cdots$、B_n 之和，即 $\Omega = B_1 \cup B_2 \cup \cdots \cup B_n$，且 $B_i B_j = \varnothing$ ($i \neq j$，i、$j = 1 \sim n$)，则称 B_1、B_2、$\cdots$、B_n 为样本空间的一个**划分**。

显然，做一次试验 E，事件 B_1、B_2、$\cdots$、B_n 中必有一个且仅有一个发生。

对于 E 的任一事件 A，如果能求得每一 $B_i (i=1, 2, \cdots, n)$ 发生条件下 A 发生的概率 $P(A|B_i)$，且 $P(B_i)$ 为已知，则我们有以下定理：

定理（全概率公式） 设试验 E 的样本空间为 Ω，B_1、B_2、

$\cdots$、B_n 为一个划分，且 $P(B_i)>0$ ($i=1, 2, \cdots, n$)，则对 E 的任一事件 A，有

$$P(A) = P(B_1)P(A|B_1) + P(B_2)P(A|B_2) + \cdots$$
$$+ P(B_n)P(A|B_n)$$
$$= \sum_{i=1}^{n} P(B_i)P(A|B_i) \qquad (2.31)$$

证 由于 $B_1, B_2, \cdots, B_n$ 两两互不相容，故 $AB_1, AB_2, \cdots, AB_n$ 也两两互不相容。而

$$A = A\Omega = A(B_1 \cup B_2 \cup \cdots \cup B_n)$$
$$= AB_1 \cup AB_2 \cup \cdots \cup AB_n \qquad (2.32)$$

故由概率的可加性与乘法公式得

$$P(A) = P(AB_1) + P(AB_2) + \cdots + P(AB_n)$$
$$= P(B_1)P(A|B_1) + P(B_2)P(A|B_2) + \cdots$$
$$+ P(B_n)P(A|B_n)$$
$$= \sum_{i=1}^{n} P(B_i)P(A|B_i)$$

定理证毕

我们可以这样来理解全概率公式(2.31)：如果我们把 B_1，$B_2, \cdots, B_n$ 看成是事件 A 发生的各种可能的"原因"，由式(2.32)表明 A 或是与 B_1 同时发生，或是与 B_2 同时发生，$\cdots\cdots$，或是与 B_n 同时发生。也就是说，或是由原因 B_1 引起 A 的发生，或是由原因 B_2 引起 A 的发生，$\cdots\cdots$，等等。因此事件 A 发生的概率 $P(A)$ 应等于各事件 AB_1、AB_2、$\cdots$、AB_n 的概率之和。然后由乘法公式便可计算出 $P(A)$ 来。

例 1 商店销售一批收音机，共 10 台，其中有 3 台次品，但是已经出售了两台。问从剩下的收音机中，任取一台是正品的概率是多少？

解 "从剩下的收音机中任取一台是正品"这一事件的发生只

能在下述三种"原因"之一下发生：

(1) 售出的两台中无正品；
(2) 售出的两台中恰有一台正品；
(3) 售出的两台中均为正品。

以上三个原因是互不相容的，于是可设

$A=$ "剩下收音机中任取一台是正品"
$B_0=$ "已售出两台中无正品"
$B_1=$ "已售出两台中有一台正品"
$B_2=$ "已售出两台中均为正品"

这样，
$$B_0 \cup B_1 \cup B_2 = \Omega, \quad 且 \quad B_i B_j = \emptyset (i \neq j)$$
$$A = A\Omega = AB_0 \cup AB_1 \cup AB_2$$

由全概率公式
$$P(A) = P(B_0)P(A|B_0) + P(B_1)P(A|B_1) + P(B_2)P(A|B_2)$$
而
$$P(B_0) = \frac{C_3^2}{C_{10}^2} = \frac{1}{15}$$
$$P(B_1) = \frac{C_3^1 \cdot C_7^1}{C_{10}^2} = \frac{7}{15}$$
$$P(B_2) = \frac{C_7^2}{C_{10}^2} = \frac{7}{15}$$

$P(A|B_0)$ 为在售出两台次品的条件下，任取一台是正品的概率。此时商店还有 8 台收音机，其中只有一台是次品，因此
$$P(A|B_0) = \frac{7}{8}$$

同理可得
$$P(A|B_1) = \frac{6}{8}, \quad P(A|B_2) = \frac{5}{8}$$

于是

$$P(A) = \frac{1}{15} \cdot \frac{7}{8} + \frac{7}{15} \cdot \frac{6}{8} + \frac{7}{15} \cdot \frac{5}{8} = \frac{84}{120} = 0.7$$

例 2 盒中放有 12 个乒乓球,其中有 9 个是新的。第一次比赛时从其中任取了 3 个,赛后放回盒中。第二次比赛时,再从盒中任取了 3 个,求第二次取出的 3 个球都是新球的概率。

解 设 $A=$"第二次取出的 3 个球均为新球"

$B_i=$"第一次比赛任取的三个球中有 i 个新球"

$$(i=0, 1, 2, 3)$$

则

$$B_0 \cup B_1 \cup B_2 \cup B_3 = \Omega, \quad 且 \quad B_i B_j = \emptyset \ (i \neq j)$$

由于 $A = AB_0 \cup AB_1 \cup AB_2 \cup AB_3$,根据全概率公式,有

$$P(A) = \sum_{i=0}^{3} P(B_i) P(A \mid B_i)$$

而

$$P(B_0) = \frac{C_3^3}{C_{12}^3} = \frac{1}{220} \qquad P(B_1) = \frac{C_9^1 \cdot C_3^2}{C_{12}^3} = \frac{27}{220}$$

$$P(B_2) = \frac{C_9^2 \cdot C_3^1}{C_{12}^3} = \frac{108}{220} \qquad P(B_3) = \frac{C_9^3}{C_{12}^3} = \frac{84}{220}$$

又

$$P(A \mid B_0) = \frac{C_9^3}{C_{12}^3} = \frac{84}{220} \qquad P(A \mid B_1) = \frac{C_8^3}{C_{12}^3} = \frac{56}{220}$$

$$P(A \mid B_2) = \frac{C_7^3}{C_{12}^3} = \frac{35}{220} \qquad P(A \mid B_3) = \frac{C_6^3}{C_{12}^3} = \frac{20}{220}$$

于是

$$P(A) = \frac{1}{220} \cdot \frac{84}{220} + \frac{27}{220} \cdot \frac{56}{220} + \frac{108}{220} \cdot \frac{55}{220} + \frac{84}{220} \cdot \frac{20}{220}$$

$$= \frac{441}{302\ 5} = 0.146$$

2.6.2 贝叶斯(Bayes)公式

设 $B_1, B_2, \cdots, B_n$ 为样本空间 Ω 的一个划分,且 $P(B_i)>0$ ($i=1,2,\cdots,n$),对于任一事件 A,有 $P(A)>0$,则由条件概率定义

$$P(B_i \mid A) = \frac{P(B_i A)}{P(A)} = \frac{P(B_i)P(A \mid B_i)}{P(A)}$$

再由全概率公式

$$P(A) = \sum_{i=1}^{n} P(B_i)P(A \mid B_i)$$

即得

$$P(B_i \mid A) = \frac{P(B_i)P(A \mid B_i)}{\sum_{i=1}^{n} P(B_i)P(A \mid B_i)} \qquad (2.33)$$

式(2.33)称为**贝叶斯(Bayes)公式**。这是条件概率公式的又一种表达形式。

如果把 $B_1, B_2, \cdots, B_n$ 看成是引起事件 A 发生的 n 个互不相容的"原因",那么 $P(A|B_i)$ 便反映了原因 B_i 引起事件 A 发生的可能性大小,$P(B_i)$ 反映了"原因"B_i 发生的可能性的大小。

在实际生活中常常提出这样的问题:事件 A 发生了,需要追究是哪一个"原因"($B_1、B_2、\cdots、B_n$)引起事件 A 发生的。如果已经知道 $P(B_i)$ 及 $P(A|B_i)$($i=1,2,\cdots,n$),则就可以求出所有的 $P(B_i|A)$ 来进行比较,从中找出最大的。比如 $P(B_k|A)$ 最大,于是我们就可以认为事件 A 的发生是原因 B_k 引起的可能性最大。

例3 已知一批零件是由甲、乙、丙三名工人生产的。三人的产量分别占总量的20%、40%和40%。若已知三人的次品率分别为各自产量的5%、4%和3%,现任意抽取一个零件进行检验。

若已知取到的零件是次品,问它是哪个工人生产的概率是最大?

解 设 $A=$"取到零件是次品",B_1、B_2、B_3 分别为取到零件是甲、乙、丙工人生产的,则按贝叶斯公式

$$P(B_1 \mid A) = \frac{P(B_1)P(A \mid B_1)}{\sum_{i=1}^{3} P(B_i)P(A \mid B_i)}$$

$$= \frac{0.2 \times 0.05}{0.2 \times 0.05 + 0.4 \times 0.04 + 0.4 \times 0.03}$$

$$= \frac{0.01}{0.038}$$

$$= 26.3\%$$

$$P(B_2 \mid A) = \frac{P(B_2)P(A \mid B_2)}{\sum_{i=1}^{3} P(B_i)P(A \mid B_i)}$$

$$= \frac{0.4 \times 0.04}{0.038} = \frac{0.016}{0.038}$$

$$= 0.42$$

$$P(B_3 \mid A) = \frac{P(B_3)P(A \mid B_3)}{\sum_{i=1}^{3} P(B_i)P(A \mid B_i)}$$

$$= \frac{0.4 \times 0.03}{0.038} = \frac{0.12}{0.038}$$

$$= 0.32$$

由于 $P(B_2 \mid A) = 0.42$ 概率最大,故已知取到的零件是次品,则这个次品是乙工厂生产的可能性最大。

例 4 根据对以往数据分析的结果,当机器调整良好时,产品合格率为 90%;而当机器调整得不好时,合格率仅为 30%。另外,每天早上机器开动时,机器处于调整良好状态的概率为 75%。如果某天早上第一件产品是合格品,问:该日机器处于调整良好状态的概率是多少?

解 设 $A=$"第一件产品是合格品",$B=$"机器处于调整良好状态"。依题意有

$$P(A\mid B)=0.9, \qquad P(A\mid \overline{B})=0.3$$
$$P(B)=0.75, \qquad P(\overline{B})=0.25$$

于是所求概率可按贝叶斯公式得

$$P(B\mid A)=\frac{P(B)P(A\mid B)}{P(B)P(A\mid B)+P(\overline{B})P(A\mid \overline{B})}$$
$$=\frac{0.9\times 0.75}{0.9\times 0.75+0.3\times 0.25}=90\%$$

2.7 贝努里概型

将试验重复进行 n 次,如果每次试验的结果都不影响其它各次试验结果出现的概率,即各次试验结果相互独立,则称这 n 次重复试验是 **n 次独立重复试验**。又若在这 n 次独立重复试验中每次试验的结果只有两个:A 和 $\overline{A}$,且

$$P(A)=p, \quad P(\overline{A})=1-p=q \quad (0<q<1)$$

则称这 n 次独立重复试验为 **n 重贝努里(Bernounlli)试验**,简称为**贝努里概型**。

贝努里概型是一种很重要的概率模型。它是"在同样条件下进行重复试验"的一种数学模型,应用十分广泛。

对于贝努里概型,我们关心的是在 n 次重复试验中,事件 A 恰好发生 k 次($k=0,1,2,\cdots,n$)的概率 $P_n(k)$。为了导出一般计算公式,我们先以 $n=4$、$k=3$ 为例,即考虑进行 4 次独立重复试验的情况下事件 A 恰好发生 3 次的概率 $P_4(3)$。

由于"4 次独立重复试验中事件 A 恰好发生 3 次"的概率为

$$P_4(3)=P(A_1A_2A_3\overline{A}_4\cup A_1A_2\overline{A}_3A_4\cup A_1\overline{A}_2A_3A_4\cup \overline{A}_1A_2A_3A_4)$$

由概率的可加性:

$$P_4(3) = P(A_1 A_2 A_3 \overline{A}_4) + P(A_1 A_2 \overline{A}_3 A_4)$$
$$+ P(A_1 \overline{A}_2 A_3 A_4) + P(\overline{A}_1 A_2 A_3 A_4)$$

而
$$P(A_1 A_2 A_3 \overline{A}_4) = P(A_1) P(A_2) P(A_3) P(\overline{A}_4) = p^3 q$$

同理
$$P(A_1 A_2 \overline{A}_3 A_4) = P(A_1 \overline{A}_2 A_3 A_4)$$
$$= P(\overline{A}_1 A_2 A_3 A_4) = p^3 q$$

从而
$$P_4(3) = p^3 q + p^3 q + p^3 q + p^3 q = 4 p^3 q = C_4^3 p^3 q$$

一般地,有以下定理:

定理 如果在 n 重贝努里试验中,事件 A 在每一次试验中发生的概率为 $p(0<p<1)$,则事件 A 在 n 次试验中恰好发生 k 次的概率

$$P_n(k) = C_n^k p^k q^{n-k} \qquad (k = 0, 1, 2, \cdots, n) \qquad (2.34)$$

且

$$\sum_{k=0}^{n} P_n(k) = \sum_{k=0}^{n} C_n^k p^k q^{n-k} = 1 \qquad (2.35)$$

其中,$q = 1 - p$。

证 结论 $P_n(k) = C_n^k p^k q^{n-k}$ 的证明方法已经在 $n=4$,$k=3$ 时指出,因此不再证明。

而由牛顿二项式定理可将式(2.35)写成如下形式:

$$\sum_{k=0}^{n} P_n(k) = \sum_{k=0}^{n} C_n^k p^k q^{n-k} = (p+q)^n = 1^n = 1$$

证毕

由于式(2.34)中 $P_n(k)$ 恰好是二项式 $(p+q)^n$ 的展开式中的第 $k+1$ 项,故通称式(2.34)为**二项概率公式**。

例1 某人进行射击。设每次射击命中的概率是 0.001。独立射击 5000 次。求:

(1) 恰好命中一次的概率;
(2) 至少命中一次的概率。

解 射击 5000 次可以看作是进行了 5000 次独立重复试验。每次结果只有两个:命中或不命中。因此属于贝努里概型。这里,$n=5000$,$p=0.001$,$q=1-p=0.999$。

(1) 恰好命中一次的概率
$$P_{5000}(1) = C_{5000}^{1}(0.001)(0.999)^{4999} \approx 0.0335$$

(2) 令 A_0、A_1 分别表示在 5000 次独立射击中恰好命中零次(即未命中)和至少命中一次的事件,则
$$\overline{A}_1 = A_0$$
而 $P(A_0) = P_{5000}(0) = (0.999)^{5000} \approx 0.0067$,故
$$P(A_1) = 1 - P_{5000}(0) = 0.9937$$

这个结果说明:尽管每次射击命中目标的可能性很小,但进行多次射击(例如 5000 次)至少命中一次以上的概率很接近于 1。这实际上可以认为射击 5000 次几乎是能够命中目标的。

例 2 某种产品的次品率为 0.005,求在任意 10 000 件产品中恰有 40 件次品的概率。

解 利用贝努里试验模型可知,有 40 件次品的概率为
$$P_{10\,000}(40) = C_{10\,000}^{40}(0.995)^{9960}(0.005)^{40}$$
但这在计算时遇到了麻烦。

当 p 很小、n 很大时可用下列近似公式计算,即近似服从参数为 np 的泊松分布:
$$P_n(k) \approx \frac{(np)^k}{k!} e^{-np} \tag{2.36}$$

习 题 二

1. 一口袋中有一只红球,一只白球,依次从中取 2 个球(第一次取出后不放回),观察其颜色。写出这个试验的样本空间。

2. 将一枚硬币抛 3 次，观察出现正反面的情况。

(1) 写出这个试验的样本空间；

(2) 用基本事件表示事件 $A=$ "恰有一次出现正面"。

3. 设随机试验 E 的样本空间 $\Omega=\{1,2,3,\cdots,10\}$，事件 $A=\{2,3,4\}$，$B=\{3,4,5\}$，$C=\{5,6,7\}$，用样本空间 Ω 的子集表示下列事件：

(1) $\overline{A}B$；　　　　　　　(2) $\overline{A\cup B}$；

(3) $\overline{A\overline{B}C}$；　　　　　　(4) $\overline{A(B\cup C)}$。

4. 从一批零件中任取 2 个，设事件 $A=$ "第一个零件为合格品"，事件 $B=$ "第二个零件为合格品"。问 AB、$\overline{A}$、$\overline{B}$、$\overline{AB}$、$A-B$、$A\cup B$ 及 $\overline{AB}$ 分别表示什么事件。

5. 设 A、B、C 表示三个随机事件，试以 A、B、C 的运算来表示下列事件：

(1) 仅 A 发生；

(2) A、B、C 都发生；

(3) A、B、C 都不发生；

(4) A、B、C 中至少一个发生；

(5) A、B、C 中恰好一个发生；

(6) A 不发生，而 B、C 中至少一个发生；

(7) A、B、C 中不多于一个发生；

(8) A、B、C 中至少两个发生；

(9) A、B、C 中不多于两个发生；

(10) A、B、C 中恰有两个发生。

6. 用作图的方法说明下列等式的正确性：

(1) $A\cup B=A\cup \overline{A}B$；

(2) $(A\cup B)C=AC\cup BC$；

(3) $AB\cup C=(A\cup C)(B\cup C)$。

7. 随机点落在区间$[a, b]$上这一事件记作$\{x|a\leqslant x\leqslant b\}$，设$\Omega=\{x|-\infty<x<+\infty\}$，$A=\{x|0\leqslant x<2\}$，$B=\{x|1\leqslant x<3\}$，则(1) $A\cup B$，(2) AB，(3) $\overline{A}$，(4) $A\overline{B}$分别表示什么事件？

8. 已知一批产品中有3个次品，从这批产品中任取5个产品来检查。设事件A_i表示取出的5个产品中恰有i个次品（$i=0,1,2,3$），问：

(1) 事件A_0、A_1、A_2、A_3是否互不相容？

(2) 事件A_0、A_1、A_2、A_3是否构成一个分划？

(3) 设事件B表示{取出的5个产品中有次品}，试用A_0、A_1、A_2、A_3表示B。

9. A表示{四件产品中至少有一件是次品}的事件，B表示{其中次品数不少于两件}的事件。试问$\overline{A}$与$\overline{B}$表示什么意义？

10. 10把钥匙中有3把能打开门，今任取两把，求能打开门的概率。

11. 某种产品共40件，其中有3件次品，现从中任取2件，求其中至少有一件是次品的概率。

12. 一批产品共有50件，其中45件是合格品。从这批产品中任取3件，求其中有不合格品的概率。

13. 一个电路上装有甲、乙两根保险丝，当电流强度超过一定值时，甲烧断的概率为0.8，乙烧断的概率为0.74，两根同时烧断的概率为0.63，问至少烧断一根保险丝的概率是多少？

14. 袋中有10个球，分别标写有1～10的号码。从中任取3个球，求：

(1) 取出的球的最大号码是5的概率；

(2) 取出的球的最小号码是5的概率；

(3) 取出的球的最大号码小于5的概率。

15. 从一副共有52张的扑克牌中任取5张，求在其中至少有一张A字牌的概率。

16. 某工厂生产的热水瓶，每1000只中有5只不合格，合格的热水瓶中有90%是甲级品，求该厂产品中的甲级品率。

17. 从厂外打电话给工厂的某一车间，要由工厂的总机转接。若打通总机的概率为0.6，车间分机占线的概率为0.3。假定两者是独立的，求从厂外向该车间打电话能打通的概率。

18. 一个工人照看三台机床，在一小时内，甲、乙、丙三机床需要人照看的概率分别是0.8、0.9和0.85，求在一小时内：

(1) 没有一台机床需要照看的概率；

(2) 至少有一台机床不需要照看的概率。

19. 加工一个产品要经过三道相互独立的工序，第一、二、三道工序不出废品的概率分别为0.9、0.95、0.8，求经过三道工序不出废品的概率。

20. 有20个零件，其中有12个是合格的。每次取出一个检验后不放回。求前两次所检验的零件：

(1) 都是合格品的概率；

(2) 第一个不合格，第二个合格的概率。

21. n个签中有m个是好的。三人抽签，甲先，乙次，丙最后。证明三人抽到好签的概率相等。

22. 用三台机床加工同一种零件，零件由各机床加工的概率分别为0.5、0.3、0.2；若各机床加工零件为合格品的概率分别等于0.94、0.9、0.95，求全部产品的合格率。

23. 播种时用的一级小麦种子中混有30%的二级种子和2%的三级种子。一、二、三级种子长出50颗以上麦粒的麦穗的概率分别为0.6、0.3和0.1。求这些种子所结的麦穗含有50颗以上麦粒的概率。

24. 两台机床加工同样的零件。第一台机床出现废品的概率是3%，第二台机床出现废品的概率是2%，两台机床加工出来的零件放在一起，并且已知第一台加工的零件比第二台加工的零件

多一倍,求:

(1) 任取一零件是合格品的概率;

(2) 如果任取一个零件是废品,问它是第二台机床加工的概率是多少?

25. 一批产品有30%的一等品,进行重复抽样检查,共取5个样品,求:

(1) 取出的5个样品中恰有2个一等品的概率;

(2) 取出的5个样品中至少有2个一等品的概率。

26. 甲、乙两个篮球运动员,其投篮命中率分别为0.7和0.6,每人投篮三次,求:

(1) 二人进球数相等的概率;

(2) 甲比乙进球数多的概率。

第三章 随机变量与概率分布

3.1 随机变量的概念

在第二章中我们讨论了在确定的条件下,随机事件发生的可能性大小,引入了随机事件发生的概率。为了更深入地研究随机现象,我们需要把随机试验的结果**数量化**。也就是说,要用一个变量 $X(\omega)$ 来描述试验的结果。

例1 投掷一枚硬币,它有两种可能的结果发生:正面向上(记为 ω_1)和反面向上(记为 ω_2)。我们用一个变量 X 来表示试验的结果。当发生正面向上时 $X=1$,当发生反面向上时 $X=0$。即

$$X(\omega) = \begin{cases} 1, & \text{当 } \omega = \omega_1 \\ 0, & \text{当 } \omega = \omega_2 \end{cases}$$

这里 X 取 1 或取 0 是不能预先知道的,它取决于试验的结果。但 $X=1$ 或 $X=0$ 都有一定的概率,即

$$P\{X=1\} = \frac{1}{2}, \quad P\{X=0\} = \frac{1}{2}$$

例2 设有一批产品共 100 件,其中有 5 件是次品。从中任意抽取 2 件,结果有 X 件次品。

显然,X 是不能预先知道的,要等抽取完后才能知道。但 X 的取值必为 0 或 1 或 2 这三个结果中的一个。可令

$$X = \begin{cases} 0, & \text{当没有次品时} \\ 1, & \text{当有一个次品时} \\ 2, & \text{当有二个次品时} \end{cases}$$

而且 X 取值 0、1、2 也有确定的概率。

例3 测量某零件直径尺寸时所产生的误差可用 X 表示。这时 X 所取的可能值是充满某一区间的，即 $a \leqslant X \leqslant b$。

从以上例子可以看到，变量 X 取什么值是不能预先知道的，必须要待试验结果出来才能确定，因而它是一个变量。我们称之为**随机变量**，记为 $X(\omega)$。随机变量和高等数学中的变量是不同的。随机变量具有不确定性，但它取每个可能值都具有一定的概率。

引进随机变量以后，我们就可以把随机事件的研究转化为对随机变量的研究。同时，由于把随机事件"数量化"后得到随机变量，于是就可以用微积分的方法来研究随机试验。

3.2 离散型随机变量

随机变量通常可分为两种类型。如果随机变量全部可能取到的值是有限个或可列无限多个，则称这个随机变量为**离散型随机变量**，否则称为**非离散型随机变量**。如果随机变量所可能取的值是充满某一区间时就称其为**连续型随机变量**。连续型随机变量是非离散型随机变量中最经常遇到的一种。

3.2.1 离散型随机变量概率分布的概念

离散型随机变量 X 只可能取有限个或可列无限多个值。设 X 可能取的值是 $x_1, x_2, \cdots, x_k, \cdots$，为了完整地描述随机变量 X，不仅要知道它可能取的那些值是多少，还要知道它取各个值的概率：
$$P\{X=x_1\}, P\{X=x_2\}, \cdots, P\{X=x_k\}, \cdots$$
记 $\qquad p_k = P\{X=x_k\} \qquad (k=1, 2, \cdots) \qquad (3.1)$
这一系列等式称为随机变量 X 的**概率分布**或**分布律**。分布律也可用表格形式来表示：

X	x_1	x_2	x_3	$\cdots$	x_k	$\cdots$
P	p_1	p_2	p_3	$\cdots$	p_k	$\cdots$

这个表也称为 X 的概率分布表。它清楚而完整地表示了 X 所取值的概率分布情况。

对于 p_k，显然满足：

(1) $p_k \geqslant 0 (k = 1, 2, \cdots)$； (3.2)

(2) $\sum_k p_k = 1$。 (3.3)

例1 一个袋中有 10 个球，其中有 6 个白球，4 个黑球。现从中任取 3 个，则"取得的黑球数" X 是一个随机变量，写出 X 的概率分布。

解 X 只可能取 0、1、2、3 共 4 个值。

"$X = k$"表示"从 10 个球中任取 3 个球，其中恰有 k 个黑球"的事件 ($k = 0, 1, 2, 3$)，这是古典概型。因基本事件总数 $n = C_{10}^3$，故可求得

$$P\{X = 0\} = \frac{C_6^3}{C_{10}^3} = \frac{1}{6}$$

$$P\{X = 1\} = \frac{C_4^1 \cdot C_6^2}{C_{10}^3} = \frac{1}{2}$$

$$P\{X = 2\} = \frac{C_4^2 \cdot C_6^1}{C_{10}^3} = \frac{3}{10}$$

$$P\{X = 3\} = \frac{C_4^3}{C_{10}^3} = \frac{1}{30}$$

X 的概率分布表如下所示：

X	0	1	2	3
P	$\frac{1}{6}$	$\frac{1}{2}$	$\frac{3}{10}$	$\frac{1}{30}$

例2 设随机变量的概率分布为

$$P\{x=k\}=\frac{a}{10} \quad (k=1,2,\cdots,10)$$

试确定常数 a。

解 由式(3.3)知
$$P\{X=1\}+P\{X=2\}+\cdots+P\{X=10\}=1$$

即
$$\frac{a}{10}+\frac{a}{10}+\cdots+\frac{a}{10}=\frac{10a}{10}=1$$

所以
$$a=1$$

3.2.2 几类常见离散型随机变量的概率分布

1. (0-1)分布

如果随机变量 X 只可能取 0 和 1 两个值,且它的分布如下:

$$\begin{cases} P\{X=1\}=p \\ P\{z=0\}=1-p \end{cases} \quad (0<p<1) \tag{3.4}$$

则称 X 服从 **(0-1)分布**。

例3 100件产品中有98件正品,2件次品。今从中任取一件进行试验。定义随机变量 X 如下:

$$X=\begin{cases} 1,\text{当取得正品} \\ 0,\text{当取得次品} \end{cases}$$

而取得正品的概率为 $\frac{98}{100}$,取得次品的概率为 $\frac{2}{100}$,故有

$$P\{X=1\}=\frac{98}{100}, \quad P\{X=0\}=\frac{2}{100}$$

即 X 服从(0-1)分布,其分布表为

X	0	1
P	2/100	98/100

服从(0-1)分布的例子是很多的,任何一个只有两个可能结果的随机试验,例如检查产品质量是否合格;某车间的电力消耗

是否超过负荷；某射手对目标的一次射击是否中靶；等等试验都可以用服从(0-1)分布的随机变量来描述，因此，(0-1)分布是常见的概率分布。

2. 二项分布

如果随机变量 X 的概率分布为

$$P\{x=k\}=C_n^k p^k q^{n-k} \quad (k=0, 1, 2, \cdots, n) \quad (3.5)$$
$$(0<p<1, q=1-p)$$

则称 X 服从参数为 n、p 的**二项分布**，或用记号 $X \sim B(n, p)$ 表示。

在第二章讨论了贝努里概型。如果令 X 表示在 n 次独立重复试验中事件 A 发生的次数，则 X 可取值为 $0, 1, \cdots, n$，且

$$P\{X=k\}=P_n(k)=C_n^k p^k q^{n-k} \quad (k=0, 1, \cdots, n)$$

可见 X 服从二项分布。这就给出了服从二项分布的随机变量的直观背景，即在贝努里概型中事件 A 发生的次数 X 是服从二项分布的随机变量。

例4 某一仪器由三个相同的独立工作的元件构成。该仪器在一次试验中每个元件发生故障的概率为 0.1。试求在一次试验中发生故障的元件数 X 的概率分布。

解 X 为随机变量，它可取以下的数值：

$X=0$　（仪器中没有一个元件发生故障）
$X=1$　（仪器中有一个元件发生故障）
$X=2$　（仪器中有两个元件发生故障）
$X=3$　（仪器中有三个元件发生故障）

若将对每个元件的一次观察看成一次试验，因每次观察的结果只有两个：发生故障或正常，而发生故障的概率都是 0.1，又各元件发生故障与否是相互独立的，因此属于贝努里概型，即

$$X \sim B(3, 0.1)$$

于是

$$P\{X=k\} = C_3^k(0.1)^k(0.9)^{3-k} \quad (k=0,1,2,3)$$

X 的概率分布为

$P\{X=0\} = 0.9^3 = 0.792$

$P\{X=1\} = C_3^1(0.1)(0.9)^2 = 0.243$

$P\{X=2\} = C_3^2(0.1)^2(0.9) = 0.027$

$P\{X=3\} = 0.1^3 = 0.001$

X 的概率分布表如下:

X	0	1	2	3
P	0.729	0.243	0.027	0.001

直接按式(3.3)计算二项分布是很麻烦的,我们可利用下面给出的泊松定理对二项分布作近似计算。

例 5 三个顾客进入商店,店员根据以前经验估计每人购买东西的概率为 0.4,则其中两名顾客购买东西的概率是多少?

解 试验过程树形图如图 3-1 所示。

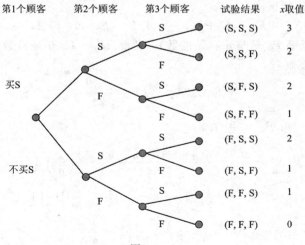

图 3-1

x 取值为 0、1、2、3,利用概率公式

$$P(X = x) = \binom{n}{x} p^x (1-p)^{n-x}$$

填写概率分布表如下:

x	$P(X=x)$
0	$\dfrac{3!}{0!(3)!}(0.4)^0(0.6)^3 = 0.216$
1	$\dfrac{3!}{1!(2)!}(0.4)^1(0.6)^2 = 0.432$
2	$\dfrac{3!}{2!(3-2)!}(0.4)^2(0.6)^1 = 0.288$
3	$\dfrac{3!}{0!(3)!}(0.4)^3(0.6)^0 = 0.064$
	1.00

从概率分布表中可知,若有三个顾客进店,则其中两名顾客购买东西的概率是 0.288。

泊松(Poissin)定理 设随机变量 $X_n(n=1, 2, \cdots)$ 服从二项分布,其分布律为

$$P\{X_n = k\} = C_n^k P_n^k (1-p_n)^{n-k} \quad (k = 0, 1, 2, \cdots, n)$$

(这里概率 P_n 是与 n 有关的数),又设 $nP_n = \lambda > 0$ 是常数($n=1, 2, \cdots$),则有

$$\lim_{n \to \infty} P\{X_n = k\} = \frac{\lambda^k e^{-\lambda}}{k!}$$

证 由 $P_n = \dfrac{\lambda}{n}$ 有

$$P\{X_n = k\} = \frac{n(n-1)\cdots(n-k+1)}{k!} \left(\frac{\lambda}{n}\right)^k \left(1 - \frac{\lambda}{n}\right)^{n-k}$$

$$= \frac{\lambda^k}{k!} \left[1 \cdot \left(1 - \frac{1}{n}\right)\left(1 - \frac{2}{n}\right)\cdots\left(1 - \frac{k-1}{n}\right) \right]$$

$$\cdot \left(1 - \frac{\lambda}{n}\right)^n \cdot \left(1 - \frac{\lambda}{n}\right)^{-k}$$

对于固定的 k,当 $n\to\infty$ 时

$$\left[1\cdot\left(1-\frac{1}{n}\right)\left(1-\frac{2}{n}\right)\cdots\left(1-\frac{k-1}{n}\right)\right]\to 1$$

$$\left(1-\frac{\lambda}{n}\right)^n\to e^{-\lambda},\qquad \left(1-\frac{\lambda}{n}\right)^k\to 1$$

故有

$$\lim_{n\to\infty}P\{X_n=k\}=\frac{\lambda^k e^{-\lambda}}{k!}$$

由此,当 n 很大而 p 很小时,有近似公式

$$C_n^k P^k(1-p)^{n-k}\approx\frac{\lambda^k e^{-\lambda}}{k!}\quad (k=0,1,2,\cdots,n) \qquad (3.6)$$

其中 $\lambda=np$,而 $\dfrac{\lambda^k e^{-\lambda}}{k!}$ 有表可查。

3. 泊松(Poisson)分布

如果随机变量 X 的概率分布为

$$P\{X=k\}=\frac{\lambda^k e^{-\lambda}}{k!}\quad (k=0,1,2,\cdots) \qquad (3.7)$$

其中 $\lambda>0$(常数),则称 X 服从参数为 λ 的泊松分布,记为

$$X\sim P(\lambda)$$

泊松分布是概率论中最重要的分布之一。一方面由于在实际问题中很多随机变量都服从泊松分布。例如在长为 τ 的时间区间内电话交换台接到的呼叫次数;来到公共汽车站的乘客数;纺纱车间大量纱锭在一个时间区间里断头的个数;纺织厂生产的一批布匹上的疵点个数,等等,这些都服从泊松分布。另一方面,泊松定理表明,以 n、p 为参数($np=\lambda$)的二项分布,当 $n\to\infty$ 时趋于以 λ 为参数的泊松分布。这样就可以利用泊松分布来对二项分布作近似计算。这也显示出泊松分布所具有的重要性。

3.3 随机变量的分布函数

离散型随机变量的概率分布完整地描述了它的统计规律。但是对于非离散型随机变量,由于它可能取的值不能一一列举出来,而是可能取某个区间内的所有值,因此我们就不能像离散型随机变量那样用分布律来描述它,而是要研究随机变量取值落入某一区间内的概率。为了在数学上能统一地研究离散型和非离散型随机变量,我们引进随机变量的分布函数的概念。

定义 设 X 是一个随机变量(它可以是离散的,也可以是非离散的),x 是任一实数,则称函数

$$F(x) = P\{X \leqslant x\} \quad (-\infty < x < +\infty) \quad (3.8)$$

为随机变量 X 的**分布函数**。

对于任意实数 x_1、$x_2 (x_1 < x_2)$,有

$$P\{x_1 < X \leqslant x_2\} = P\{X \leqslant x_2\} - P\{X \leqslant x_1\}$$
$$= F(x_2) - F(x_1) \quad (3.9)$$

因此,若已知 X 的分布函数,我们就能知道 X 落在任一区间 $(x_1, x_2]$ 上的概率。从这个意义上来说,分布函数完整地描述了随机变量的统计规律性。

分布函数是一个定义在 $(-\infty, +\infty)$ 上的普通函数。正是通过它我们能用数学分析的方法来研究随机变量。

如果将 X 看成是数轴上随机点的坐标,那么分布函数

$$F(x) = P\{X \leqslant x\} = P\{-\infty < X \leqslant x\}$$

在 x 处的函数值就表示点 X 落在区间 $(-\infty, x]$ 上的概率。

分布函数具有以下基本性质:

(1) $F(x)$ 是一个不减的函数。

当 $x_1 < x_2$,由式(3.9)知

$$F(x_2) - F(x_1) = P\{x_1 < X \leqslant x_2\} \geqslant 0$$

(2) $0 \leqslant F(x) \leqslant 1$ ($-\infty < x < +\infty$),

$F(-\infty) = \lim\limits_{x \to -\infty} F(x) = 0$, $F(+\infty) = \lim\limits_{x \to +\infty} F(x) = 1$

(3) $F(x+0) = F(x)$, 即 $F(x)$ 是右连续的。

(证略)

例 1 设随机变量 X 的概率分布为

X	1	2	3
P	$\frac{1}{5}$	$\frac{3}{10}$	$\frac{1}{2}$

(1) 求 X 的分布函数 $F(x)$ 在 $x = \frac{5}{2}$ 处的值;

(2) 求 X 的分布函数并作出图形;

(3) 求 $P\{X > 2\}$ 及 $P\left\{\frac{2}{3} < X \leqslant 7\right\}$。

解 (1) 当 $x = \frac{5}{2}$ 时,

$$F\left(\frac{5}{2}\right) = P\left\{X \leqslant \frac{5}{2}\right\}$$

由于 "$X \leqslant \frac{5}{2}$" = "$X = 1$" $\cup$ "$X = 2$", 故

$$F\left(\frac{5}{2}\right) = P\{"X=1" \cup "X=2"\}$$

$$= P\{X=1\} + P\{X=2\} = \frac{1}{5} + \frac{3}{10} = \frac{1}{2}$$

(2) 当 $x \in (-\infty, 1)$ 时, 因 X 只能取值 1、2、3, 故事件 "$X \leqslant x$" 为不可能事件, 即 "$X \leqslant x$" $= \varnothing$。所以

$$F(x) = P\{X \leqslant x\} = P\{\varnothing\} = 0$$

当 $x \in [1, 2)$ 时, 因 "$X \leqslant x$" = "$X = 1$", 故

$$F(x) = P\{X \leqslant x\} = P\{X=1\} = \frac{1}{5}$$

当 $x\in[2,3)$ 时,"$X\leqslant x$"="$X=1$"$\cup$"$X=2$",故
$$F(x) = P\{X \leqslant x\} = P\{X = 1\} + P\{X = 2\}$$
$$= \frac{1}{5} + \frac{3}{10} = \frac{1}{2}$$

当 $x\in[3,+\infty)$ 时,"$X\leqslant x$"="$X=1$"$\cup$"$X=2$"$\cup$"$X=3$",故
$$F(x) = P\{X \leqslant x\} = P\{X = 1\} + P\{X = 2\} + P\{X = 3\}$$
$$= \frac{1}{5} + \frac{3}{10} + \frac{1}{2} = 1$$

综上所述,X 的分布函数是
$$F(x) = \begin{cases} 0, & x < 1 \\ \dfrac{1}{5}, & 1 \leqslant x < 2 \\ \dfrac{1}{2}, & 2 \leqslant x < 3 \\ 1, & x \geqslant 3 \end{cases}.$$

$F(x)$ 的几何图形如图 3-2 所示。

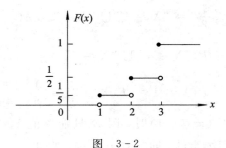

图 3-2

(3) 因 $P\{X>2\}=1-P\{X\leqslant 2\}=1-F(2)$,而 $F(2)=\dfrac{1}{2}$,故
$$P\{X > 2\} = 1 - \frac{1}{2} = \frac{1}{2}$$

$$P\left\{\frac{3}{2} < X \leqslant 7\right\} = F(7) - F\left(\frac{3}{2}\right) = 1 - \frac{1}{5} = \frac{4}{5}$$

例 2 一个靶子是一个半径为 2 的圆盘。设击中靶上任一同心圆盘的概率与该圆盘的面积成正比,并设射击都能中靶。以 X 表示弹着点到圆心的距离。试求随机变量 X 的分布函数。

解 当 $x < 0$,则"$X \leqslant x$"是一个不可能事件。故
$$F(x) = P\{X \leqslant x\} = 0$$
当 $0 \leqslant x \leqslant 2$ 时,由题意
$$P\{0 \leqslant X \leqslant x\} = kx^2$$
其中 k 为某一常数。为了确定 k 的值,取 $x = 2$,有
$$P\{0 \leqslant X \leqslant 2\} = 2^2 k$$
又知 $P\{0 \leqslant X \leqslant 2\} = P\{\Omega\} = 1$,故得 $k = \frac{1}{4}$,即
$$P\{0 \leqslant X \leqslant x\} = \frac{1}{4}x^2$$
于是
$$F(x) = P\{X \leqslant x\} = P\{X < 0\} + P\{0 \leqslant X \leqslant x\}$$
$$= 0 + \frac{1}{4}x^2 = \frac{1}{4}x^2$$

当 $x \geqslant 2$ 时,由题知"$X \leqslant x$"是必然事件。故
$$F(x) = P\{X \leqslant x\} = 1$$
综上所述即得 X 的分布函数为
$$F(x) = \begin{cases} 0, & x < 0 \\ \frac{1}{4}x^2, & 0 \leqslant x < 2 \\ 1, & x \geqslant 2 \end{cases}$$

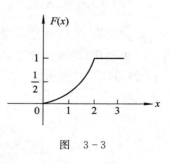

图 3-3

$F(x)$ 的图形是一条连续曲线,如图 3-3 所示。

3.4 连续型随机变量

3.4.1 概率密度函数的概念

定义 如果对于随机变量 X 的分布函数 $F(x)$，存在非负函数 $f(x)$，使对任意实数 x 有

$$F(x) = P\{X \leqslant x\} = \int_{-\infty}^{x} f(t)dt \quad (3.10)$$

则称 X 为连续型随机变量。其中 $f(x)$ 称为 X 的**概率密度函数**，简称为**概率密度**。

可以证明：连续型随机变量的分布函数是连续函数。

在实际应用中遇到的随机变量基本上是离散型或连续型随机变量。本书只讨论这两种类型的随机变量。

由定义知概率密度 $f(x)$ 具有以下性质：

(1) $f(x) \geqslant 0$；

(2) $\int_{-\infty}^{+\infty} f(x)dx = 1$；

(3) $P\{x_1 < X \leqslant x_2\} = F(x_2) - F(x_1) = \int_{x_1}^{x_2} f(x)dx$；

(4) 若 $f(x)$ 在点 x 处连续，则有 $F'(x) = f(x)$。

由性质(2)可知介于曲线 $y = f(x)$ 与 Ox 轴之间的面积等于 1，如图(3-4)所示。

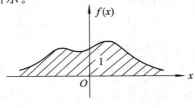

图 3-4

由性质(3)可知，落入区间$(x_1, x_2]$的概率$P\{x_1 < X \leqslant x_2\}$等于区间$(x_1, x_2]$上曲线$y = f(x)$之下的曲边梯形的面积，如3-5所示。

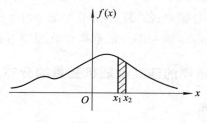

图 3-5

由性质(4)可知，在$f(x)$的连续点x处有

$$f(x) = F'(x) = \lim_{\triangle x \to 0^+} \frac{F(x + \triangle x) - F(x)}{\triangle x}$$
$$= \lim_{\triangle x \to 0^+} \frac{P\{x < X \leqslant x + \triangle x\}}{\triangle x} \quad (3.11)$$

即 $$f(x) \approx \frac{P\{x < X \leqslant x + \triangle x\}}{\triangle x}$$

或 $$P\{x < X \leqslant x + \triangle x\} \approx f(x)\mathrm{d}x \quad (3.12)$$

这表明：X落入小区间$(x, x+\mathrm{d}x]$上的概率近似地等于$f(x)\mathrm{d}x$。

需要特别指出的是，对于连续型随机变量X来说，X取任一指定实数值x_0之概率为零。

即 $$P\{X = x_0\} = 0$$

这是因为：设X的分布函数为$F(x)$，则

$$P\{x_0 - \triangle x < X \leqslant x_0\} = F(x_0) - F(x_0 - \triangle x)$$

在不等式

$$0 \leqslant P\{X = x_0\} \leqslant P\{x_0 - \triangle x < X \leqslant x_0\}$$
$$= F(x_0) - F(x_0 - \triangle x)$$

中，令$\triangle x \to 0$，并注意到$F(x)$的连续性，即得

$$P\{X = x_0\} = 0$$

因此，在计算连续型随机变量落入某一区间的概率时，可以不必关心该区间是开区间或是闭区间或是半开区间。

注意 这里事件"$X=x_0$"并非是不可能事件，但有可能 $P\{X=x_0\}=0$。这就是说：若 A 是不可能事件，则有 $P(A)=0$；反之，若 $P(A)=0$，则并不一定意味着 A 是不可能事件。

3.4.2 几种重要的连续型随机变量的分布

1. 均匀分布

设连续型随机变量 X 在有限区间 (a,b) 上取值，且它的概率密度为（见图 3-6）

$$f(x)=\begin{cases}\dfrac{1}{b-a}, & a<x<b \\ 0, & 其它\end{cases} \quad (3.13)$$

则称 X 在区间 (a,b) 上服从均匀分布。

容易求得 X 的分布函数为（见图 3-7）

$$F(x)=\begin{cases}0, & x<a \\ \dfrac{x-a}{b-a}, & a\leqslant x<b \\ 1, & x\geqslant b\end{cases} \quad (3.14)$$

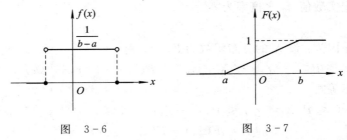

图 3-6 图 3-7

设 X 为在 (a,b) 上服从均匀分布的随机变量，且 $a\leqslant c<c+l\leqslant b$，则

$$P\{c < X \leqslant c+l\} = \int_c^{c+l} f(x)\mathrm{d}x$$
$$= \int_c^{c+l} \frac{1}{b-a}\mathrm{d}x = \frac{l}{b-a} \tag{3.15}$$

式(3.15)表明：不论 c 点在 (a, b) 内的位置如何，X 落入子区间 $(c, c+l)$ 内的概率 $P\{c < X \leqslant c+l\}$，只与子区间长度 l 有关（与 l 成正比），而与子区间的位置无关，故称之为均匀分布。

例 1 设电阻的阻值 R 是一个随机变量，均匀分布在 $900\,\Omega\sim 1100\,\Omega$ 之间，求 R 的概率密度及 R 落在 $950\sim 1050\,\Omega$ 内的概率。

解 按题意 R 的概率密度为

$$f(r) = \begin{cases} \dfrac{1}{1100-900}, & 900 < r < 1100 \\ 0, & \text{其它} \end{cases}$$

故有

$$P\{950 < R \leqslant 1050\} = \int_{950}^{1050} \frac{1}{200}\mathrm{d}r = 0.5$$

2. 指数分布

设连续型随机变量 X 的概率密度为

$$f(x) = \begin{cases} \lambda \mathrm{e}^{-\lambda x}, & x \geqslant 0 \\ 0, & x < 0 \end{cases} \tag{3.16}$$

则称 X 服从**指数分布**（参数为 λ）。

容易求得它的分布函数为

$$F(x) = \begin{cases} 1-\mathrm{e}^{-\lambda x}, & x \geqslant 0 \\ 0, & x < 0 \end{cases} \tag{3.17}$$

指数分布常用来作各种"寿命"分布的近似。它在可靠性理论中起着重要的作用。电话问题中的通话时间，无线电元件的寿命等，常假定服从指数分布。

例 2 设随机变量 X 服从参取 $\lambda = 3$ 的指数分布，求 $P\{x > 0.1\}$。

解 $\lambda = 3$ 时 X 的概率密度为

$$f(x) = \begin{cases} 3e^{-3x}, & x \geqslant 0 \\ 0, & x < 0 \end{cases}$$

$$P\{X > 0.1\} = 1 - P\{X \leqslant 0.1\} = 1 - \int_{-\infty}^{0.1} f(x) dx$$

$$= 1 - \int_0^{0.1} 3e^{-3x} dx = 0.7408$$

3. 正态分布

设连续型随机变量 X 的密度函数为

$$f(x) = \frac{1}{\sqrt{2\pi}\sigma} e^{-\frac{(x-\mu)^2}{2\sigma^2}}, -\infty < x < +\infty \quad (3.18)$$

其中 μ、$\sigma > 0$，且为常数。则称 X 服从参数为 μ、σ 的正态分布。记为 $X \sim N(\mu, \sigma^2)$。

$f(x)$ 的几何图形如图 3-8 所示，它具有如下性质：

(1) $y = f(x)$ 的图形关于直线 $x = \mu$ 对称；

(2) 在 $x = \mu \pm \sigma$ 处曲线有拐点，曲线以 x 轴为渐近线；

(3) $f(x)$ 在 $x = \mu$ 处取得最大值

$$f(\mu) = \frac{1}{\sqrt{2\pi}\sigma}$$

可见，当固定 μ 时，若 σ 越大，则图形越显平坦；σ 越小则图形越尖，曲线越陡峭，见图 3-9 所示。

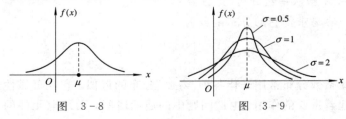

图 3-8　　　　　　　　图 3-9

当 $X \sim N(\mu, \sigma^2)$ 时，X 的分布函数为

$$F(x) = \frac{1}{\sqrt{2\pi}\sigma} \int_{-\infty}^{x} e^{-\frac{(x-\mu)^2}{2\sigma^2}} dx \quad (3.19)$$

它的几何图形见图 3-10 所示。

特别地,当 $\mu=0$、$\sigma=1$ 时,称 X 服从**标准正态分布**。记为 $X \sim N(0,1)$。这时 X 的概率密度和分布函数分别用 $\varphi(x)$ 和 $\Phi(x)$ 表示,即有

$$\varphi(x) = \frac{1}{\sqrt{2\pi}} e^{-\frac{x^2}{2}} \tag{3.20}$$

$$\Phi(x) = \frac{1}{\sqrt{2\pi}} \int_{-\infty}^{x} e^{-\frac{t^2}{2}} dt \tag{3.21}$$

标准正态分布函数具有性质:

$$\Phi(-x) = 1 - \Phi(x) \tag{3.22}$$

对此我们可以直观地从几何图形上加以说明,参见图 3-11。

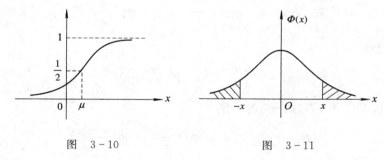

图 3-10   图 3-11

由于

$$\Phi(x) = P\{X \leqslant x\} = \int_{-\infty}^{x} \frac{1}{\sqrt{2\pi}} e^{-\frac{t^2}{2}} dt$$

故

$$P\{X > x\} = 1 - P\{X \leqslant x\} = 1 - \Phi(x)$$

标准正态分布函数 $\Phi(x)$ 的值(当 $x \geqslant 0$)有表可查(见附录二),再利用公式(3.22)即可求得 $\Phi(-x)$ 的值。

服从正态分布的随机变量在区间 (a, b) 内取值的概率如何计算呢?

(1) 如果 $X \sim N(0,1)$，则其分布函数为 $\Phi(x)$，故
$$P\{a < X < b\} = \Phi(b) - \Phi(a) \tag{3.23}$$

(2) 如果 $X \sim N(\mu, \sigma^2)$，则其分布函数为 $F(x)$，故
$$P\{a < X < b\} = F(b) - F(a)$$
$$= \Phi\left(\frac{b-\mu}{\sigma}\right) - \Phi\left(\frac{a-\mu}{\sigma}\right) \tag{3.24}$$

这是因为
$$F(x) = \frac{1}{\sqrt{2\pi}\sigma} \int_{-\infty}^{x} e^{-\frac{(t-\mu)^2}{2\sigma^2}} dt$$

令 $y = \dfrac{t-\mu}{\sigma}$，则
$$F(x) = \frac{1}{\sqrt{2\pi}} \int_{-\infty}^{\frac{x-\mu}{\sigma}} e^{-\frac{y^2}{2}} dy = \Phi\left(\frac{x-\mu}{\sigma}\right) \tag{3.25}$$

于是
$$F(b) = \Phi\left(\frac{b-\mu}{\sigma}\right), \quad F(a) = \Phi\left(\frac{a-\mu}{\sigma}\right)$$

从而当 $X \sim N(\mu, \sigma^2)$ 时，有
$$P\{a < X < b\} = \Phi\left(\frac{b-\mu}{\sigma}\right) - \Phi\left(\frac{a-\mu}{\sigma}\right)$$

容易得到
$$P\{X > a\} = 1 - P\{X \leqslant a\} = 1 - \Phi\left(\frac{a-\mu}{\sigma}\right) \tag{3.26}$$

例 3 设 $X \sim N(0,1)$，计算：

(1) $P\{X < 1.29\}$；

(2) $P\{X \leqslant -1.35\}$；

(3) $P\{|X| < 2.48\}$；

(4) $P\{|X| > 1\}$。

解

(1) $P\{X < 1.29\} = P\{X \leqslant 1.29\} = \Phi(1.29) \xupref{查表} 0.9015$

(2) $P\{X \leqslant -1.35\} = \Phi(-1.35) = 1 - \Phi(1.35)$
$\xupref{查表} 1 - 0.911\,35 = 0.0885$

(3) $P\{|X| < 2.48\} = P\{-2.48 < X < 2.48\}$
$= \Phi(2.48) - \Phi(-2.48)$
$= \Phi(2.48) - [1 - \Phi(2.48)]$
$= 2\Phi(2.48) - 1$
$\xupref{查表} 2 \times 0.9934 - 1 = 0.9868$

(4) $P\{|X| > 1\} = 1 - P\{|X| \leqslant 1\}$
$= 1 - P\{-1 \leqslant X \leqslant 1\}$
$= 1 - [\Phi(1) - \Phi(-1)]$
$= 1 - [2\Phi(1) - 1] = 2[1 - \Phi(1)]$
$\xupref{查表} 2[1 - 0.8413] = 0.3174$

例 4 某机器生产的螺栓长度 $X(\text{cm})$ 服从 $N(10.05, 0.06^2)$。规定长度在范围 10.05 ± 0.12 内为合格品,求一螺栓为不合格品的概率。

解 $X \sim N(10.05, 0.06^2)$,这里 $\mu = 10.05$,$\sigma = 0.06$。取得螺栓为合格品的概率为

$P\{10.05 - 0.12 \leqslant X \leqslant 10.05 + 0.12\}$
$= P\{9.93 \leqslant X \leqslant 10.17\}$
$= \Phi\left(\dfrac{10.17 - 10.05}{0.06}\right) - \Phi\left(\dfrac{9.93 - 10.05}{0.06}\right)$
$= \Phi(2) - \Phi(-2) = \Phi(2) - [1 - \Phi(2)] = 2\Phi(2) - 1$
$\xupref{查表} 2 \times 0.9772 - 1 = 0.9544$

所以取得不合格品的概率为
$$P = 1 - 0.9544 = 0.0456$$

例5 公共汽车门的高度是按男子与车门碰头的概率在 0.01 以下来设计的。设男子身高 X 服从 $\mu=170$ cm，$\sigma=6$ cm 的正态分布，即 $X \sim N(70,6^2)$，试问：车门高度应如何确定？

解 设车门高度为 h(cm)，按设计要求
$$P\{X \geq h\} \leq 0.01$$
即
$$1 - P\{X < h\} \leq 0.01$$
或
$$P\{X < h\} \geq 0.99$$
而 $P\{X < h\} = P\{X \leq h\} = F(h) = \Phi\left(\dfrac{h-170}{6}\right) \geq 0.99$

查表知 $\Phi(2.33) = 0.9901 > 0.99$

所以
$$\frac{h-170}{6} = 2.33$$
即
$$h = 170 + 6 \times 2.33 = 184 \text{ cm}$$

因此，当设计的车门高度为 184 cm 时可使男子与车门碰头的概率不超过 0.01。

在自然现象和社会现象中，大量的随机变量都服从或近似地服从正态分布。例如：一个地区的男性成人的身高，测量某零件长度的误差，半导体器件中的热噪声电流或电压等，都服从正态分布。在概率论和数理统计的理论研究和实际应用中，正态随机变量起着特别重要的作用。

3.5 随机变量函数的分布

设 $f(x)$ 是一个函数。所谓随机变量 X 的函数 $f(X)$ 就是这样一个随机变量 Y：当 X 取值 x 时，它取值 $y=f(x)$；记作

$$Y = f(X)$$

例如,设 X 是分子运动的速率,而 Y 是分子的动能,则 Y 是 X 的函数:$Y = \frac{1}{2}mX^2$(m 是分子的质量)。

我们的任务是,根据已知 X 的分布来寻求 $Y=f(X)$ 的分布。

3.5.1 X 是离散型的情形

对于 X 是离散型的情形,$f(X)$ 的分布不难直接得到。此时 Y 自然也是一个离散型的随机变量。

设 X 的概率分布为

X	x_1	x_2	$\cdots$	x_k	$\cdots$
$P\{X=x_i\}$	p_1	p_2	$\cdots$	p_k	$\cdots$

记 $$y_i = g(x_i) \quad (i=1, 2, \cdots)$$

如果这里各 y_i 的值也互不相等,则 Y 的概率分布为

Y	y_1	y_2	$\cdots$	y_k	$\cdots$
$P\{Y=y_i\}$	p_1	p_2	$\cdots$	p_k	$\cdots$

这是因为 $P\{Y=y_i\} = P\{X=x_i\}$ ($i=1, 2, \cdots$)。

例 1 已知 X 的概率分布为:

X	0	1	2	3	4	5
$P\{X=x_i\}$	$\frac{1}{12}$	$\frac{1}{6}$	$\frac{1}{3}$	$\frac{1}{12}$	$\frac{2}{9}$	$\frac{1}{9}$

则 $Y=2X+1$ 的概率分布为

Y	1	3	5	7	9	11
$P\{Y=y_i\}$	$\frac{1}{12}$	$\frac{1}{6}$	$\frac{1}{3}$	$\frac{1}{12}$	$\frac{2}{9}$	$\frac{1}{9}$

在 $f(x_1), f(x_2), \cdots, f(x_k), \cdots$ 不是互不相等时,则应把那些相等的值分别合并,并根据加法公式把相应的 p_i 相加就得到 Y 的概率分布。

例 2 设 X 的概率分布同例 1，求 $Y=(X-2)^2$ 的概率分布。

解 这时 $f(0)$、$f(1)$、$f(2)$、$f(3)$、$f(4)$、$f(5)$ 分别为 4、1、0、1、4、9。不难看出，Y 的概率分布应为

Y	4	1	0	9
$P\{Y=y_i\}$	$\frac{1}{12}+\frac{2}{9}$	$\frac{1}{6}+\frac{1}{12}$	$\frac{1}{3}$	$\frac{1}{9}$

3.5.2 X 是连续型的情形

当 X 是连续型随机变量时，如何找出 $Y=f(X)$ 的分布呢？

例 3 已知 $X \sim N(\mu, \sigma^2)$，求 $Y=\dfrac{X-\mu}{\sigma}$ 的概率密度。

解 设 Y 的分布函数为 $F_Y(y)$，于是

$$F_Y(y) = P\{Y \leqslant y\} = P\left\{\frac{X-\mu}{\sigma} \leqslant y\right\}$$
$$= P\{X \leqslant \sigma y + \mu\} = F_X(\sigma y + \mu)$$

其中 $F_X(x)$ 为 X 的分布函数。

于是我们得到

$$F_Y(y) = F_X(\sigma y + \mu)$$

将上式两边对 y 求导，利用密度函数是分布函数的导数的关系，得

$$f_Y(y) = f_X(\sigma y + \mu)\sigma$$

这里 f_Y 和 f_X 分别表示 Y 和 X 的概率密度。

再将

$$f_X(x) = \frac{1}{\sqrt{2\pi}\sigma}e^{-\frac{(x-\mu)^2}{2\sigma^2}}$$

代入上式，有

$$f_Y(y) = \frac{1}{\sqrt{2\pi}\sigma}e^{-\frac{[(\sigma y+\mu)-\mu]^2}{2\sigma^2}} \cdot \sigma = \frac{1}{\sqrt{2\pi}}e^{-\frac{y^2}{2}}$$

这表明 $Y \sim N(0, 1)$。

注意 在上例求解的推理过程中,除去用到分布函数的定义和分布函数与密度函数的关系之外,还用到如下等式

$$P\left\{\frac{X-\mu}{\sigma}\leqslant y\right\} = P\{X\leqslant\sigma y+\mu\}$$

表面上看,这里只是把不等式"$\frac{X-\mu}{\sigma}\leqslant y$"变形为"$X\leqslant\sigma y+\mu$",实质上它们是表示同一个随机事件,故概率相等。这里的关键作用在于把 $Y=\frac{X-\mu}{\sigma}$ 的分布函数在 y 的值 $F_Y(y)$ 转化为 X 的分布函数在 $\sigma y+\mu$ 的值 $F_X(\sigma y+\mu)$。按照这种思路,可得以下定理:

定理 设随机变量 X 的密度函数为 $f_X(x)$,随机变量函数 $Y=g(X)$ 的密度函数为 $f_Y(y)$。若 $g'(x)>0$,则有

$$f_Y(y) = f_X[\varphi(y)]\varphi'(y) \tag{3.27}$$

其中,$x=\varphi(y)$ 是 $y=g(x)$ 的反函数。

证 由于 $g'(x)>0$ 故 $y=g(x)$ 有反函数 $x=\varphi(y)$ 且 $\varphi(y)$ 也可导,而且事件"$g(X)\leqslant y$"和事件"$X\leqslant\varphi(y)$"是相同的随机事件。

将 X 和 Y 的分布函数分别记作 $F_X(x)$ 和 $F_Y(y)$,则有

$$F_Y(y) = P\{Y\leqslant y\} = P\{g(X)\leqslant y\}$$
$$= P\{X\leqslant\varphi(y)\} = F_X\{\varphi(y)\}$$

两边对 y 求导,得

$$f_Y(y) = f_X[\varphi(y)]\cdot\varphi'(y)$$

证完

式(3.27)就是随机变量函数的**概率密度公式**。

例4 设 X 的密度函数为 $f_X(x)$,求 $Y=kX+b$ 的概率密度函数 $f_Y(y)$ ($k>0$)。

解 取 $g(x)=kx+b$,它的反函数为 $\varphi(y)=x=(y-b)/k$,故

$$f_Y(y) = f_X\left(\frac{y-b}{k}\right) \cdot \frac{1}{k}$$

下面对公式(3.27)作几点说明:

(1) 如果条件"$g'(x)>0$"改为"$g'(x)<0$",则相应的将式(3.27)改为

$$f_Y(y) = f_X[\varphi(y)][-\varphi'(y)] \qquad (3.28)$$

至于式(3.28)的证明,与式(3.27)证明方法类似,只是要注意,此时

$$"g(X) \leqslant y" = "X \geqslant \varphi(y)"$$

(2) 注意到当 $g'(x)>0$ 时,$\varphi'(y)>0$;而当 $g'(x)<0$ 时,$\varphi'(y)<0$。因此在这两种情形下式(3.27)和式(3.28)都可写成

$$f_Y(y) = f_X[\varphi(y)] \,|\, \varphi'(y) \,|$$

(3) 条件"$g'(x)>0$"(或者"$g'(x)<0$")是比较强的,不少函数不满足这个要求。还有更一般的公式,本教材就不讨论了,有兴趣者可查阅相关书籍。

例 5 设 $X \sim N(0, 1)$,求 $Y = X^2$ 的概率密度函数。

解 我们看到 $y = x^2$ 这个函数不满足公式的条件。现用基本方法直接来求。

因为

$$F_Y(y) = P\{Y \leqslant y\} = P\{X^2 \leqslant y\}$$

(1) 对于 $y<0$,

因"$X^2 \leqslant y$"是不可能事件,故

$$P\{X^2 \leqslant y\} = 0$$

得

$$F_Y(y) = 0$$

从而

$$f_Y(y) = 0$$

(2) 对于 $y>0$,因

$$"X^2 \leqslant y" = "-\sqrt{y} \leqslant X \leqslant \sqrt{y}"$$

故

$$F_Y(y) = P\{-\sqrt{y} \leqslant X \leqslant \sqrt{y}\}$$

由 $X \sim N(0,1)$ 知,

$$F_Y(y) = \frac{1}{\sqrt{2\pi}} \int_{-\sqrt{y}}^{\sqrt{y}} e^{-\frac{t^2}{2}} dt = \frac{2}{\sqrt{2\pi}} \int_0^{\sqrt{y}} e^{-\frac{t^2}{2}} dt$$

所以

$$f_Y(y) = F'_Y(y) = \frac{2}{\sqrt{2\pi}} e^{-\frac{(\sqrt{y})^2}{2}} \cdot \frac{1}{2\sqrt{y}} = \frac{1}{\sqrt{2\pi}} y^{-\frac{1}{2}} e^{-\frac{y}{2}}$$

综合(1)、(2)可知

$$f_Y(y) = \begin{cases} \frac{1}{\sqrt{2\pi}} y^{-\frac{1}{2}} e^{-\frac{y}{2}}, & y > 0 \\ 0, & y \leqslant 0 \end{cases}$$

习　题　三

1. 有人求得一离散型随机变量的概率分布如下：

X	0	1	2
P	$\frac{1}{2}$	$\frac{1}{4}$	$\frac{1}{3}$

试说明他的计算结果是否正确。

2. 一批产品共 100 件，其中 2 件是次品。从中抽取 3 件进行质量检查，求其中次品数的概率分布（抽样是不重复的）。写出分布函数并画出分布函数图。

3. 在房间里有 10 个人，分别佩戴着从 1 号到 10 号的纪念章。任意选 3 个记录其纪念章的号码。设 3 人中纪念章最小号码为 X，求：

(1) X 的概率分布；

(2) $P\{2 < X \leqslant 5\}$。

4. 设某运动员投篮命中率是 0.8，求在一次投篮时投中次数的概率分布和分布函数。

5. 对某一目标进行射击,直到击中为止。如果每次射击命中率为 p,求射击次数 X 的概率分布。

6. 设随机变量 X 所有可能的取值为 $1、2、\cdots、n$,且已知 $P\{X=k\}$ 与 k 成正比。即 $P\{X=k\}=ak$ $(k=1, 2, \cdots, n)$,求常数 a 的值。

7. 10 门火炮同时向一敌舰各射击一次。当有不少于两发炮弹命中时,敌舰就被击沉。在一次射击中如果每门炮命中目标的概率是 0.6,求击沉敌舰的概率。

8. 设 X 服从泊松分布,且已知 $P\{X=1\}=P\{X=2\}$,求 $P\{X=4\}$。

9. 设随机变量 X 的概率分布为

X	0	$\frac{\pi}{2}$	π
P	$\frac{1}{4}$	$\frac{1}{2}$	$\frac{1}{4}$

(1) 求 X 的分布函数 $F(x)$,并作出图形;

(2) 求 $P\{X>1\}$ 及 $P\left\{\frac{\pi}{2}<X\leqslant 5\right\}$。

10. 设随机变量 X 的分布函数为

$$F(x) = \begin{cases} 0, & x<0 \\ \dfrac{x^2}{25}, & 0\leqslant x\leqslant 5 \\ 1, & x>5 \end{cases}$$

求 $P\{3<X\leqslant 6\}$。

11. 设连续型随机变量 X 的分布函数为

$$F(x) = \begin{cases} A+Be^{-\frac{x^2}{2}}, & x>0 \\ 0, & x\leqslant 0 \end{cases}$$

求:(1) 系数 A 及 B;

(2) X 的概率密度；

(3) $P\{1<X<2\}$。

12. 设随机变量 X 的概率密度为

$$f(x) = \begin{cases} \dfrac{A}{\sqrt{1-x^2}}, & \text{当} |x|<1 \\ 0, & \text{当} |x| \geqslant 1 \end{cases}$$

试求：(1) 常数 A；

(2) $P\left\{-\dfrac{1}{2} \leqslant X \leqslant \dfrac{1}{2}\right\}$；

(3) X 的分布函数 $F(x)$。

13. 判断下列函数能否是某个连续型随机变量的概率密度：

(1) $f_1(x) = \begin{cases} \dfrac{1}{2}\cos x, & 0<x<\pi \\ 0, & \text{其它} \end{cases}$

(2) $f_2(x) = \begin{cases} \cos x, & -\dfrac{\pi}{2}<x<\dfrac{\pi}{2} \\ 0, & \text{其它} \end{cases}$

14. 设 k 在 $(0,5)$ 上服从均匀分布，求方程：

$$4x^2 + 4xK + K + 2 = 0$$

有实根的概率。

15. 设 $X \sim N(0,1)$，求：

(1) $P\{X<2.4\}$； (2) $P\{X \leqslant -1\}$；

(3) $P\{|X|<1.5\}$； (4) $P\{|X|>2\}$。

16. 设 $X \sim N(3, 2^2)$，求：

(1) $P\{2<X \leqslant 5\}$； (2) $P\{-4<X<10\}$；

(3) $P\{|X|>2\}$； (4) $P\{X>-1\}$。

17. 一工厂生产的晶体管的寿命 X（以小时计）服从参数为 $\mu = 160$ 的正态分布，$X \sim N(160, \sigma^2)$，若要求：

$$P\{120<X\leqslant 200\}\geqslant 0.8$$

试问：允许 σ 的最大值为多少？

18. 某种电池的寿命 X 服从正态分布 $N(\mu,\sigma^2)$ 其中 $\mu=300$（小时），$\sigma=35$（小时）。

(1) 求电池寿命在 250 小时以上的概率。

(2) 求 x 使寿命在 $(\mu-x)\sim(\mu+x)$ 之间的概率不小于 0.9。

第四章 随机变量的数字特征

在第三章里,我们介绍了随机变量的分布函数。由分布函数可以计算随机变量落在任一区间上的概率,因而分布函数能全面描述随机变量的概率分布。

但是在实际问题中分布函数的确定并不是一件容易的事。另一方面,在有些问题中我们并不需要全面了解概率的分布,而只需要知道随机变量的某些特征就够了。例如测量某零件的长度(它是一个随机变量),我们只需要知道这些测量取值的平均数和测量结果的精确程度,即要知道测量的长度与平均值的离散程度即可。

"平均数"和"离散程度"虽不能完整地描述随机变量,但它们都是随机变量概率性质的表现。本章将引进一些用来描述"平均数"和"离散程度"等量的概念,即随机变量的数字特征。

4.1 离散型随机变量的数学期望

4.1.1 基本概念

我们先看一个例子。

例 1 有甲、乙两射手,他们在相同的条件下进行射击。击中环数是随机变量,分别记为 X 和 Y。其情况如下:

甲射手

击中环数	8	9	10
概率	0.3	0.1	0.6

乙射手

击中环数	8	9	10
概率	0.2	0.5	0.3

试问:甲、乙两射手谁的技术较好?

解 设甲、乙射手各射击 100 次,由甲射手击中环数的概率分布可以看出:

每射 100 次大约有 30 次击中 8 环,共中 8×30 环;
每射 100 次大约有 10 次击中 9 环,共中 9×10 环;
每射 100 次大约有 60 次击中 10 环,共中 10×60 环。

因此在 100 次射击中,共击中
$$8\times30+9\times10+10\times60=930(环)$$

这样,甲射手"平均"击中环数为
$$\frac{8\times30+9\times10+10\times60}{100}$$
$$=8\times\frac{30}{100}+9\times\frac{10}{100}+10\times\frac{60}{100}$$
$$=8\times0.3+9\times0.1+10\times0.6=9.3(环)$$

同理,乙射手"平均"击中环数为
$$8\times0.2+9\times0.5+10\times0.3=9.1(环)$$

因此,比较可得:甲射手的射击水平要略高于乙射手的射击水平。同时,我们也发现,这里反映随机变量(击中环数)取到的"平均"意义的特性数值恰好是:随机变量所取的一切可能值与其相应概率的乘积之和。

定义 设离散型随机变量 X 的概率分布为

X	x_1	x_2	$\cdots$	x_k	$\cdots$
P	p_1	p_2	$\cdots$	p_k	$\cdots$

(即 $P\{X=x_k\}=p_k$, $k=1,2,\cdots$)

如果级数 $\sum\limits_{k=1}^{\infty}x_kp_k$ 绝对收敛,则称和数 $\sum\limits_{k=1}^{\infty}x_kp_k$ 为随机变量 X 的**教学期望**(简称**期望**),记为 $E(X)$,即

$$E(X)=x_1p_1+\cdots+x_kp_k+\cdots=\sum_{k=1}^{\infty}x_kp_k \qquad (4.1)$$

显然，$E(X)$ 是一个实数。当 X 的概率分布为已知时，$E(X)$ 可由式(4.1)求得。它体现了随机变量 X 取值的真正平均值。因此 $E(X)$ 也常称为 X 的**均值**，或称分布的均值。

4.1.2 几个常用分布的期望

1. (0-1)分布

设 X 服从 (0-1) 分布

X	0	1
P	$1-p$	p

由式(4.1)知

$$E(X) = 1 \cdot p + 0 \cdot (1-p) = p \tag{4.2}$$

2. 二项分布

设 $X \sim B(n, p)$，即

$$p\{X = k\} = C_n^k p^k q^{n-k} \quad (k = 0, 1, 2, \cdots, n; q = 1-p)$$

由式(4.1)知

$$\begin{aligned}
E(X) &= \sum_{k=0}^{n} k \cdot P\{X = k\} = \sum_{k=1}^{n} k C_n^k p^k q^{n-k} \\
&= \sum_{k=1}^{n} \frac{k \cdot n!}{k!(n-k)!} p^k q^{n-k} \\
&= \sum_{k=1}^{n} \frac{np(n-1)!}{(k-1)![(n-1)-(k-1)]!} p^{k-1} q^{(n-1)-(k-1)} \\
&\xhookrightarrow{\text{令 } i = k-1} np \sum_{i=0}^{n-1} \frac{(n-1)!}{i![(n-1)-i]!} p^i q^{(n-1)-i} \\
&= np(p+q)^{n-1} = np
\end{aligned} \tag{4.3}$$

这说明服从二项分布的随机变量的期望等于参数 n 与 p 的乘积。

3. 泊松分布

设 X 服从泊松分布，即

$$P\{X=k\} = \frac{\lambda^k}{k!}e^{-\lambda} \quad (k=0,1,2,\cdots;\lambda>0)$$

按式(4.1)，此时有

$$E(X) = \sum_{k=0}^{\infty} k \cdot \frac{\lambda^k}{k!}e^{-\lambda} = e^{-\lambda}\sum_{k=1}^{\infty}\frac{\lambda^{k-1}}{(k-1)!}\lambda$$
$$= \lambda e^{-\lambda} \cdot e^{\lambda} = \lambda \tag{4.4}$$

故 X 的数学期望为参数值 λ。

4.2 连续型随机变量的数学期望

4.2.1 定义

设 X 为连续型随机变量，概率密度为 $f(x)$，则

$$P\{x<X\leqslant x+\Delta x\} = \int_x^{x+\Delta x} f(x)\mathrm{d}x \approx f(x)\Delta x$$

当 Δx 充分小时可以近似地看成是 X 集中在 x 的概率为 $f(x)\Delta x$，即 $f(x)\mathrm{d}x$，它与离散型随机变量的 p_k 相类似。于是我们有下面的定义：

定义 设连续型随机变量 X 的概率密度为 $f(x)$，若积分

$$\int_{-\infty}^{+\infty} xf(x)\mathrm{d}x$$

绝对收敛，则称此积分为 X 的数学期望，记为 $E(X)$，即

$$E(X) = \int_{-\infty}^{+\infty} xf(x)\mathrm{d}x \tag{4.5}$$

4.2.2 几个常用分布的期望

1. 均匀分布

设 X 在区间 (a,b) 上服从均匀分布，其概率密度为

$$f(x) = \begin{cases} \dfrac{1}{b-a}, & a < x < b \\ 0, & \text{其它} \end{cases}$$

由式(4.5)有

$$\begin{aligned} E(X) &= \int_{-\infty}^{+\infty} xf(x)\,\mathrm{d}x \\ &= \int_{-\infty}^{a} xf(x)\,\mathrm{d}x + \int_{a}^{b} xf(x)\,\mathrm{d}x + \int_{b}^{+\infty} xf(x)\,\mathrm{d}x \\ &= \int_{a}^{b} xf(x)\,\mathrm{d}x = \int_{a}^{b} x \cdot \frac{1}{b-a}\,\mathrm{d}x \\ &= \frac{a+b}{2} \end{aligned}$$

即
$$E(X) = \frac{1}{2}(a+b) \tag{4.6}$$

上式表明 X 的期望位于区间 (a, b) 的中点。

2. 指数分布

设 X 有密度函数

$$f(x) = \begin{cases} \lambda e^{-\lambda x}, & x \geq 0 \\ 0, & x < 0 \end{cases} \quad (\lambda > 0)$$

于是

$$\begin{aligned} E(X) &= \int_{-\infty}^{+\infty} xf(x)\,\mathrm{d}x = \lambda \int_{0}^{+\infty} xe^{-\lambda x}\,\mathrm{d}x \\ &\xlongequal{\diamondsuit\, t = \lambda x} \frac{1}{\lambda} \int_{0}^{+\infty} te^{-t}\,\mathrm{d}t \\ &= \frac{1}{\lambda}\left[(-te^{-t})\Big|_{0}^{+\infty} + \int_{0}^{+\infty} e^{-t}\,\mathrm{d}t \right] \\ &= \frac{1}{\lambda} \end{aligned} \tag{4.7}$$

这表明指数分布的期望是参数 λ 的倒数。

3. 正态分布

设 $X \sim N(\mu, \sigma^2)$，则

$$E(X) = \frac{1}{\sqrt{2\pi}\sigma} \int_{-\infty}^{+\infty} x e^{-\frac{(x-\mu)^2}{2\sigma^2}} dx$$

$$\xrightarrow{\diamondsuit\, t = \frac{x-\mu}{\sigma}} \frac{\mu}{\sqrt{2\pi}} \int_{-\infty}^{+\infty} e^{-\frac{t^2}{2}} dt + \frac{\sigma}{\sqrt{2\pi}} \int_{-\infty}^{+\infty} t \cdot e^{-\frac{t^2}{2}} dt$$

$$= \mu$$

即 $\qquad E(X) = \mu$

这说明正态随机变量的概率密度中的 μ 是它的数学期望。

以上所举各例都有数学期望。但不是所有的随机变量都有期望的。例如服从柯西分布的随机变量 X 的期望就是不存在的。

4.3 数学期望的性质及随机变量函数的期望

4.3.1 数学期望的性质

我们在前面两节介绍了期望的定义及一些常用分布的期望。期望是分布的最重要和最基本的数字特征。下面讨论期望的一些性质。

(1) 若 c 是常量，则
$$E(c) = c \qquad (4.8)$$

(2) 设 X 为一随机变量，k 为常量，则
$$E(kX) = kE(X) \qquad (4.9)$$

(3) 设 X 为随机变量，b 为常量，则
$$E(X + b) = E(X) + b \qquad (4.10)$$

(4) 设 X 为随机变量，k、b 为常量，则
$$E(kX + b) = kE(X) + b \qquad (4.11)$$

下面我们分别给出证明：

对于式(4.8)，因常量 c 作随机变量而言，是个离散型的，它

只可能取一个值 c，概率为 1，故 $E(c)=c \cdot 1=c$。

对于式(4.9)，当 $k=0$ 时显然成立；当 $k\neq 0$ 时，设 X 为离散型随机变量（当 X 为连续型随机变量时的证明同学们自己完成），它的概率分布是

X	x_1	x_2	$\cdots$	x_n	$\cdots$
P	p_1	p_2	$\cdots$	p_n	$\cdots$

则随机变量 kX 的概率分布是

kX	kx_1	kx_2	$\cdots$	kx_n	$\cdots$
P	p_1	p_2	$\cdots$	p_n	$\cdots$

于是按式(4.1)，有

$$\begin{aligned}E(kX) &= kx_1p_1 + kx_2p_2 + \cdots + kx_np_n + \cdots \\ &= k(x_1p_1 + x_2p_2 + \cdots + x_np_n + \cdots) \\ &= kE(X)\end{aligned}$$

对于式(4.10)，我们只给出 X 是连续型随机变量时的证明（X 为离散型时同学们自己证明）。

设 X 的密度函数为 $f(x)$，$X+b$ 作为随机变量 X 的函数，它的密度函数应为 $\varphi(y)=f(y-b)$。

由式(4.5)知

$$\begin{aligned}E(X+b) &= \int_{-\infty}^{+\infty} y\varphi(y)\mathrm{d}y = \int_{-\infty}^{+\infty} yf(y-b)\mathrm{d}y \\ &\xlongequal{\diamondsuit x=y-b} \int_{-\infty}^{+\infty}(x+b)f(x)\mathrm{d}x \\ &= \int_{-\infty}^{+\infty} xf(x)\mathrm{d}x + b\int_{-\infty}^{+\infty} f(x)\mathrm{d}x \\ &= \int_{-\infty}^{+\infty} xf(x)\mathrm{d}x + b = E(X) + b\end{aligned}$$

对于式(4.11)，可由式(4.9)和式(4.10)两式直接得到。

4.3.2 随机变量函数的期望公式

这里我们不加证明地给出以下定理:

定理 设 Y 是随机变量 X 的函数 $Y=g(X)$(g 是连续函数),

(1) 设 X 是离散型随机变量,它的概率分布为

$$P\{X=x_k\} = p_k \quad (k=1,2,\cdots)$$

如果级数 $\sum_{k=1}^{\infty} g(x_k)p_k$ 绝对收敛,则

$$E(Y) = E[g(X)] = \sum_{k=1}^{\infty} g(x_k)p_k \quad (4.12)$$

(2) 设 X 是连续型随机变量,概率密度为 $f(x)$,如果积分 $\int_{-\infty}^{+\infty} g(x)f(x)\mathrm{d}x$ 绝对收敛,则

$$E(Y) = E[g(X)] = \int_{-\infty}^{+\infty} g(x)f(x)\mathrm{d}x \quad (4.13)$$

例1 设随机变量 X 的概率分布为

X	-2	0	2
P	0.4	0.3	0.3

对 $Y=X^2$,求 $E(Y)$。

解法一 首先求出 $Y=X^2$ 的概率分布。不难得到 Y 的分布为

Y	0	4
P	0.3	0.7

再由离散型随机变量期望定义得

$$E(Y) = 0 \times 0.3 + 4 \times 0.7 = 2.8$$

解法二 利用定理。

因为 X 取值为 $x_1=-2$,$x_2=0$,$x_3=2$,又 $Y=g(X)=X^2$,

对应 X 的值,Y 取值为 $g(x_1)=(-2)^2, g(x_2)=0^2, g(x_3)=2^2$。
由式(4.12)得:
$$\begin{aligned}E(Y) &= g(x_1)p_1 + g(x_2)p_2 + g(x_3)p_3 \\ &= (-2)^2 \times 0.4 + 0^2 \times 0.3 + 2^2 \times 0.3 \\ &= 1.6 + 1.2 = 2.8\end{aligned}$$

例 2 设 X 在 $(0, a)$ 上服从均匀分布$(a>0)$,$Y=kX^2(k>0)$,求 $E(Y)$。

解法一 X 的概率密度为 $f(x)=\begin{cases}\dfrac{1}{a}, & 0<x<a \\ 0, & \text{其它}\end{cases}$

由式(4.13)得:
$$\begin{aligned}E(Y) &= \int_{-\infty}^{+\infty} g(x)f(x)\mathrm{d}x = \int_{-\infty}^{+\infty} kx^2 f(x)\mathrm{d}x \\ &= \int_{-\infty}^{0} kx^2 f(x)\mathrm{d}x + \int_{0}^{a} kx^2 f(x)\mathrm{d}x + \int_{a}^{+\infty} kx^2 f(x)\mathrm{d}x \\ &= \int_{0}^{a} kx^2 \cdot \frac{1}{a}\mathrm{d}x = \frac{k}{3}a^2\end{aligned}$$

解法二 首先求出随机变量 $Y=kX^2$ 的概率密度 $f_Y(y)$,由式(3.26)知

$$f_Y(y) = \begin{cases}\dfrac{1}{2a\sqrt{k}}\dfrac{1}{\sqrt{y}}, & <y<ka^2 \\ 0, & \text{其它}\end{cases}$$

再由连续型随机变量期望的定义得

$$\begin{aligned}E(Y) &= \int_{-\infty}^{+\infty} yf_Y(y)\mathrm{d}y = \int_{-\infty}^{0} yf_Y(y)\mathrm{d}y + \int_{0}^{ka^2} yf_Y(y)\mathrm{d}y \\ &\quad + \int_{ka^2}^{+\infty} yf_Y(y)\mathrm{d}y = \int_{0}^{ka^2} y \cdot \frac{1}{2a\sqrt{k}}\frac{1}{\sqrt{y}}\mathrm{d}y \\ &= \frac{1}{2a\sqrt{k}} \int_{0}^{ka^2} \sqrt{y}\mathrm{d}y = \frac{1}{2a\sqrt{k}}\frac{2}{3}y^{\frac{3}{2}}\Big|_{0}^{ka^2} = \frac{1}{3}ka^2\end{aligned}$$

两种解法结果相同,但解法一没有去求 Y 的概率密度,所以比解法二简便。

4.4 方差及其性质

4.4.1 方差的概念及计算公式

数学期望表示随机变量的平均值,而实际问题中只知道平均值是不够的。例如一批棉花纤维平均长度的数值较大,但是这批棉花纤维特长和特短的也较多,即棉花纤维的长度偏离的程度也大。显然这批棉花质量不理想。又如果观察射手的水平就不应只把中靶的平均环数多少作为唯一标准,还要看各次中靶环数的偏离情况。如果偏离程度大,说明该射手技术不够稳定。因此研究随机变量与其均值的偏离程度就很重要了。

定义 设 X 是一个随机变量,若 $E\{[X-E(X)]^2\}$ 存在,则称 $E\{[X-E(X)]^2\}$ 为 X 的**方差**,记为 $D(X)$,即
$$D(X) = E\{[X-E(X)]^2\} \qquad (4.14)$$
又称 $\sqrt{D(X)}$ 为 X 的**标准差**或**均方差**。

在计算随机变量的方差时,下面的公式是很重要的:
$$D(X) = E(X^2) - [E(X)]^2 \qquad (4.15)$$
这是因为
$$\begin{aligned}D(X) &= E\{[X-E(X)]^2\} = E\{X^2 - 2XE(X) + [E(X)]^2\} \\ &= E(X^2) - 2E(X) \cdot E(X) + E\{[E(X)]^2\} \\ &= E(X^2) - 2[E(X)]^2 + [E(X)]^2 = E(X^2) - [E(X)]^2\end{aligned}$$

4.4.2 常用分布的方差

1. (0-1)分布

设 X 服从 (0-1) 分布,即 $P\{X=1\}=p, P\{X=0\}=1-p=q$

由于 $\quad E(X^2) = 1^2 \cdot p + 0^2 \cdot (1-p) = p$
又 $\quad E(X) = p$
故 $\quad D(X) = p - p^2 = p(1-p) = pq \quad (4.16)$

2. 二项分布

设 $X \sim B(u, p)$，即 X 的分布律为

$$P\{X = k\} = C_n^k p^k q^{n-k} \quad (k = 0, 1, \cdots, n; 1-p = q)$$

已知 $E(X) = np$，又

$$\begin{aligned}
E(X^2) &= \sum_{k=0}^{n} k^2 C_n^k p^k q^{n-k} = \sum_{k=1}^{n} k^2 \frac{n!}{k!(n-k)!} p^k q^{n-k} \\
&= \sum_{k=1}^{n} [(k-1) + 1] \frac{n!}{(k-1)!(n-k)!} p^k q^{n-k} \\
&= \sum_{k=2}^{n} (k-1) \frac{n(n-1)(n-2)!}{(k-1)!(n-k)!} p^2 \cdot p^{k-2} \cdot q^{(n-2)-(k-2)} \\
&\quad + \sum_{k=1}^{n} \frac{n!}{(k-1)!(n-k)!} p^k q^{n-k} \\
&\xlongequal{\diamondsuit k' = k-2} n(n-1) p^2 \sum_{k'=0}^{n-2} \frac{(n-2)!}{k'!(n-2-k')!} p^{k'} q^{(n-2)-k'} \\
&\quad + E(X) \\
&= n(n-1) p^2 + np
\end{aligned}$$

于是

$$\begin{aligned}
D(X) &= E(X^2) - [E(X)]^2 \\
&= n(n-1)p^2 + np - n^2 p^2 \\
&= npq \quad (4.17)
\end{aligned}$$

3. 泊松分布

设 X 服从泊松分布，其概率分布为

$$P\{X = k\} = \frac{\lambda^k}{k!} e^{-\lambda} \quad (k = 0, 1, 2, \cdots)$$

由于 $\quad E(X) = \lambda$

$$E(X^2) = \sum_{k=0}^{\infty} k^2 \frac{\lambda^k}{k!} e^{-\lambda} = \sum_{k=0}^{\infty} [k(k-1)+k] \frac{\lambda^k e^{-\lambda}}{k!}$$

$$= \sum_{k=1}^{\infty} k(k-1) \frac{e^{-\lambda}\lambda^k}{k!} + \sum_{k=0}^{\infty} k \frac{\lambda^k e^{-\lambda}}{k!}$$

$$= \sum_{k=2}^{\infty} \frac{\lambda^k e^{-\lambda}}{(k-2)!} + E(X)$$

$$\xrightarrow{\text{令 } k'=k-2} \sum_{k'=0}^{\infty} \frac{\lambda^{k'+2} e^{-\lambda}}{k'!} + \lambda$$

$$= \lambda^2 e^{-\lambda} \sum_{k'=0}^{\infty} \frac{\lambda^{k'}}{k'!} + \lambda = \lambda^2 e^{-\lambda} \cdot e^{\lambda} + \lambda = \lambda^2 + \lambda$$

故 $\qquad D(X) = E(X^2) - [E(X)]^2 = (\lambda^2 + \lambda) - \lambda^2 = \lambda$ (4.18)

由此可见，泊松分布的方差在数值上与数学期望相等。

4. 均匀分布

设 X 在 (a, b) 上服从均匀分布，其概率密度为

$$f(x) = \begin{cases} \dfrac{1}{b-a}, & a < x < b \\ 0, & \text{其它} \end{cases}$$

由于 $\qquad E(X) = \dfrac{1}{2}(a+b)$

$$E(X^2) = \int_{-\infty}^{+\infty} x^2 f(x) dx = \int_a^b x^2 \frac{1}{b-a} dx = \frac{1}{b-a} \frac{1}{3} x^3 \Big|_a^b$$

$$= \frac{b^3 - a^3}{3(b-a)} = \frac{1}{3}(b^2 + ab + a^2)$$

于是 $\qquad D(X) = E(X^2) - [E(X)]^2$

$$= \frac{1}{3}(b^2 + ab + a^2) - \frac{1}{4}(a^2 + 2ab + b^2)$$

$$= \frac{1}{12}(b-a)^2$$

故有 $\qquad D(X) = \dfrac{1}{12}(b-a)^2$ (4.19)

由此可见，均匀分布的期望值是在区间(a, b)的中点，而它的方差与区间(a, b)的长度的平方成正比。

5. 指数分布

设 X 服从指数分布，其密度函数为

$$f(x) = \begin{cases} \lambda e^{-\lambda x}, & x \geq 0 \\ 0, & x < 0 \end{cases} \quad (\lambda > 0)$$

由于 $$E(X) = \frac{1}{\lambda}$$

又 $$E(X^2) = \lambda \int_0^{+\infty} x^2 e^{-\lambda x} dx = \frac{1}{\lambda^2} \int_0^{+\infty} t^2 e^{-t} dt = \frac{2}{\lambda^2}$$

于是 $$D(X) = \frac{2}{\lambda^2} - \frac{1}{\lambda^2} = \frac{1}{\lambda^2} \tag{4.20}$$

6. 正态分布

设 $X \sim N(\mu, \sigma^2)$，其概率密度为

$$f(x) = \frac{1}{\sqrt{2\pi}\sigma} e^{-\frac{(x-\mu)^2}{2\sigma^2}} \quad (\sigma > 0)$$

由于 $$E(X) = \mu$$

按定义
$$D(X) = E\{[X - E(X)]^2\} = E[(X-\mu)^2]$$
$$= \int_{-\infty}^{+\infty} (x-\mu)^2 \frac{1}{\sqrt{2\pi}\sigma} e^{-\frac{(x-\mu)^2}{2\sigma^2}} dx$$
$$\xlongequal{\diamondsuit t = \frac{x-\mu}{\sigma}} \frac{\sigma^2}{\sqrt{2\pi}} \int_{-\infty}^{+\infty} t^2 e^{-\frac{t^2}{2}} dt$$
$$= -\frac{\sigma^2}{\sqrt{2\pi}} \int_{-\infty}^{+\infty} t\, d(e^{-\frac{t^2}{2}})$$
$$= -\frac{\sigma^2}{\sqrt{2\pi}} \left[te^{-\frac{t^2}{2}} \Big|_{-\infty}^{+\infty} - \int_{-\infty}^{+\infty} e^{-\frac{t^2}{2}} dt \right]$$
$$= \frac{\sigma^2}{\sqrt{2\pi}} \int_{-\infty}^{+\infty} e^{-\frac{t^2}{2}} dt = \sigma^2$$

故
$$D(X) = \sigma^2 \tag{4.21}$$

由此可见，服从正态分布的随机变量概率密度中的两个参数 μ 和 σ 分别是它的期望和均方差。因而正态随机变量的概率密度完全由它的期望和方差所确定。

我们还要指出：

$$P\{\mu - \sigma < X < \mu + \sigma\} = \Phi\left(\frac{(\mu+\sigma)-\mu}{\sigma}\right)$$
$$-\Phi\left(\frac{(\mu-\sigma)-\mu}{\sigma}\right) = \Phi(1) - \Phi(-1)$$
$$= \Phi(1) - [1 - \Phi(1)] = 2\Phi(1) - 1 = 0.6826$$

$$P\{\mu - 2\sigma < X < \mu + 2\sigma\} = \Phi\left(\frac{\mu+2\sigma-\mu}{\sigma}\right)$$
$$-\Phi\left(\frac{\mu-2\sigma-\mu}{\sigma}\right) = \Phi(2) - \Phi(-2)$$
$$= \Phi(2) - [1 - \Phi(2)] = 2\Phi(2) - 1 = 0.9544$$

同理可得
$$P\{\mu - 3\sigma < X < \mu + 3\sigma\} = 2\Phi(3) - 1 = 0.9973$$

把上述结果用图 4-1 表示出来如下所示。如果 $X \sim N(\mu, \sigma^2)$，则 $f(x)$ 与 x 轴所围成的单位面积中，区间 $(\mu-\sigma, \mu+\sigma)$ 上方的面积占 68.26%；区间 $(\mu-2\sigma, \mu+2\sigma)$ 上方所围的面积占 95.44%；

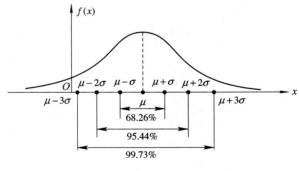

图 4-1

区间$(\mu-3\sigma, \mu+3\sigma)$上方的面积占 99.73%。由于在区间$(\mu-3\sigma, \mu+3\sigma)$上方的面积就是随机变量取值在$(\mu-3\sigma, \mu+3\sigma)$的概率，它接近于 1；而 X 取值在$(\mu-3\sigma, \mu+3\sigma)$外的概率仅为 0.0027，概率很小；又因为"小概率事件在一次试验中几乎是不可能发生的"（这称为**实际推断原理**），于是我们认为如果 $X \sim N(\mu, \sigma^2)$，则 X 取值在区间$(\mu-3\sigma, \mu+3\sigma)$上几乎是肯定的，这就是所谓的 **$3\sigma$ 规则**。

由图 4-1 所示经验法则，我们知道观测值落在对称区间均值附近不同标准差内的百分比，如果随机变量不是对称分布，要想知道其观测值落在均值附近 Z 个标准差区间内的百分比，可以利用**切比雪夫（Chebyshev）定理**：对任何一组数据，观测值落在均值左右 Z 个标准差内的百分比至少为 $\left(1 = \dfrac{1}{Z^2}\right)$，$Z$ 为任何大于 1 的数。例如：当 $Z=2$ 时，

$$1 - \frac{1}{Z^2} = 1 - \frac{1}{4} = \frac{3}{4} = 0.75$$

说明至少有 75% 的观测值落在均值的 2 个标准差内。

当 $Z=3$ 时，

$$1 - \frac{1}{Z^2} = 1 - \frac{1}{9} = \frac{8}{9} = 0.89$$

说明至少有 89% 的观测值落在均值的 3 个标准差内，以此类推。

例 1 假设已知 100 个学生统计学考试成绩的均值为 70，标准差为 5，问有多少学生的成绩在 60~80 之间？（How many students had test scores between 58 and 82?）

解 $60-70=-10=-2\times 5$，$80-70=10=2\times 5$ 故 $Z=2$。

由切比雪夫定理 $1-1/4=75\%$，可知有 75% 的学生成绩在 60~80 之间。

4.4.3 方差的简单性质

以下假设遇到的随机变量的方差都存在。
(1) 设 c 为常数,则
$$D(c) = 0 \qquad (4.22)$$
这是因为
$$D(c) = E\{[c - E(c)]^2\} = E\{[c - c]^2\} = E(0) = 0$$
(2) 设 c 为常数,则
$$D(cX) = c^2 D(X) \qquad (4.23)$$
事实上,若令 $Y = cX$,则
$$\begin{aligned} D(cX) = D(Y) &= E\{[Y - E(Y)]^2\} = E\{[cX - E(cX)]^2\} \\ &= E\{[cX - cE(X)]^2\} = E\{c^2[X - E(X)]^2\} \\ &= c^2 E\{[X - E(X)]^2\} = c^2 D(X) \end{aligned}$$
显然
$$D(-X) = D(X)$$
(3) 设 b 为常数,则
$$D(X + b) = D(X) \qquad (4.24)$$
(4) 设 k、b 为常数,则
$$D(kX + b) = k^2 D(X) \qquad (4.25)$$
(式(4.24)和式(4.25)的证明由同学们自己完成。)

4.4.4 切比雪夫(Chebyshev)不等式

下面介绍一个很重要的不等式——**切比雪夫不等式**。

设随机变量 X 的均值 $E(X)$ 与方差 $D(X)$ 都存在,则对任意 $\varepsilon > 0$,有
$$P\{|X - E(X)| \geqslant \varepsilon\} \leqslant \frac{D(X)}{\varepsilon^2} \qquad (4.26)$$

证 这里仅就 X 是连续型时给出证明。

由于 $D(X) = \int_{-\infty}^{+\infty} (x - E(X))^2 f(x) dx$

$\geqslant \int_{|x-E(X)|\geqslant \varepsilon} [x - E(X)]^2 f(x) dx \geqslant \int_{|x-E(X)|\geqslant \varepsilon} \varepsilon^2 f(x) dx$

$= \varepsilon^2 \int_{|x-E(X)|\geqslant \varepsilon} f(x) dx = \varepsilon^2 P\{|X - E(X)| \geqslant \varepsilon\}$

于是 $\quad P\{|X - E(X)| \geqslant \varepsilon\} \leqslant \dfrac{D(X)}{\varepsilon^2}$

证毕

由切比雪夫不等式(式(4.26))知，$D(X)$越小，则X取值越集中在$E(X)$附近。我们由此进一步体会到数字特征方差的概率含义——它刻画了随机变量取值的分散程度。以后将会看到切比雪夫不等式还是著名的**大数定律**的理论基础。

习 题 四

1. 设 X 的概率分布如下所示：

X	-1	0	$\dfrac{1}{2}$	1	2
P	$\dfrac{1}{3}$	$\dfrac{1}{6}$	$\dfrac{1}{6}$	$\dfrac{1}{12}$	$\dfrac{1}{4}$

求 $E(X)$。

2. 设 X 的概率密度为

$$f(x) = \begin{cases} |x|, & |x| < 1 \\ 0, & 其它 \end{cases}$$

求 $E(X)$。

3. 设 X 的概率密度为

$$f(x) = \begin{cases} x, & 0 \leqslant x \leqslant 1 \\ 2-x, & 1 < x \leqslant 2 \\ 0, & 其它 \end{cases}$$

求 $E(X)$。

4. 设 X 的概率密度为
$$f(x) = \begin{cases} e^{-x}, & x > 0 \\ 0, & x \leqslant 0 \end{cases}$$

求:(1) $Y=2X$ 的数学期望;

(2) $Y=e^{-2X}$ 的数学期望。

5. 设 X 服从瑞利分布,其概率密度为
$$f(x) = \begin{cases} \dfrac{x}{\sigma^2} e^{-\frac{x^2}{2\sigma^2}}, & x > 0, \sigma > 0 \\ 0, & 其它 \end{cases}$$

求 $E(X)$ 和 $D(X)$。

6. 设 X 的概率密度为
$$f(x) = \begin{cases} \dfrac{2}{\pi}\cos^2 x, & -\dfrac{\pi}{2} < x < \dfrac{\pi}{2} \\ 0, & 其它 \end{cases}$$

求 $E(X)$ 和 $D(X)$。

7. 假设已知 100 个学生统计学考试成绩的均值为 70,标准差为 5,问有多少学生的成绩在 58~82 之间?

第五章 随机向量

客观世界是复杂的。有些试验结果只用一个随机变量去描述它是不够的，而必须用一组随机变量才能全面描述。比如：在考察射手打靶命中点的位置时需要同时用两个随机变量的值 (X, Y) 来描述命中点的坐标。又如在研究分子运动的速度时，就需要用三个随机变量的全体 (X_1, X_2, X_3) 来刻画速度的三个坐标投影。一般地，我们把 n 个随机变量 $X_1, X_2, \cdots, X_n$ 的全体 $(X_1, X_2, \cdots, X_n)$ 称为 **n 维随机向量**。

本章主要讨论二维随机向量的概率分布和数字特征，而 n 维随机向量的讨论方法和二维随机向量的讨论方法没有质的差别，本书对此从略。

5.1 二维随机向量

对于二维随机向量 (X, Y)，固然可以对 X 和 Y 分别研究，但是我们很快就会发现，把它们作为一个整体来研究，则不仅能研究每个分量的性质，而且还可以考察两个随机变量之间的关系。对于许多问题，这将是非常必要的。

5.1.1 分布函数与边缘分布

定义 设 (X, Y) 是二维随机向量，x、y 是任意实数，则称二元函数

$$F(x, y) = P\{X \leqslant x, Y \leqslant y\}$$

为二维随机向量 (X, Y) 的**分布函数**。

在几何上，$F(x, y)$ 表示随机点 (X, Y) 落入以点 (x, y) 为顶

点而位于该点左下方的无限矩形域内(如图 5-1 中的斜线部分)的概率。

显然它完整地描述了二维随机向量 (X, Y) 的概率分布。例如事件 $\{x_1 < X \leqslant x_2, y_1 < Y \leqslant y_2\}$ 的概率借助于图 5-2 就不难由 $F(x, y)$ 求得:

$$P\{x_1 < X \leqslant x_2, y_1 < Y \leqslant y_2\}$$
$$= F(x_2, y_2) - F(x_2, y_1) - F(x_1, y_2) + F(x_1, y_1)$$

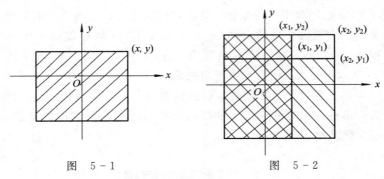

图 5-1　　　　　　图 5-2

分布函数 $F(x, y)$ 具有以下性质:

(1) $F(x, y)$ 对每一个自变量是非降的,即对于任意固定的 y(或 x),$F(x, y)$ 是 x(或 y)的非降函数。

(2) $F(x, y)$ 对每一个自变量是右连续的,即对于任意固定的 y(或 x),$F(x, y)$ 对 x(或 y)是右连续的。

(3) $F(-\infty, -\infty) = \lim\limits_{\substack{x \to -\infty \\ y \to -\infty}} F(x, y) = 0$

对任意固定的 y,

$$F(-\infty, y) = \lim_{x \to -\infty} F(x, y) = 0$$

对任意固定的 x,

$$F(x, -\infty) = \lim_{y \to -\infty} F(x, y) = 0$$
$$F(+\infty, +\infty) = \lim_{\substack{x \to +\infty \\ y \to +\infty}} F(x, y) = 1$$

(4) 对任意满足 $x_1 < x_2$ 和 $y_1 < y_2$ 的 x_1、x_2 和 y_1、y_2，有
$$F(x_2, y_2) - F(x_2, y_1) - F(x_1, y_2) + F(x_1, y_1) \geqslant 0$$

关于前三条性质，可类同于一维随机变量分布函数的性质去解释。对于第四条性质，不等式的左边就是 $P\{x_1 < X \leqslant x_2, y < Y \leqslant y_2\}$，所以(4)显然成立。

若给定二维随机向量 (X, Y) 的分布函数 $F(x, y)$，则它的两个分量即随机变量 X、Y 的分布函数 $F_X(x)$、$F_Y(y)$ 也就随之确定了。因为

$$\begin{aligned} F_X(x) = P\{X \leqslant x\} &= P\{X \leqslant x, Y < +\infty\} \\ &= \lim_{y \to +\infty} P\{X \leqslant x, Y \leqslant y\} \\ &= \lim_{y \to +\infty} F(x, y) = F(x, +\infty) \end{aligned}$$

即
$$F_X(x) = F(x, +\infty) \qquad (5.1)$$

同理，有
$$F_Y(y) = F(+\infty, y) \qquad (5.2)$$

我们称 $F_X(x)$、$F_Y(y)$ 分别为二维随机向量 (X, Y) **关于 X 和关于 Y 的边缘分布函数**。

显然，边缘分布函数 $F_X(x)$ 和 $F_Y(y)$ 完全可由描述 (X, Y) 整体分布的 $F(x, y)$ 来确定。

5.1.2 二维离散随机向量

如果二维随机向量 (X, Y) 只能取有限对或者无穷可列对值 (x_i, y_j) $(i、j = 1, 2, \cdots)$，则称 (X, Y) 是**离散型随机向量**，并称
$$P\{X = x_i, Y = y_j\} = p_{ij} \quad (i、j = 1, 2, \cdots)$$
为二维离散随机向量 (X, Y) 的分布律。

由概率的性质可知它应满足：
$$p_{ij} \geqslant 0, \quad \sum_{i=1}^{\infty} \sum_{j=1}^{\infty} p_{ij} = 1 \qquad (5.3)$$

对二维离散随机向量的概率分布通常用下述表格表示（见表 5.1）。

表 5.1　二维离散随机向量概率分布

X \ Y	y_1	y_2	$\cdots$	y_j	$\cdots$
x_1	p_{11}	p_{12}	$\cdots$	p_{1j}	$\cdots$
x_2	p_{21}	p_{22}	$\cdots$	p_{2j}	$\cdots$
$\vdots$	$\vdots$				
x_i	p_{i1}	p_{i2}	$\cdots$	p_{ij}	$\cdots$
$\vdots$	$\vdots$				

如果已知二维离散随机向量 (X, Y) 的分布律：
$$P\{X = x_i, Y = y_j\} = p_{ij} \quad (i、j = 1, 2, \cdots)$$
则 (X, Y) 的分布函数可由下式确定

$$F(x, y) = \sum_{\substack{x_i \leqslant x \\ y_j \leqslant y}} p_{ij} \tag{5.4}$$

其中和式是对所有满足 $x_i \leqslant x$、$y_j \leqslant y$ 的各点 (x_i, y_j) 求和的。

由二维离散随机向量 (X, Y) 的分布律出发，还可以求出其两个分量的分布律。因为

$$\begin{aligned}
P\{X = x_i\} &= P\{X = x_i, Y < +\infty\} \\
&= P\{X = x_i, Y = y_1\} + P\{X = x_i, Y = y_2\} \\
&\quad + \cdots + P\{X = x_i, Y = y_j\} + \cdots \\
&= \sum_{j=1}^{\infty} p_{ij} \quad (i = 1, 2, \cdots)
\end{aligned} \tag{5.5}$$

同理有

$$P\{Y = y_j\} = \sum_{i=1}^{\infty} p_{ij} \quad (j = 1, 2, \cdots) \tag{5.6}$$

我们记

$$P\{X = x_i\} = p_{i\cdot} \quad (i = 1, 2, \cdots)$$
$$P\{Y = y_j\} = p_{\cdot j} \quad (j = 1, 2, \cdots)$$

于是有

$$p_{i\cdot} = \sum_{j=1}^{\infty} p_{ij} \tag{5.7}$$

$$p_{\cdot j} = \sum_{i=1}^{\infty} p_{ij} \tag{5.8}$$

通常称 $p_{i\cdot}$ 和 $p_{\cdot j}$ (i、$j=1, 2, \cdots$)分别为 (X, Y) 关于 X 和关于 Y 的**边缘分布律**。由 (X, Y) 的分布律 p_{ij} 可以唯一确定分量 X 和 Y 的分布律 $p_{i\cdot}$ 和 $p_{\cdot j}$，但是反过来，通常是不行的。

例 1 已知 (X, Y) 的分布律如下：

X \ Y	1	2	4	$P\{X=x_i\}=p_{i\cdot}$
0	$\frac{1}{12}$	0	$\frac{1}{12}$	$\frac{1}{6}$
1	$\frac{1}{4}$	$\frac{1}{6}$	0	$\frac{5}{12}$
3	0	$\frac{1}{12}$	$\frac{1}{6}$	$\frac{1}{4}$
6	$\frac{1}{12}$	0	$\frac{1}{12}$	$\frac{1}{6}$
$P\{Y=y_j\}=p_{\cdot j}$	$\frac{5}{12}$	$\frac{1}{4}$	$\frac{1}{3}$	1

求：(1) 关于 X 和 Y 的边缘分布律；

(2) $F(3.5, 2)$。

解 (1) 显然表中 i 行各数之和为 $p_{i\cdot}$，j 列各数之和为 $p_{\cdot j}$，从而不难得到 (X, Y) 关于 X 和关于 Y 的边缘分布律。我们将结果分别写在表格的右侧与下侧。

(2) $F(3.5, 2) = \sum\limits_{\substack{X_i \leqslant 3.5 \\ Y_j \leqslant 2}} P_{ij}$

$= P\{X=0, Y=1\}$
$+ P\{X=1, Y=1\} + P\{X=3, Y=1\}$
$+ P\{X=0, Y=2\}$
$+ P\{X=1, Y=2\} + P\{X=3, Y=2\}$
$= \dfrac{1}{12} + \dfrac{1}{4} + \dfrac{1}{6} + \dfrac{1}{12}$
$= 0.5833$

5.1.3 二维连续随机向量

定义 设 $F(x, y)$ 是二维随机向量 (X, Y) 的分布函数, 如果存在一个非负函数 $f(x, y)$, 使对任意实数 x、y 都有

$$F(x, y) = \int_{-\infty}^{x} \int_{-\infty}^{y} f(u, v) \mathrm{d}u \mathrm{d}v$$

则称 (X, Y) 为**二维连续随机向量**, 并称函数 $f(x, y)$ 为它的**概率密度函数**, 简称为概率密度。

由定义知道概率密度具有以下基本性质:

(1) $f(x, y) \geqslant 0$; \hfill (5.9)

(2) $\int_{-\infty}^{+\infty} \int_{-\infty}^{+\infty} f(x, y) \mathrm{d}x \mathrm{d}y = F(+\infty, +\infty) = 1$; \hfill (5.10)

(3) 若 $f(x, y)$ 在点 (x, y) 连续, 则有

$$\dfrac{\partial^2 F(x, y)}{\partial x \partial y} = f(x, y) \quad (5.11)$$

(4) $P\{(X, Y) \text{落入区域} G \text{中}\} = \iint\limits_{G} f(x, y) \mathrm{d}x \mathrm{d}y$ \hfill (5.12)

其中性质(4)表明, 二维连续随机向量 (X, Y) 落在平面任一区域 G 内的概率, 等于概率密度在 G 上的二重积分。从而把概率的计算化为二重积分的计算。从几何上看 (X, Y) 落在 G 中的概

率，在数值上就是以曲面 $f(x, y)$ 为顶，以平面区域 G 为底的曲顶柱体的体积。

例 2 设 (X, Y) 在区域 $G: x \geqslant y, y \geqslant 1, x \leqslant 5$ 上服从均匀分布，求：

(1) $f(x, y)$；

(2) $P\{X-Y>2\}$。

解 (1) 所谓 (X, Y) 在 G 上服从均匀分布，就是它的概率密度为

$$f(x, y) = \begin{cases} \dfrac{1}{c}, & (x, y) \in G \\ 0, & \text{其它} \end{cases}$$

由性质(2)有

$$1 = \int_{-\infty}^{+\infty} \int_{-\infty}^{+\infty} f(x, y) \mathrm{d}x \mathrm{d}y = \iint_G \frac{1}{c} \mathrm{d}x \mathrm{d}y = \frac{S_G}{c}$$

其中 S_G 表示区域 G 的面积。于是

$$c = S_G = \frac{1}{2} \times 4 \times 4 = 8$$

从而有

$$f(x, y) = \begin{cases} \dfrac{1}{8}, & (x, y) \in G \\ 0, & \text{其它} \end{cases}$$

(2) 事件 $\{X-Y>2\}$ 意味着随机点 (X, Y) 落在区域 $G': x-y>2$ 内，由性质(4)有(参见图 5-3)：

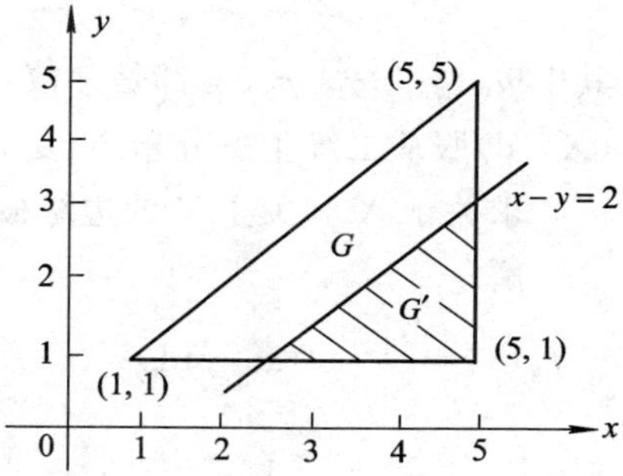

图 5-3

$$P\{X-Y>2\} = \iint_{x-y>2} f(x, y) \mathrm{d}x \mathrm{d}y = \iint_{G'} \frac{1}{8} \mathrm{d}x \mathrm{d}y$$

$$= \frac{1}{8} S_{G'} = 0.25$$

如果给定了二维连续随机向量(X, Y)的概率密度$f(x, y)$，则一维随机变量X和Y的概率密度$f_X(x)$和$f_Y(y)$也就随之完全确定了。因为

$$F_X(x) = F(x, +\infty) = \int_{-\infty}^{x} \left[\int_{-\infty}^{+\infty} f(u, v) \mathrm{d}v \right] \mathrm{d}u$$

可见，X是连续型随机变量，其概率密度为

$$f_X(x) = \int_{-\infty}^{+\infty} f(x, y) \mathrm{d}y \tag{5.13}$$

同理，Y也是连续型随机变量，其概率密度为

$$f_Y(y) = \int_{-\infty}^{+\infty} f(x, y) \mathrm{d}x \tag{5.14}$$

例 3 （二维正态分布）如果二维随机向量(X, Y)的概率密度为

$$f(x, y) = \frac{1}{2\pi\sigma_1\sigma_2\sqrt{1-\rho^2}} e^{-\frac{1}{2(1-\rho^2)}\left[\frac{(x-\mu_1)^2}{\sigma_1^2} - 2\rho\frac{(x-\mu_1)(y-\mu_2)}{\sigma_1\sigma_2} + \frac{(y-\mu_2)^2}{\sigma_2^2}\right]}$$

$$(-\infty < x < +\infty, -\infty < y < +\infty)$$

其中μ_1、μ_2、σ_1^2、σ_2^2、ρ都是常数，且$\sigma_1 > 0$，$\sigma_2 > 0$，$|\rho| < 1$，则称(X, Y)服从二维正态分布$N(\mu_1, \sigma_1^2; \mu_2, \sigma_2^2; \rho)$。

求关于X和关于Y的边缘概率密度。

解

$$f_X(x) = \int_{-\infty}^{+\infty} f(x, y) \mathrm{d}y$$

$$= \frac{1}{2\pi\sigma_1\sigma_2\sqrt{1-\rho^2}} \int_{-\infty}^{+\infty} e^{-\frac{1}{2(1-\rho^2)}\left[\frac{(x-\mu_1)^2}{\sigma_1^2} - 2\rho\frac{(x-\mu_1)(y-\mu_2)}{\sigma_1\sigma_2} + \frac{(y-\mu_2)^2}{\sigma_2^2}\right]} \mathrm{d}y$$

$$= \frac{1}{2\pi\sigma_1\sigma_2\sqrt{1-\rho^2}} e^{-\frac{(x-\mu_1)^2}{2\sigma_1^2}} \int_{-\infty}^{+\infty} e^{-\frac{1}{2(1-\rho^2)}\left[\frac{y-\mu_2}{\sigma_2} - \rho\frac{x-\mu_1}{\sigma_1}\right]^2} \mathrm{d}y$$

令$t = \frac{1}{\sqrt{1-\rho^2}}\left(\frac{y-\mu_2}{\sigma_2} - \rho\frac{x-\mu_1}{\sigma_1}\right)$，得

$$f_X(x) = \frac{1}{\sqrt{2\pi}\sigma_1}\mathrm{e}^{-\frac{(x-\mu_1)^2}{2\sigma_1^2}} \int_{-\infty}^{+\infty} \frac{1}{\sqrt{2\pi}} \mathrm{e}^{-\frac{t^2}{2}}\,\mathrm{d}t = \frac{1}{\sqrt{2\pi}\sigma_1}\mathrm{e}^{-\frac{(x-\mu_1)^2}{2\sigma_1^2}}$$

同样可得

$$f_Y(y) = \frac{1}{\sqrt{2\pi}\sigma_2}\mathrm{e}^{-\frac{(y-\mu_2)^2}{2\sigma_2^2}}$$

结果表明 (X, Y) 的两个分量 X 和 Y 的分布都服从正态分布，即二维正态分布的两个边缘分布都是正态分布。

显然，二维正态分布和五个参数 μ_1、σ_1^2、μ_2、σ_2^2、ρ 都有关。当 ρ 不同时，对应的二维正态分布是不一样的，但本例说明它们的边缘分布都是相同的。由此可见，仅仅知道两个边缘概率密度，一般不能确定二维随机向量的概率密度。

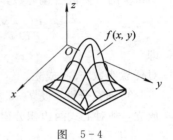

图 5-4

二维正态概率密度 $f(x, y)$ 的图形是如图 5-4 所示的曲面，它在点 (μ_1, μ_2) 处均得最大值。

5.2 随机变量的独立性

随机变量的独立性是概率论中最基本的概念之一。本节首先介绍两个随机变量相互独立的概念。然后再将随机变量独立的概念推广到多个随机变量的情形。最后介绍相互独立的随机变量之和及商的分布。

5.2.1 随机变量的独立性

定义 设 (X, Y) 是二维随机向量，若对任意实数 x、y，有
$$P\{X \leqslant x, Y \leqslant y\} = P\{X \leqslant x\} \cdot P\{Y \leqslant y\}$$

即
$$F(x, y) = F_X(x) \cdot F_Y(y) \tag{5.15}$$
则称随机变量 X 与 Y 是**相互独立**的(简称 X 与 Y 独立)。

定理一 设 (X, Y) 是二维连续型随机向量,则 X 与 Y 相互独立的充分必要条件是对任意的实数 x、y,有:
$$f(x, y) = f_X(x) \cdot f_Y(y) \tag{5.16}$$

证 先证必要性。设随机变量 X 与 Y 相互独立,则由定义有 $F(x, y) = F_X(x) \cdot F_Y(y)$ 对任意实数 x、y 成立。对上式两边求关于 x 和 y 的二阶混合偏导数,得
$$\frac{\partial^2 F(x, y)}{\partial x \partial y} = \frac{\mathrm{d}F_X(x)}{\mathrm{d}x} \cdot \frac{\mathrm{d}F_Y(y)}{\mathrm{d}y}$$
即
$$f(x, y) = f_X(x) \cdot f_Y(y)$$
对任意实数 x、y 成立。

再证充分性。设 $f(x, y) = f_X(x) \cdot f_Y(y)$ 对任意实数 x、y 都成立,则对上式两边积分得
$$\int_{-\infty}^{y} \int_{-\infty}^{x} f(u, v) \mathrm{d}u \mathrm{d}v = \int_{-\infty}^{y} \int_{-\infty}^{x} f_X(u) \cdot f_Y(v) \mathrm{d}u \mathrm{d}v$$
$$= \int_{-\infty}^{x} f_X(u) \mathrm{d}u \cdot \int_{-\infty}^{y} f_Y(v) \mathrm{d}v$$
即对任意实数 x、y,有
$$F(x, y) = F_X(x) \cdot F_Y(y)$$

因此随机变量 X 与 Y 相互独立。

对于离散的情形,类似于定理一,有

定理二 设 (X, Y) 是二维离散型随机向量,则 X 与 Y 相互独立的充分必要条件是对 (X, Y) 的任意可能的取值 (x_i, y_j) 都有
$$P\{X = x_i, Y = y_j\} = P\{X = x_i\} \cdot P\{Y = y_j\}$$
$$(i, j = 1, 2, \cdots) \tag{5.17}$$

从上节的讨论知道,由二维随机向量的分布可以确定其两个分量 X 和 Y 的分布。但是反过来,一般是不行的。而定理一和定理二告诉我们:**当 X 与 Y 独立时,由 X 和 Y 的分布也可以确定** (X, Y)

的分布。这是一个十分重要的结论。

例 1 若 (X,Y) 服从二维正态分布,其概率密度为

$$f(x, y) = \frac{1}{2\pi\sigma_1\sigma_2\sqrt{1-\rho^2}} e^{-\frac{1}{2(1-\rho^2)}\left[\frac{(x-\mu_1)^2}{\sigma_1^2} - 2\rho\frac{(x-\mu_1)(y-\mu_2)}{\sigma_1\sigma_2} + \frac{(y-\mu_2)^2}{\sigma_2^2}\right]}$$

$$(-\infty < x < +\infty, -\infty < y < +\infty)$$

则 X 与 Y 相互独立的充分必要条件是 $\rho=0$。

证 先证充分性。若 $\rho=0$,则有

$$f(x, y) = \frac{1}{2\pi\sigma_1\sigma_2} e^{-\frac{1}{2}\left[\frac{(x-\mu_1)^2}{\sigma_1^2} + \frac{(y-\mu_2)^2}{\sigma_2^2}\right]}$$

$$= \frac{1}{\sqrt{2\pi}\sigma_1} e^{-\frac{(x-\mu_1)^2}{2\sigma_1^2}} \cdot \frac{1}{\sqrt{2\pi}\sigma_2} e^{-\frac{(y-\mu_2)^2}{2\sigma_2^2}}$$

考虑到 5.1 节例 3 知,对任意实数 x, y,有

$$f(x, y) = f_X(x) \cdot f_Y(y)$$

故 X 与 Y 相互独立。

再证必要性。若 X 与 Y 相互独立,则对任意实数 x、y,有

$$f(x, y) = f_X(x) \cdot f_Y(y)$$

现令 $x=\mu_1$,$y=\mu_2$,代入上式有

$$\frac{1}{2\pi\sigma_1\sigma_2\sqrt{1-\rho^2}} = \frac{1}{\sqrt{2\pi}\sigma_1} \cdot \frac{1}{\sqrt{2\pi}\sigma_2}$$

从而知 $\sqrt{1-\rho^2}=1$

即 $\rho=0$

例 2 5.1 节例 1 中的 X 与 Y 是否独立?

解 因为 $P\{X=0, Y=1\}=\dfrac{1}{12}$

而 $P\{X=0\} \cdot P\{Y=1\} = \dfrac{1}{6} \times \dfrac{5}{12} = \dfrac{5}{72}$

由定理二知 X 和 Y 不相互独立。

在实际应用中,两个随机变量是否相互独立,一般并不是由数

学式子去检验,而是由它们的实际意义来判断的。如果它们之间没有影响或者影响很弱时,就可认为它们是相互独立的。

随机变量独立性的概念不难推广到 n 维随机向量的情形。

n 维随机向量 $(X_1, X_2, \cdots, X_n)$ 的分布函数定义为
$$F(x_1, x_2, \cdots, x_n) = P\{X_1 \leqslant x_1, X_2 \leqslant x_2, \cdots, X_n \leqslant x_n\}$$
如果对任意实数 x_1、x_2、$\cdots$、x_n 及对任何 $n>1$,都有
$$F(x_1, x_2, \cdots, x_n) = F_{X_1}(x_1) \cdot F_{X_2}(x_2) \cdots F_{X_n}(x_n) \qquad (5.18)$$
则称随机变量 X_1、X_2、$\cdots$、X_n 是相互独立的。

5.2.2 两个随机变量函数的分布

我们仅对几个具体情况进行讨论。

1. 两个相互独立的随机变量之和的分布

设随机变量 X、Y 相互独立。下面仅就连续型的情形导出它们之和 $Z=X+Y$ 的概率分布。

设 X、Y 的概率密度分别为 $f_X(x)$ 和 $f_Y(y)$,则 (X, Y) 的概率密度
$$f(x, y) = f_X(x) \cdot f_Y(y)$$

由图 5-5 可见:
$$\begin{aligned}
F_Z(z) &= P\{Z \leqslant z\} = P\{X+Y \leqslant z\} \\
&= \iint\limits_{x+y \leqslant z} f(x, y) \mathrm{d}x \mathrm{d}y \\
&= \iint\limits_{x+y \leqslant z} f_X(x) f_Y(y) \mathrm{d}x \mathrm{d}y \\
&= \int_{-\infty}^{+\infty} \left[f_X(x) \int_{-\infty}^{z-x} f_Y(y) \mathrm{d}y \right] \mathrm{d}x \\
&\xlongequal{\diamondsuit t=x+y} \int_{-\infty}^{+\infty} \left[f_X(x) \int_{-\infty}^{z} f_Y(t-x) \mathrm{d}t \right] \mathrm{d}x \\
&= \int_{-\infty}^{z} \left[\int_{-\infty}^{+\infty} f_X(x) f_Y(t-x) \mathrm{d}x \right] \mathrm{d}t
\end{aligned}$$

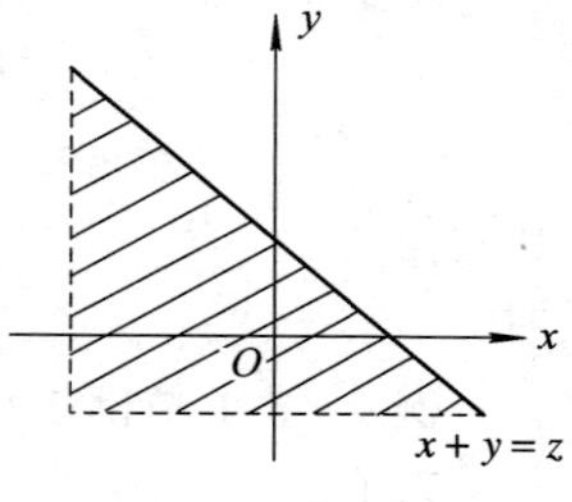

图 5-5

上式两边对 z 求导数得

$$f_Z(z) = \int_{-\infty}^{+\infty} f_X(x) f_Y(z-x) \mathrm{d}x \qquad (5.19)$$

由 X 与 Y 在 Z 中的对称性知，$f_Z(z)$ 也可表示成另一形式，即

$$f_Z(z) = \int_{-\infty}^{+\infty} f_X(z-y) f_Y(y) \mathrm{d}y \qquad (5.20)$$

这两个公式称为**卷积公式**，记为 $f_X * f_Y$，即

$$f_X * f_Y = \int_{-\infty}^{+\infty} f_X(x) f_Y(z-x) \mathrm{d}x = \int_{-\infty}^{+\infty} f_X(z-y) f_Y(y) \mathrm{d}y$$

例 3 设 X 和 Y 是两个相互独立的随机变量，它们都具有 $N(0, 1)$ 分布，即

$$f_X(x) = \frac{1}{\sqrt{2\pi}} \mathrm{e}^{-\frac{x^2}{2}} \quad (-\infty < x < +\infty)$$

$$f_Y(y) = \frac{1}{\sqrt{2\pi}} \mathrm{e}^{-\frac{y^2}{2}} \quad (-\infty < y < +\infty)$$

求 $Z = X + Y$ 的概率密度。

解 由式(5.19)

$$f_Z(z) = \int_{-\infty}^{+\infty} f_X(x) f_Y(z-x) \mathrm{d}x = \frac{1}{2\pi} \int_{-\infty}^{+\infty} \mathrm{e}^{-\frac{x^2}{2}} \cdot \mathrm{e}^{-\frac{(z-x)^2}{2}} \mathrm{d}x$$

$$= \frac{1}{2\pi} \mathrm{e}^{-\frac{z^2}{4}} \int_{-\infty}^{+\infty} \mathrm{e}^{-(x-\frac{z}{2})^2} \mathrm{d}x \xrightarrow{\text{令} t = x - \frac{z}{2}} \frac{1}{2\pi} \mathrm{e}^{-\frac{z^2}{4}} \int_{-\infty}^{+\infty} \mathrm{e}^{-t^2} \mathrm{d}t$$

$$= \frac{1}{2\pi} \mathrm{e}^{-\frac{z^2}{4}} \cdot \sqrt{\pi} = \frac{1}{2\sqrt{\pi}} \mathrm{e}^{-\frac{z^2}{4}}$$

即 Z 具有 $N(0, 2)$ 分布。

一般地，设 X, Y 相互独立且 $X \sim N(\mu_1, \sigma_1^2)$，$Y \sim N(\mu_2, \sigma_2^2)$，由(5.19)式经过计算知道 $Z = X + Y$ 仍然具有正态分布，且有 $Z \sim N(\mu_1 + \mu_2, \sigma_1^2 + \sigma_2^2)$。这个结论还可以推广到 n 个随机变量的和的情况，即若 $X_k \sim N(\mu_k, \sigma_k^2)(k=1, 2, \cdots, n)$ 且它们相互独

立,则它们的和 $Z=X_1+X_2+\cdots+X_n$ 仍然具有正态分布,且有
$$Z \sim N(\mu_1+\cdots+\mu_n, \sigma_1^2+\cdots+\sigma_n^2)$$

更一般地,可以证明有限个正态随机变量的线性组合仍然具有正态分布。

2. 相互独立的随机变量之商的分布

设随机变量 X 与 Y 是相互独立的,称随机变量
$$Z = \frac{X}{Y}$$
为 X 与 Y 之商。现欲求 Z 的概率分布。

若 X 与 Y 分别具有概率密度 $f_X(x)$ 和 $f_Y(y)$,由 X 与 Y 的独立性知,(X,Y) 的概率密度为
$$f(x,y) = f_X(x) \cdot f_Y(y)$$
则 $Z=\frac{X}{Y}$ 的分布函数为(参看图 5-6)

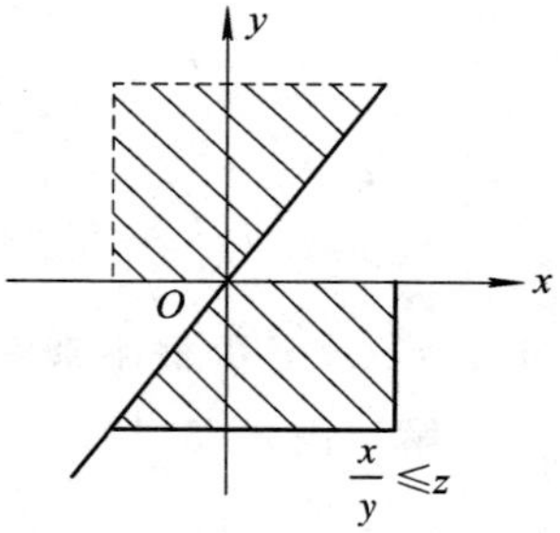

$$\begin{aligned}
F_Z(z) &= P\{Z \leqslant z\} = P\left\{\frac{X}{Y} \leqslant z\right\} \\
&= \iint_{\frac{x}{y} \leqslant z} f_X(x) f_Y(y) \mathrm{d}x \mathrm{d}y \\
&= \int_0^{+\infty} \left[\int_{-\infty}^{yz} f_X(x) \cdot f_Y(y) \mathrm{d}x\right] \mathrm{d}y \\
&+ \int_{-\infty}^0 \left[\int_{yz}^{+\infty} f_X(x) \cdot f_Y(y) \mathrm{d}x\right] \mathrm{d}y
\end{aligned}$$

图 5-6

上式两边对 z 求导数,得
$$\frac{\mathrm{d}F_Z(z)}{\mathrm{d}z} = \int_0^{+\infty} y f_X(yz) f_Y(y) \mathrm{d}y - \int_{-\infty}^0 y f_X(yz) \cdot f_Y(y) \mathrm{d}y$$
即
$$f_Z(z) = \int_{-\infty}^{+\infty} |y| f_X(yz) f_Y(y) \mathrm{d}y \tag{5.21}$$

例 4 设 (X,Y) 为二元正态随机变量,X 与 Y 相互独立,且分别有密度函数

$$f_X(x) = \frac{1}{\sqrt{2\pi}} e^{-\frac{x^2}{2}}, \quad f_Y(y) = \frac{1}{\sqrt{2\pi}} e^{-\frac{y^2}{2}}$$

求 $Z = \dfrac{X}{Y}$ 的密度函数。

解 由式(5.21)知

$$\begin{aligned}
f_Z(z) &= \int_{-\infty}^{+\infty} f_X(yz) f_Y(y) \mid y \mid \mathrm{d}y \\
&= \int_{-\infty}^{+\infty} \frac{1}{\sqrt{2\pi}} e^{-\frac{(yz)^2}{2}} \cdot \frac{1}{\sqrt{2\pi}} e^{-\frac{y^2}{2}} \cdot \mid y \mid \mathrm{d}y \\
&= \frac{1}{2\pi} \int_{-\infty}^{+\infty} e^{-\frac{y^2}{2}(1+z^2)} \cdot \mid y \mid \mathrm{d}y = \frac{1}{\pi} \int_{0}^{+\infty} y e^{-\frac{y^2}{2}(1+z^2)} \mathrm{d}y \\
&= \frac{1}{\pi(1+z^2)}
\end{aligned}$$

例 5 设系统由两个相互独立的子系统 L_1、L_2 联结而成。联结的方式分别为：(1) 并联；(2) 串联；(3) 备用(当系统 L_1 损坏时系统 L_2 开始工作)，如图 5-7(1)、(2)、(3)所示。

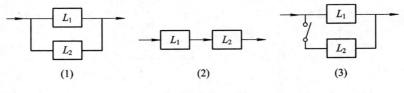

图 5-7

设系统 L_1 与 L_2 的寿命(即系统连续使用的时间)分别为 X 与 Y，其概率密度分别为

$$f_X(x) = \begin{cases} \alpha e^{-\alpha x}, & x > 0 \\ 0, & x \leqslant 0 \end{cases} \quad f_Y(y) = \begin{cases} \beta e^{-\beta y}, & y > 0 \\ 0, & y \leqslant 0 \end{cases}$$

其中 $\alpha > 0$，$\beta > 0$，且 $\alpha \neq \beta$。试就以上三种联结方式分别写出系统 L 的寿命 Z 的概率密度。

解 (1) 并联。由于当 L_1、L_2 都损坏时，系统 L 才停止工作，所以这时 L 的寿命 Z 为

$$Z = \max(X, Y)$$

它的分布函数为

$$F_Z(z) = P\{Z \leqslant z\} = P\{\max(X, Y) \leqslant z\}$$
$$= P\{X \leqslant z, Y \leqslant z\} = P\{X \leqslant z\} \cdot P\{Y \leqslant z\}$$
$$= F_X(z) F_Y(z)$$

其中 $F_X(x)$、$F_Y(y)$ 分别为 X 与 Y 的分布函数。所以 $Z = \max(X, Y)$ 的概率密度为

$$f_Z(z) = \frac{dF_Z(z)}{dz} = f_X(z) F_Y(z) + F_X(z) f_Y(z)$$
$$= \begin{cases} \alpha e^{-\alpha z} + \beta e^{-\beta z} - (\alpha+\beta) e^{-(\alpha+\beta)z}, & z > 0 \\ 0, & z \leqslant 0 \end{cases}$$

(2) 串联。由于当 L_1、L_2 中有一个损坏时系统 L 就停止工作,所以 L 的寿命为

$$Z = \min(X, Y)$$

它的分布函数为

$$F_Z(z) = P\{Z \leqslant z\} = 1 - P\{Z > z\} = 1 - P\{X > z, Y > z\}$$
$$= 1 - P\{X > z\} P\{Y > z\}$$
$$= 1 - [1 - P\{X \leqslant z\}] \cdot [1 - P\{Y \leqslant z\}]$$
$$= 1 - [1 - F_X(z)][1 - F_Y(z)]$$

所以 $Z = \min(X, Y)$ 的概率密度为

$$f_Z(z) = \frac{dF_Z(z)}{dz} = f_X(z)[1 - F_Y(z)] + [1 - F_X(z)] f_Y(z)$$
$$= \begin{cases} (\alpha+\beta) e^{-(\alpha+\beta)z}, & z > 0 \\ 0, & z \leqslant 0 \end{cases}$$

(3) 备用。由于当系统 L_1 损坏时 L_2 才开始工作,因此整个系统 L 的寿命 Z 为

$$Z = X + Y$$

由独立随机变量之和的概率密度公式知,当 $x > 0$ 时,$Z = X + Y$

的概率密度为

$$f_Z(z) = \int_{-\infty}^{+\infty} f_X(x) f_Y(z-x) \mathrm{d}x = \int_0^z \alpha e^{-\alpha x} \beta e^{-\beta(z-x)} \mathrm{d}x$$

$$= \alpha\beta e^{-\beta z} \int_0^z e^{-(\alpha-\beta)x} \mathrm{d}x = \frac{\alpha\beta}{\alpha-\beta}[e^{-\beta z} - e^{-\alpha z}]$$

而当 $z \leqslant 0$ 时，$f_Z(z) = 0$，因此 $Z = X+Y$ 的概率密度为

$$f_Z(z) = \begin{cases} \dfrac{\alpha\beta}{\alpha-\beta}[e^{-\beta z} - e^{-\alpha z}], & z > 0 \\ 0, & z \leqslant 0 \end{cases}$$

5.3 随机向量的数字特征

本节讨论二维随机向量的数字特征，并对期望与方差的性质作进一步的讨论。

5.3.1 两个随机变量函数的数学期望

我们不加证明地给出下面的定理：

定理 设 (X, Y) 是二维随机向量，Z 是 X、Y 的函数，$Z = g(X, Y)$（这里 $g(x, y)$ 是连续函数）。

(1) 若 (X, Y) 为离散型随机向量，其概率分布为

$$P\{X = x_i, Y = y_j\} = p_{ij} \quad (i = 1, 2, \cdots; j = 1, 2, \cdots)$$

则 $Z = g(X, Y)$ 的期望为

$$E(Z) = E[g(X, Y)] = \sum_{i=1}^{\infty} \sum_{j=1}^{\infty} g(x_i, y_j) p_{ij} \quad (5.22)$$

这里假定右端的级数绝对收敛。

(2) 若 (X, Y) 为连续型随机向量，其概率密度为 $f(x, y)$，则 $Z = g(X, Y)$ 的期望为

$$E(Z) = E[g(X, Y)] = \int_{-\infty}^{+\infty} \int_{-\infty}^{+\infty} g(x, y) \cdot f(x, y) \mathrm{d}x \mathrm{d}y$$

(5.23)

这里设右端积分绝对收敛。

例 1 设 (X, Y) 的概率分布为

Y \ X	0	1
0	$\frac{1}{8}$	$\frac{1}{2}$
1	$\frac{1}{4}$	$\frac{1}{8}$

求 $E(X^2Y)$。

解 (X, Y) 可取值为 $(0, 0)$、$(0, 1)$、$(1, 0)$ 和 $(1, 1)$，对应的概率分别为 $\frac{1}{8}$、$\frac{1}{4}$、$\frac{1}{2}$、$\frac{1}{8}$。

令 $g(x, y) = x^2 y$，故
$g(0, 0) = 0, g(0, 1) = 0, g(1, 0) = 0, g(1, 1) = 1$
由式(5.22)得

$$E(X^2 Y) = g(0, 0) \times \frac{1}{8} + g(0, 1) \times \frac{1}{4} + g(1, 0) \times \frac{1}{2}$$

$$+ g(1, 1) \times \frac{1}{8}$$

$$= 1 \times \frac{1}{8} = \frac{1}{8}$$

例 2 设 (X, Y) 在矩形域 $0 < x < 1, 0 < y < 2$ 上服从均匀分布，求 $Z = XY$ 的期望。

解 矩形域 $0 < x < 1, 0 < y < 2$ 的面积为 2。故 (X, Y) 的概率密度为

$$f(x, y) = \begin{cases} \frac{1}{2}, & 0 < x < 1, 0 < y < 2 \\ 0, & \text{其它} \end{cases}$$

由式(5.23)得

$$E(XY) = \int_{-\infty}^{+\infty}\int_{-\infty}^{+\infty} xyf(x,y)\mathrm{d}x\mathrm{d}y$$
$$= \frac{1}{2}\int_0^1 \mathrm{d}x \int_0^2 xy\mathrm{d}y = \frac{1}{2}\int_0^1 x\left(\frac{y^2}{2}\bigg|_0^2\right)\mathrm{d}x$$
$$= \int_0^1 x\mathrm{d}x = \frac{1}{2}$$

5.3.2 期望与方差的性质

(1) 设 (X,Y) 为二维随机向量，则有
$$E(X \pm Y) = E(X) \pm E(Y) \tag{5.24}$$

证 设 (X,Y) 的概率密度为 $f(x,y)$，则
$$E(X \pm Y) = \int_{-\infty}^{+\infty}\int_{-\infty}^{+\infty} (x \pm y)f(x,y)\mathrm{d}x\mathrm{d}y$$
$$= \int_{-\infty}^{+\infty}\int_{-\infty}^{+\infty} xf(x,y)\mathrm{d}x\mathrm{d}y \pm \int_{-\infty}^{+\infty}\int_{-\infty}^{+\infty} yf(x,y)\mathrm{d}x\mathrm{d}y$$
$$= E(X) \pm E(Y)$$

这一性质还可以推广到有限个随机变量的代数和的情况。

(2) 设 (X,Y) 为随机向量，且 X、Y 相互独立，则有
$$E(XY) = E(X) \cdot E(Y) \tag{5.25}$$

证 设 (X,Y) 的概率密度为 $f(x,y)$，由于 X、Y 相互独立，故有
$$f(x,y) = f_X(x) \cdot f_Y(y)$$
于是
$$E(XY) = \int_{-\infty}^{+\infty}\int_{-\infty}^{+\infty} xyf(x,y)\mathrm{d}x\mathrm{d}y$$
$$= \int_{-\infty}^{+\infty}\int_{-\infty}^{+\infty} xyf_X(x)f_Y(y)\mathrm{d}x\mathrm{d}y$$
$$= \left[\int_{-\infty}^{+\infty} xf_X(x)\mathrm{d}x\right] \cdot \left[\int_{-\infty}^{+\infty} yf_Y(y)\mathrm{d}y\right]$$
$$= E(X) \cdot E(Y)$$

这一性质也可推广到任意有限个相互独立随机变量之积的情形,即设 X_1、X_2、$\cdots$、X_n 相互独立,则
$$E(X_1 X_2 \cdots X_n) = E(X_1)E(X_2)\cdots E(X_n)$$

(3) 若 X 与 Y 相互独立,则
$$D(X+Y) = D(X) + D(Y) \tag{5.26}$$

证 因为 $D(X) = E(X^2) - [E(X)]^2$,而
$$D(X+Y) = E[(X+Y)^2] - [E(X+Y)]^2$$
$$= E(X^2 + 2XY + Y^2) - [E(X) + E(Y)]^2$$
$$= E(X^2) + 2E(XY) + E(Y^2) - [E(X)]^2$$
$$\quad - 2E(X)E(Y) - [E(Y)]^2$$
$$= D(X) + D(Y) + 2[E(XY) - E(X)E(Y)]$$

由于 X 与 Y 相互独立,故
$$E(XY) = E(X) \cdot E(Y)$$
从而有
$$D(X+Y) = D(X) + D(Y)$$

这一性质可以推广:设 X_1、X_2、$\cdots$、X_n 相互独立,则
$$D(X_1 + X_2 + \cdots + X_n) = D(X_1) + D(X_2) + \cdots + D(X_n)$$

5.3.3 协方差

二维随机向量 (X, Y) 的数字特征中,除了 $E(X)$、$E(Y)$、$D(X)$、$D(Y)$ 外,还有一个重要的数字特征,即协方差。它刻画了 X 与 Y 之间的相互联系。

定义 设有随机向量 (X, Y),若
$$E\{[X - E(X)][Y - E(Y)]\}$$
存在,则称它为 X、Y 的**协方差**(或相关矩),记为 $\text{Cov}(X, Y)$,即
$$\text{Cov}(X, Y) = E\{[X - E(X)][Y - E(Y)]\} \tag{5.27}$$

若将上式右端展开:

$$E\{[X-E(X)][Y-E(Y)]\}$$
$$= E[XY - XE(Y) - YE(X) + E(X)E(Y)]$$
$$= E(XY) - E(X)E(Y) - E(Y)E(X) + E(X)E(Y)$$
$$= E(XY) - E(X)E(Y)$$

即 $\quad\quad\text{Cov}(X, Y) = E(XY) - E(X)E(Y) \quad\quad (5.28)$

此式在计算中经常用到。特别当 $X=Y$ 时,有
$$\text{Cov}(X, X) = D(X) \quad\quad (5.29)$$

如果 $\text{Cov}(X, Y)=0$,则称 X 与 Y **不线性相关**,简称 X 与 Y **不相关**。

例 3 若 X 与 Y 相互独立,求证 $\text{Cov}(X, Y)=0$。

证 $\text{Cov}(X, Y) = E(XY) - E(X)E(Y)$
$\quad\quad\quad\quad\quad = E(X)E(Y) - E(X)E(Y) = 0$

这说明:X、Y 相互独立必有 X、Y 不相关。但反之不真。

例 4 已知二维连续型随机向量 (X, Y) 的概率密度为

$$f(x, y) = \begin{cases} \dfrac{1}{4}(1 - x^3 y + xy^3), & \text{当 } |x| < 1, |y| < 1 \\ 0, & \text{其它} \end{cases}$$

求证:X、Y 不相关,但不相互独立。

证 为了计算 $\text{Cov}(X, Y)$,首先求 $E(X)$ 和 $E(Y)$。

当 $|x|<1$ 时,
$$f_X(x) = \int_{-\infty}^{+\infty} f(x, y) \mathrm{d}y = \int_{-1}^{1} \frac{1}{4}(1 - x^3 y + xy^3) \mathrm{d}y = \frac{1}{2}$$

当 $|x| \geq 1$ 时,
$$f_X(x) = \int_{-\infty}^{+\infty} f(x, y) \mathrm{d}y = 0$$

故
$$f_X(x) = \begin{cases} \dfrac{1}{2}, & \text{当 } |x| < 1 \\ 0, & \text{其它} \end{cases}$$

所以

$$E(X) = \int_{-1}^{1} \frac{1}{2} x \mathrm{d}x = 0$$

同样可求得

$$f_Y(y) = \begin{cases} \frac{1}{2}, & \text{当 } |y| < 1 \\ 0, & \text{其它} \end{cases}$$

$$E(Y) = 0$$

而 $E(XY) = \int_{-1}^{1} \int_{-1}^{1} xy \left[\frac{1}{4}(1 - x^3 y + xy^3) \right] \mathrm{d}x \mathrm{d}y = 0$

从而有 $\mathrm{Cov}(X, Y) = E(XY) - E(X)E(Y) = 0$

故 X、Y 不相关。

然而，在区域 $|x| < 1$、$|y| < 1$ 中，$f(x, y) = f_X(x) \cdot f_Y(y)$ 并不是对任意 x、y 都成立的，所以 X、Y 不独立。

例 5 求证

(1) $E(XY) = E(X)E(Y) + \mathrm{Cov}(X, Y)$；

(2) $D(X \pm Y) = D(X) + D(Y) \pm 2\mathrm{Cov}(X, Y)$。

证 (1) 由式 (5.28) 移项即得。

(2) 由方差的性质中式 (5.26) 证明的前半部分即得。

从例 5 的两个结果可以得出结论：

只要 X 和 Y 不相关，就有

$$E(XY) = E(X)E(Y)$$

和

$$D(X + Y) = D(X) + D(Y)$$

成立，反之，当两式中有一个成立时，即 X 与 Y 必不相关。

另外，由协方差的定义出发，不难证明协方差还有如下的性质：

(1) $\mathrm{Cov}(X, Y) = \mathrm{Cov}(Y, X)$ \hfill (5.30)

(2) $\mathrm{Cov}(aX, bY) = ab\, \mathrm{Cov}(X, Y)$ \hfill (5.31)

(3) $\mathrm{Cov}(X_1 + X_2, Y) = \mathrm{Cov}(X_1, Y) + \mathrm{Cov}(X_2, Y)$ \hfill (5.32)

5.3.4 相关系数

定义 随机变量 X 与 Y 的**相关系数** ρ_{XY} 定义为

$$\rho_{XY} = \frac{\text{Cov}(X, Y)}{\sqrt{D(X)}\sqrt{D(Y)}} \tag{5.33}$$

我们从定义看到 ρ_{XY} 与协方差 $\text{Cov}(X, Y)$ 只差一个常数倍。由于 $\rho_{XY}=0$ 与 $\text{Cov}(X, Y)=0$ 是等价的，于是当 $\rho_{XY}=0$ 时也称 X 与 Y 不相关。

例 6 设 (X, Y) 服从二维正态分布，它的概率密度为

$$f(x, y) = \frac{1}{2\pi\sigma_1\sigma_2\sqrt{1-\rho^2}} e^{-\frac{1}{2(1-\rho^2)}\left[\frac{(x-\mu_1)^2}{\sigma_1^2} - 2\rho\frac{(x-\mu_1)(y-\mu_2)}{\sigma_1\sigma_2} + \frac{(y-\mu_2)^2}{\sigma_2^2}\right]}$$

求 X 和 Y 的相关系数 ρ_{XY}。

解 我们已知

$$E(X)=\mu_1,\ E(Y)=\mu_2,\ D(X)=\sigma_1^2,\ D(Y)=\sigma_2^2$$

$$\text{Cov}(X, Y) = \int_{-\infty}^{+\infty}\int_{-\infty}^{+\infty}(x-\mu_1)(y-\mu_2)f(x, y)\,dxdy$$

$$= \frac{1}{2\pi\sigma_1\sigma_2\sqrt{1-\rho^2}} \int_{-\infty}^{+\infty} e^{-\frac{(x-\mu_1)^2}{2\sigma_1^2}} dx \int_{-\infty}^{+\infty} (x-\mu_1)(y-\mu_2)$$

$$\cdot e^{-\frac{1}{2(1-\rho^2)}\left[\frac{y-\mu_2}{\sigma_2} - \rho\frac{x-\mu_1}{\sigma_1}\right]^2} dy$$

令

$$t = \frac{1}{\sqrt{1-\rho^2}}\left(\frac{y-\mu_2}{\sigma_2} - \rho\frac{x-\mu_1}{\sigma_1}\right),\ u = \frac{x-\mu_1}{\sigma_1}$$

则有

$$\text{Cov}(X,Y) = \frac{1}{2\pi} \int_{-\infty}^{+\infty} e^{-\frac{u^2}{2}} du \int_{-\infty}^{+\infty} (\sigma_1\sigma_2\sqrt{1-\rho^2}\,ut + \rho\sigma_1\sigma_2 u^2) e^{-\frac{t^2}{2}} dt$$

$$= \frac{1}{2\pi} \int_{-\infty}^{+\infty} e^{-\frac{u^2}{2}} du \int_{-\infty}^{+\infty} \sigma_1\sigma_2\sqrt{1-\rho^2}\,ut\,e^{-\frac{t^2}{2}} dt$$

$$+ \frac{1}{2\pi} \int_{-\infty}^{+\infty} e^{-\frac{u^2}{2}} du \int_{-\infty}^{+\infty} \rho \sigma_1 \sigma_2 u^2 e^{-\frac{t^2}{2}} dt$$

$$= \frac{\sigma_1 \sigma_2 \rho}{2\pi} \int_{-\infty}^{+\infty} u^2 e^{-\frac{u^2}{2}} du \cdot \int_{-\infty}^{+\infty} e^{-\frac{t^2}{2}} dt$$

$$= \rho \frac{\sigma_1 \sigma_2}{2\pi} \cdot \sqrt{2\pi} \cdot \sqrt{2\pi} = \rho \sigma_1 \sigma_2$$

于是 $\quad \rho_{XY} = \dfrac{\text{Cov}(X, Y)}{\sqrt{D(X)} \sqrt{D(Y)}} = \dfrac{\rho \sigma_1 \sigma_2}{\sigma_1 \sigma_2} = \rho$

上式表明服从二维正态分布的随机向量 (X, Y) 的概率密度中的第五个参数 ρ 就是 X、Y 的相关系数。因此二维正态分布完全可由 X 与 Y 的期望、方差和它们的相关系数所确定。

还必须指出，若 (X, Y) 服从二维正态分布，则 X 与 Y 不相关和 X 与 Y 相互独立是等价的，它们的充要条件都是 $\rho = 0$。

相关系数具有以下性质：

(1) $|\rho_{XY}| \leqslant 1$； (5.34)

(2) $|\rho_{XY}| = 1$ 的充分必要条件是 X 与 Y 依概率 1 线性相关，即存在常数 a, b，且 $a \neq 0$，使

$$P\{Y = aX + b\} = 1 \quad (5.35)$$

证 (1) 我们引入随机变量

$$Z = \frac{X - E(X)}{\sqrt{D(X)}} \pm \frac{Y - E(Y)}{\sqrt{D(X)}}$$

由例 5(2) 的结果得

$$D(Z) = D\left(\frac{X - E(X)}{\sqrt{D(X)}} \pm \frac{Y - E(Y)}{\sqrt{D(Y)}}\right) = D\left(\frac{X - E(X)}{\sqrt{D(X)}}\right)$$

$$+ D\left(\frac{Y - E(Y)}{\sqrt{D(Y)}}\right) \pm 2\text{Cov}\left(\frac{X - E(X)}{\sqrt{D(X)}}, \frac{Y - E(Y)}{\sqrt{D(Y)}}\right)$$

$$= 1 + 1 \pm 2 \frac{\text{Cov}(X, Y)}{\sqrt{D(X)} \sqrt{D(Y)}} = 2(1 \pm \rho_{XY})$$

显然,方差非负,从而有
$$1 \pm \rho_{XY} \geqslant 0$$
即
$$|\rho_{XY}| \leqslant 1$$
性质(1)得证。

下面证性质(2):

先证必要性。当 $\rho_{XY} = 1$ 时,由上面证得的
$$D\left(\frac{X-E(X)}{\sqrt{D(X)}} - \frac{Y-E(Y)}{\sqrt{D(Y)}}\right) = 2(1-\rho_{XY})$$
可知
$$D\left(\frac{X-E(X)}{\sqrt{D(X)}} - \frac{Y-E(Y)}{\sqrt{D(Y)}}\right) = 0$$
可以证明:$D(Z)=0$ 的充要条件是
$$P\{Z = E(Z)\} = 1 \text{(证略)}$$
所以
$$P\left\{\frac{X-E(X)}{\sqrt{D(X)}} - \frac{Y-E(Y)}{\sqrt{D(Y)}} = 0\right\} = 1$$
即
$$P\{Y = aX + b\} = 1$$

对于 $\rho_{XY} = -1$,可类似地加以证明。

再证充分性。设有 a、b,使 $Y = aX + b$,则
$$\begin{aligned}
\text{Cov}(X, Y) &= E[(X-E(X))(Y-E(Y))] \\
&= E[(X-E(X))((aX+b) - E(aX+b))] \\
&= aD(X)
\end{aligned}$$
又因
$$D(Y) = D(aX+b) = a^2 D(X)$$
所以
$$|\rho_{XY}| = \left|\frac{\text{Cov}(X,Y)}{\sqrt{D(X)}\sqrt{D(Y)}}\right| = \left|\frac{aD(X)}{\sqrt{D(X)}\sqrt{a^2 D(X)}}\right|$$
$$= \left|\frac{a}{|a|}\right| = 1$$

性质(2)表明,当 $|\rho_{XY}|=1$ 时,X 和 Y 的线性联系最强。而当 $\rho_{XY}=0$ 时,X 与 Y 无线性关系,即 X 与 Y 线性不相关。当然,在 X 与 Y 相互独立时,X 与 Y 是不相关的。

5.4　大数定律和中心极限定理

作为本章的结尾,我们要简单地介绍一下概率论中基本的极限定理——著名的大数定律与中心极限定理。我们只考虑最基本的情况。

定义　如果对任何 $n>1$ 都有 $X_1, X_2, \cdots, X_n$ 是相互独立的,则称随机变量列 $X_1, X_2, \cdots, X_n, \cdots$ 是相互独立的。

此时,若所有的 X_i 又有共同的分布函数,则说 $X_1, X_2, \cdots, X_n, \cdots$ 是**独立同分布**的随机变量列。

定理一　(大数定律)设 $X_1, X_2, \cdots, X_n, \cdots$ 是独立同分布的随机变量列,且 $E(X_1)$、$D(X_1)$ 存在,则对任何 $\varepsilon>0$,有

$$\lim_{u \to \infty} P\left\{\left|\frac{S_n}{n} - E(X_1)\right| \geqslant \varepsilon\right\} = 0 \tag{5.36}$$

其中 $S_n = X_1 + X_2 + \cdots + X_n$。

换句话说,只要 n 充分大,算术平均值

$$\frac{1}{n}(X_1 + X_2 + \cdots + X_n)$$

将以很大的概率取值接近于它们的期望值。

证　利用切比雪夫不等式知

$$P\left\{\left|\frac{S_n}{n} - E\left(\frac{S_n}{n}\right)\right| \geqslant \varepsilon\right\} \leqslant \frac{1}{\varepsilon^2} D\left(\frac{S_n}{n}\right)$$

但　　$E(S_n) = E(X_1) + E(X_2) + \cdots + E(X_n) = nE(X_1)$
　　　$D(S_n) = D(X_1) + D(X_2) + \cdots + D(X_n) = nD(X_1)$

故　　$$P\left\{\left|\frac{S_n}{n} - E(X_1)\right| \geqslant \varepsilon\right\} \leqslant \frac{D(X_1)}{n\varepsilon^2}$$

所以
$$\lim_{n\to\infty} P\left\{\left|\frac{S_n}{n} - E(X_1)\right| \geq \varepsilon\right\} = 0$$

证毕

经过细致的数学研究知道，只要 $E(X_1)$ 存在，不管 $D(X_1)$ 是否存在，式(5.36)仍然成立，而且可以证明比(5.36)更强的结论：

$$P\left\{\lim_{n\to\infty} \frac{S_n}{n} = E(X_1)\right\} = 1 \tag{5.37}$$

通常把适合式(5.36)的服从同一分布的随机变量列 X_1，X_2，$\cdots$，X_n，$\cdots$叫做服从**大数定律**(或**弱大数定律**)；把适合式(5.37)的服从同一分布的随机变量列 X_1，X_2，$\cdots$，X_n，$\cdots$叫做服从**强大数定律**。综上所述，具有数学期望的独立同分布的随机变量列是服从大数定律和强大数定律的。

例1 设条件 S 下事件 A 的概率是 p，将条件 S 独立地重复 n 次。设出现的次数是 μ。令

$$X_i = \begin{cases} 1, & \text{当第 } i \text{ 次重复条件 } S \text{ 时 } A \text{ 出现} \\ 0, & \text{当第 } i \text{ 次重复条件 } S \text{ 时 } A \text{ 不出现} \end{cases}$$

显然

$$X_1 + X_2 + \cdots + X_n = \mu, \quad E(X_1) = P\{X_1 = 1\} = p$$

由式(5.36)知

$$\lim_{n\to\infty} P\left\{\left|\frac{\mu}{n} - p\right| \geq \varepsilon\right\} = 0$$

即 A 发生的频率与概率 p 可任意接近，从概率的定义来看，这是很自然的。

定理二 (中心极限定理)设 X_1，X_2，$\cdots$，X_n，$\cdots$是独立同分布的随机变量列，且 $E(X_1)$、$D(X_1)$ 存在，$D(X_1) \neq 0$，则对一切 x，有

$$\lim_{n\to\infty} P\left\{\frac{S_n - nE(X_1)}{\sqrt{nD(X_1)}} \leq x\right\} = \int_{-\infty}^{x} \frac{1}{\sqrt{2\pi}} e^{-\frac{1}{2}u^2} du \tag{5.38}$$

这里 $S_n = X_1 + X_2 + \cdots + X_n$。

由于这个定理的证明很长，需要用到较多的数学知识，所以此处从略。

从式(5.38)可以看出，只要 n 充分大，随机变量

$$\frac{S_n - nE(X_1)}{\sqrt{nD(X_1)}}$$

就近似地服从标准正态分布，从而 S_n 近似地服从正态分布。故中心极限定理表达了正态分布在概率论中的特殊地位：尽管 X_1 的概率分布是任意的，但只要 n 充分大，算术平均值 S_n/n 的分布却是近似正态的。正态分布在理论上和应用上都具有极大的重要性。在后面数理统计的学习中我们将会看到这一点。

习 题 五

1. 箱子里装有 12 件产品，其中有 2 件次品。每次从箱子里任取一件产品，共取两次。设随机变量 X、Y 定义如下：

$$X = \begin{cases} 0, \text{若第一次取出的是正品} \\ 1, \text{若第一次取出的是次品} \end{cases}$$

$$Y = \begin{cases} 0, \text{若第二次取出的是正品} \\ 1, \text{若第二次取出的是次品} \end{cases}$$

现考虑两种情况：

(1) 有放回地抽样；(2) 无放回地抽样。

试就(1)、(2)两种情况分别写出二维随机向量 (X, Y) 的分布律和关于 X、Y 的边缘分布律。

2. 将一硬币连投掷三次。以 X 表示在三次投掷中出现正面的次数，以 Y 表示三次投掷中出现正面次数与出现反面次数之差的绝对值。试写出二维随机向量 (X, Y) 的分布律和边缘分布律。

3. 设二维随机向量 (X, Y) 的概率密度为

$$f(x,y) = \begin{cases} k\mathrm{e}^{-(3x+4y)}, & x>0, y>0 \\ 0, & 其它 \end{cases}$$

试求：(1) 常系数 k；

(2) (X,Y) 的分布函数；

(3) $P\{0<x\leqslant 1, 0<y\leqslant 2\}$；

(4) (X,Y) 落入三角形区域 D：$x>0, y>0, 3x+4y<3$ 内的概率。

4. 设随机向量 (X,Y) 服从二维正态分布，其概率密度为

$$f(x,y) = \frac{1}{200\pi}\mathrm{e}^{-\frac{x^2+y^2}{200}}$$

求 $P\{X<Y\}$。

5. 设随机向量 (X,Y) 的概率密度为

$$f(x,y) = \begin{cases} x^2+\dfrac{xy}{3}, & 0\leqslant x\leqslant 1, 0\leqslant y\leqslant 2 \\ 0, & 其它 \end{cases}$$

求 $P\{X+Y\geqslant 1\}$。

6. 设二维随机向量 (X,Y) 在 $y=x$ 和 $y=x^2$ 所围成的区域 G 上服从均匀分布，试求 (X,Y) 的概率密度和边缘概率密度。

7. 设随机向量 (X,Y) 的概率密度为

$$f(x,y) = \begin{cases} A(R-\sqrt{x^2+y^2}), & x^2+y^2\leqslant R^2 \\ 0, & x^2+y^2 > R^2 \end{cases}$$

求：(1) 常系数 A；

(2) (X,Y) 落在区域 G：$x^2+y^2\leqslant r^2$ $(r<R)$ 内的概率。

8. 判定下列习题中 X 与 Y 是否独立：

(1) 第 1 题；(2) 第 2 题；(3) 第 4 题；(4) 第 5 题。

9. 设 X 和 Y 是两个相互独立的随机变量，X 在 $\left[0, \dfrac{1}{5}\right]$ 上服从均匀分布，Y 的概率密度为

$$f_Y(y) = \begin{cases} 5e^{-5y}, & y > 0 \\ 0, & y \leqslant 0 \end{cases}$$

求:(1) 随机向量(X, Y)的概率密度$f(x, y)$;

(2) $P\{Y \leqslant X\}$。

10. 设随机变量X和Y独立,又X在$[0, 1]$上服从均匀分布,

$$f_X(x) = \begin{cases} 1, & 0 \leqslant x \leqslant 1 \\ 0, & x < 0 \text{ 或 } x > 1 \end{cases}$$

Y在区间$[0, 2]$上服从辛普生分布,即

$$f_Y(y) = \begin{cases} y, & 0 \leqslant y < 1 \\ 2 - y, & 1 < y < 2 \\ 0, & \text{其它} \end{cases}$$

求$Z = X + Y$的概率密度。

11. 求矢径长度的概率密度。若它的终点坐标(X, Y)服从二维正态分布:

$$f(x, y) = \frac{1}{2\pi\sigma^2} e^{-\frac{x^2+y^2}{2\sigma^2}} \quad \begin{pmatrix} -\infty < x < +\infty \\ -\infty < y < +\infty \end{pmatrix}$$

12. 设随机向量(X, Y)在矩形域$0 \leqslant x \leqslant a$, $0 \leqslant y \leqslant b$上服从均匀分布,求随机变量$Z = \dfrac{X}{Y}$的概率密度。

13. 随机向量(X, Y)的分布律如下:

X \ Y	0	1	2	3	4	5	6
0	0.202	0.174	0.113	0.062	0.049	0.023	0.004
1	0	0.099	0.064	0.040	0.031	0.020	0.006
2	0	0	0.031	0.025	0.018	0.013	0.008
3	0	0	0	0.001	0.002	0.004	0.011

求随机变量 X 及 Y 的期望、方差、协方差和相关系数。

14. 随机向量 (X, Y) 的概率密度为

$$f(x, y) = \begin{cases} \dfrac{1}{3}(x+y), & 0 \leqslant x \leqslant 2, 0 \leqslant y \leqslant 1 \\ 0, & \text{其它} \end{cases}$$

求期望 $E(X)$ 及 $E(Y)$，方差 $D(X)$ 及 $D(Y)$，协方差 $\text{Cov}(X, Y)$ 及相关系数 ρ_{XY}。

15. 随机向量 (X, Y) 的概率密度为

$$f(x, y) = \begin{cases} xe^{-(x+y)}, & x > 0, y > 0 \\ 0, & x \leqslant 0 \text{ 或 } y \leqslant 0 \end{cases}$$

求期望 $E(X)$ 及 $E(Y)$，方差 $D(X)$ 及 $D(Y)$，协方差 $\text{Cov}(X, Y)$ 及相关系数 ρ_{XY}。

16. 设随机向量 (X, Y) 的分布律如下：

X \ Y	−1	0	1
−1	$\dfrac{1}{8}$	$\dfrac{1}{8}$	$\dfrac{1}{8}$
0	$\dfrac{1}{8}$	0	$\dfrac{1}{8}$
1	$\dfrac{1}{8}$	$\dfrac{1}{8}$	$\dfrac{1}{8}$

验证：X 与 Y 不相关，但 X 与 Y 不独立。

17. 设随机变量 X 和 Y 相互独立，它们的概率密度分别为

$$f_X(x) = \begin{cases} 2e^{-2x}, & x > 0 \\ 0, & x \leqslant 0 \end{cases}$$

$$f_Y(y) = \begin{cases} 4e^{-4y}, & y > 0 \\ 0, & y \leqslant 0 \end{cases}$$

求 $E(X+Y)$，$E(2X-3Y^2)$，$E(XY)$。

18. 随机变量(X,Y)服从二维正态分布,其概率密度为
$$f(x,y)=\frac{1}{2\pi}e^{-\frac{x^2+y^2}{2}}$$
求随机变量$Z=\sqrt{X^2+Y^2}$的期望和方差。

19. 证明:若随机变量X与Y独立,则
$$D(XY)=D(X)D(Y)+[E(X)]^2D(Y)+[E(Y)]^2D(X)$$

20. 已知三个随机变量X、Y、Z,有
$E(X)=E(Y)=1$,$E(Z)=-1$
$D(X)=D(Y)=D(Z)=1$,$\rho_{XY}=0$,$\rho_{XZ}=\frac{1}{2}$,$\rho_{YZ}=-\frac{1}{2}$

(1) 求随机变量$W=X+Y+Z$的期望$E(W)$和方差$D(W)$。
(2) 求$\text{Cov}(2X+Y,3Z+X)$。

第二部分 数理统计

引 言

通常人们会将统计这一概念误解为大量数据资料的收集以及对这些数据作一些简单的运算（如求和、求平均数、求百分比等），或用图形、表格等形式把它们表示出来。例如，工厂统计员把某月的日产量画成图表，求平均日产量、各日产量占全月的百分比等。其实这些工作仅是统计学的非主要部分。统计学还包括怎样设计试验、采集数据以及怎样对获得的数据进行分析、推断等其它许多工作，它是一门关于数据资料的收集、整理、分析和推断的科学。

随着概率论的发展，应用概率论的结果更深入地分析研究统计资料，通过对某些现象的频率的观察来发现该现象的内在规律性，并作出一定精确程度的判断和预测，将这些研究的某些结果加以归纳整理，逐渐形成一定的数学模型，这些就构成了数理统计的内容。

概率论与数理统计都是从数量上研究随机现象规律性的数学学科。但数理统计更着重于从试验数据出发来认识随机现象的规律性。它以概率论为基础，根据试验得到的数据，对研究对象的客观规律作出种种合理的估计和判断。例如，工厂对一大批电子元件进行质量检查，若对每一个电子元件都进行测试和检验，这既费工费时，又极不合算。为了节省时间和费用，可采用抽样检查的方法，从一批产品中随机抽取一部分产品进行检验，然后根据这一部分产品质量情况来分析、推断整批产品的质量。此外，对于那些具有破坏性的检查方法，如灯泡寿命、炮弹射程试验等，则必须采用抽样方法。

然而我们只是对一小部分产品进行检验，所得数据不可能包含整批产品的全部信息。抽样获得的结论必然包括不确定性（随机性）。概率则是这种不确定性（随机性）的度量。

造成不确定性的原因可分为两类：一是由于抽样数据的随机性引起的不确定性，二是由于我们对系统真实状态的"无知"造成的不确定性。

数理统计的工作就是要分辨这两种不确定性，相应地要解决如下问题：

（1）怎样合理地搜集数据——抽样方法与试验设计；

（2）由收集到的局部数据怎样比较正确地分析、推断整体情况——统计推断。

可以说数理统计是一门应用性很强的学科，如今已被广泛和深入地应用到很多领域，如物理学（分子动力学）、力学、化学、生物、机械加工、冶金、地质、气象、农业、医学、经济管理、社会学等方面，其应用和发展前景非常广阔。

第一章 抽样和抽样分布

1.1 基本概念

1.1.1 总体及其分布

数理统计中我们主要讨论的问题是下面这种类型:从一个集合中选取一部分元素,对这部分元素的某些数量指标进行测量,根据测量获得的这些数据来推断集合中全部元素的这些数量指标的分布情况。我们把所研究的全体对象的数量指标组成的集合称为**总体**,或母体,总体中的每个元素称为**个体**。

例 1 一批产品共 1000 个,分为一等品、二等品和次品。要研究这批产品的质量,则 1000 个产品的等级(数量指标)构成一个总体,每个产品的等级是个体。若用"1"表示一等品,共有 750 个;用"2"表示二等品,共有 200 个;"0"表示次品,共有 50 个,则总体由 750 个"1"、200 个"2"、50 个"0"组成。这个集合中的每个元素(等级)是个体。

例 2 灯泡厂研究某批灯泡的寿命,则全体灯泡的寿命构成总体,其中每一个灯泡的寿命就是一个个体。

例 3 研究西安市全体男大学生身高的分布情况,则全体男大学生的身高是一个总体,每个男大学生的身高是一个个体。

因为在数理统计中,我们关心的是研究对象的某项或某几项数量指标 X,在例 1 中 X 表示产品的等级,例 2 中 X 表示灯泡的寿命,例 3 中 X 又表示为身高。若例 3 中同时研究男大学生的体重,则 $X=(X_1, X_2)$ 为向量,X_1 表示身高,X_2 表示体重。即总体中的元素常常不是指元素本身,而是指元素的某种数量指标 X。由于抽样时我们是随机从总体中抽取个体,每个个体取值不同,例如,灯泡寿命指标 X 可取 1500 小时、1000 小时、900 小时,等等,故数量指标 X 是随机变量。由此,我们把总体定义为某个随机变量 X 取值的全体。

总体个数有限称为有限总体,反之称为无限总体。数量指标 X 是一个随机变量,它的取值全体构成总体。我们把总体的分布看成是数量指标 X 的分布,而表征总体的随机变量 X 的分布为 $F(x)$,所以就称总体 X 的分布为 $F(x)$。

要对总体的分布进行各种研究,就必须对总体进行抽样观察。

1.1.2 样本(简单随机样本)

抽样的目的是为了对总体作出各种判断,它的好坏对推断有重要影响。被抽出的部分个体叫做总体的一个**样本**(抽样)。我们从总体中抽取一个个体,就是对总体 X 进行一次抽样观察(一次试验)。一般情况是,不只进行一次观察,而要进行 n 次观察。对有限总体采用有放回的抽样 n 次,就相当于在相同条件下对总体进行 n 次重复的独立观察。通过观察,得到总体(数量指标) X 的一组观察值 $(x_1, x_2, \cdots, x_n)$,其中 x_i 为第 i 次观察记录的结果。这里 $(x_1, x_2, \cdots, x_n)$ 是完全确定的一组值,但它又随每次抽样观察而改变,因此可以看作为随机向量 $(X_1, X_2, \cdots, X_n)$。由于 X_1、X_2、$\cdots$、X_n 是对随机变量 X 进行 n 次观察的结果,各次观察相互独立且条件相同,故可认为 X_1、X_2、$\cdots$、X_n 也相互独立。因为它们都是与 X 具有相同分布的随机变量,故称这样得到的 X_1、X_2、$\cdots$、X_n 为来自总体 X 的一个**简单随机样本**(样本容量为 n)。$(X_1, X_2, \cdots, X_n)$ 所有可能取值的全体称为**样本空间**。一个样本观察值 $(x_1, x_2 \cdots, x_n)$ 就是样本空间中的一个点,简称为样本值。

对无限总体,采用不放回抽样,得到的也是简单随机样本。对有限总体,当总体个数 N 比样本容量 n 大得多时(一般 $\frac{N}{n} \geqslant 10$),也采用不放回抽样。由此我们给出以下定义:

定义 设 X 是具有分布函数 $F(x)$ 的随机变量,若 X_1、X_2、$\cdots$、X_n 是具有同一分布函数 $F(x)$ 的相互独立的随机变量,则称 X_1、X_2、$\cdots$、X_n 为从分布 F(或总体 F,总体 X)得到的**容量为 n 的简单随机样本**,简称**样本**。它的 n 个观察值 x_1、x_2、$\cdots$、x_n 称为**样本值**,也可称为 X 的 **n 个独立观察值**。

1.1.3 样本分布

对简单随机样本 X_1、X_2、$\cdots$、X_n,它的联合分布可由总体 X 的分布函数 $F(x)$ 完全决定。其表达式为

$$F^*(x_1, x_2, \cdots, x_n) = F(x_1) \cdot F(x_2) \cdots F(x_n)$$
$$= \prod_{i=1}^{n} F(x_i)$$

若总体 X 的概率密度为 $f(x)$,则 X_1、X_2、$\cdots$、X_n 的联合概率密度为

$$f^*(x_1, x_2, \cdots, x_n) = f(x_1) \cdot f(x_2) \cdots f(x_n)$$
$$= \prod_{i=1}^{n} f(x_i)$$

1.1.4 统计量(样本数字特征)

样本是进行统计推断的依据。但在应用时往往不是直接利用样本本身,而是针对不同的问题对样本进行"加工"和"提炼",把样本中我们关心的有关信息集中起来构成样本的适当函数,利用这些样本的函数进行统计推断。这种样本函数称为**统计量**。其严

格定义如下：

定义 设 $X_1, X_2, \cdots, X_n$ 是来自总体 X 的一个样本，$g(X_1, X_2, \cdots, X_n)$ 是 $X_1, X_2, \cdots, X_n$ 的函数，若 g 是连续函数且 g 中不含任何未知参数，则称 $g(X_1, X_2, \cdots, X_n)$ 是一个**统计量**。若 $x_1, x_2, \cdots, x_n$ 是 $X_1, X_2, \cdots, X_n$ 的样本观察值，则称 $g(x_1, x_2, \cdots, x_n)$ 是 $g(X_1, X_2, \cdots, X_n)$ 的**观察值**（**统计值**）。

若 X_1、X_2 是从正态总体 $N(\mu, \sigma^2)$ 中抽取的二维样本，其中 μ、σ^2 是未知参数，则 $\frac{1}{4}(X_1 + X_2) - \mu$ 与 $\frac{X_1}{\sigma}$ 都不是统计量，因为它们含有未知参数；而 $3X_1$、$X_1 + 8$、$X_1^2 + X_2^2$ 都是统计量。

下面介绍几种常用的统计量。

设 $X_1, X_2, \cdots, X_n$ 是从总体 X 中抽取的一个样本，$(x_1, x_2, \cdots, x_n)$ 是样本观察值，则可定义以下统计量：

(1) 样本平均值
$$\overline{X} = \frac{1}{n} \sum_{i=1}^{n} X_i$$

(2) 样本方差
$$S^2 = \frac{1}{n-1} \sum_{i=1}^{n} (X_i - \overline{X})^2$$
$$= \frac{1}{n-1} \Big[\sum_{i=1}^{n} X_i^2 - n \overline{X}^2 \Big]$$

(3) 样本标准差
$$S = \sqrt{S^2} = \sqrt{\frac{1}{n-1} \sum_{i=1}^{n} (X_i - \overline{X})^2}$$

(4) 样本 k 阶（原点）矩
$$A_k = \frac{1}{n} \sum_{i=1}^{n} X_i^k \qquad (k = 1, 2, \cdots)$$

(5) 样本 k 阶中心矩

$$B_k = \frac{1}{n}\sum_{i=1}^{n}(X_i - \overline{X})^k \quad (k=1,2,\cdots)$$

它们的观察值分别为

$$\overline{x} = \frac{1}{n}\sum_{i=1}^{n} x_i$$

$$S^2 = \frac{1}{n-1}\sum_{i=1}^{n}(x_i - \overline{x})^2$$

$$S = \sqrt{\frac{1}{n-1}\sum_{i=1}^{n}(x_i - \overline{x})^2}$$

$$A_k = \frac{1}{n}\sum_{i=1}^{n}(x_i^k) \quad (k=1,2,\cdots)$$

$$B_k = \frac{1}{n}\sum_{i=1}^{n}(x_i - \overline{x})^k \quad (k=1,2,\cdots)$$

这些统计值仍分别称为样本均值、样本方差、样本标准差、样本 k 阶矩、样本 k 阶中心矩。

若总体 X 的 k 阶矩 $E(X^k) \triangleq \mu_k$ 存在,则当 $n \to \infty$ 时,$A_k \xrightarrow{P} \mu_k$,这是因为 $X_1, X_2, \cdots, X_n$ 独立且与 X 同分布,故有 $X_1^k, X_2^k, \cdots, X_n^k$ 独立且与 X^k 同分布。从而

$$E(X_1^k) = E(X_2^k) = \cdots = E(X_n^k) = \mu_k$$

由辛钦定理知

$$A_k = \frac{1}{n}\sum_{i=1}^{n} X_i^k \xrightarrow{P} \mu_k \quad (k=1,2,\cdots)$$

当 $k=1$ 时,有 $\overline{X} \xrightarrow{P} \mu$。

此结果表明 n 很大时,可用一次抽样后所得的样本 k 阶矩 A_k 近似于总体 k 阶矩 μ_k。$k=1$ 时,样本平均数 $\overline{x}$ 近似于总体平均数。

由以上讨论可知,统计量是我们对总体的分布律或数字特征进行推断的基础,因此求统计量的分布是数理统计的基本问题之一。统计量的分布称为**抽样分布**。

1.2 抽样分布

1.2.1 正态总体样本均值的分布

定理 1 设 $X_1, X_2, \cdots, X_n$ 是独立同分布的随机变量,且每个随机变量服从正态分布 $N(\mu, \sigma^2)$,则平均数

$$\overline{X} = \frac{1}{n} \sum_{i=1}^{n} X_i$$

服从正态分布 $N\left(\mu, \dfrac{\sigma^2}{n}\right)$。

由于独立正态变量之和 $\sum_{i=1}^{n} X_i$ 仍为正态变量,所以乘上因子 $1/n$ 所得到的 $\overline{X}$ 也是正态变量,且

$$E(\overline{X}) = E\left(\frac{1}{n} \sum_{i=1}^{n} X_i\right) = \frac{1}{n} \sum_{i=1}^{n} E(X_i) = \frac{n\mu}{n} = \mu$$

$$D(\overline{X}) = D\left(\frac{1}{n} \sum_{i=1}^{n} X_i\right) = \frac{1}{n^2} \sum_{i=1}^{n} D(X_i) = \frac{n\sigma^2}{n^2} = \frac{\sigma^2}{n}$$

所以

$$\overline{X} \sim N\left(\mu, \frac{\sigma^2}{n}\right)$$

一般情况,随着样本容量的增加,等于或超过 30 时,样本 $\overline{X}$ 的分布接近正态分布。

图 1-1 表明样本均值的抽样分布随样本容量增加的变化情况。

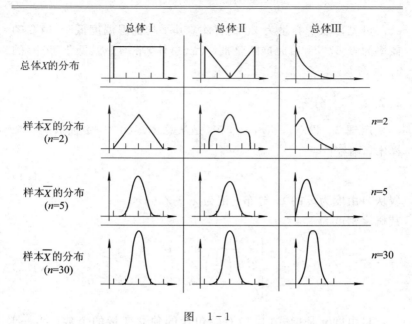

图 1-1

例 1 某厂检验保温瓶性能,在瓶中灌满开水,24 小时后测定其温度 T。若已知 $T \sim N(62, 5^2)$,试问从中随机取 20 只保温瓶进行测定,其样本均值 $\overline{T}$ 低于 60℃ 的概率有多大?

解 根据样本均值低于 60℃ 的情况,推断整批产品的质量。由 $T \sim N(62, 5^2)$,知 $\overline{T} \sim N\left(62, \dfrac{5^2}{20}\right)$。

$$\begin{aligned}
P\{\overline{T}<60\} &= P\left\{\frac{\overline{T}-62}{\sqrt{5^2/20}} < \frac{60-62}{\sqrt{5^2/20}}\right\} \\
&= P\left\{\frac{\overline{T}-60}{\sqrt{1.25}} < \frac{-2}{\sqrt{1.25}}\right\} = \Phi(-1.788) \\
&= 1 - \Phi(1.788) \\
&= 1 - 0.9633 = 0.0367
\end{aligned}$$

可见任取一容量为 20 的样本，其平均保温温度低于 60 ℃的概率为 3.67%。由此推断整批产品（总体）平均保温低于 60 ℃的有 3.67%。

1.2.2　χ^2 分布

定理 2　设 $X_1, X_2, \cdots, X_n$ 是从总体 $N(0, 1)$ 中抽取的一个样本，则统计量

$$\chi^2 = X_1^2 + X_2^2 + \cdots + X_n^2 \tag{1.1}$$

服从自由度为 n 的 χ^2 分布，记为 $\chi^2 \sim \chi^2(n)$。

其概率密度为

$$f(x) = \begin{cases} \dfrac{1}{2^{\frac{n}{2}} \Gamma\left(\dfrac{n}{2}\right)} x^{\frac{n}{2}-1} e^{-\frac{x}{2}} & x > 0 \\ 0 & x \leqslant 0 \end{cases} \tag{1.2}$$

自由度 n 是指式(1.1)右端包含的独立变量的个数，$\Gamma\left(\dfrac{n}{2}\right)$ 是伽玛函数在 $n/2$ 处的值。

证明　用归纳法证。

当 $n=1$ 时，

$$\chi^2 = X^2, \quad X \sim N(0, 1)$$

设 $Y = X^2$，求随机变量函数 Y 的概率密度。

因为 $Y = X^2 \geqslant 0$，所以 $Y \leqslant 0$ 时 $F_Y(y) = 0$。因此只讨论 $y > 0$ 时的情形：

$$\begin{aligned} F_Y(y) &= P(Y \leqslant y) = P(X^2 \leqslant y) = P(-\sqrt{y} < X \leqslant \sqrt{y}) \\ &= \int_{-\sqrt{y}}^{\sqrt{y}} f_X(x) \, dx \\ &= \int_{-\sqrt{y}}^{\sqrt{y}} \frac{1}{2\pi} e^{-\frac{x^2}{2}} \, dx \end{aligned}$$

$$F'_Y(y) = \frac{1}{\sqrt{2\pi}}\left[\frac{1}{2}y^{\frac{1}{2}-1}\,e^{-\frac{y}{2}} - \left(-\frac{1}{2}y^{\frac{1}{2}-1}\right)e^{-\frac{y}{2}}\right]$$

$$= \frac{1}{\sqrt{2\pi}}y^{\frac{1}{2}-1}\,e^{-\frac{y}{2}} = \frac{1}{2^{\frac{1}{2}}\Gamma\left(\frac{1}{2}\right)}y^{\frac{1}{2}-1}\,e^{-\frac{y}{2}}$$

所以，当 $n=1$ 时，

$$f_Y(y) = \begin{cases} \dfrac{1}{2^{\frac{1}{2}}\Gamma\left(\frac{1}{2}\right)}y^{\frac{1}{2}-1}\,e^{-\frac{y}{2}} & y>0 \\ 0 & y\leqslant 0 \end{cases}$$

显然式(1.2)成立。

设 $n=k$ 时式(1.2)成立，即

$$\chi^2 = X_1^2 + X_2^2 + \cdots + X_k^2$$

$$f(x) = \begin{cases} \dfrac{1}{2^{\frac{k}{2}}\Gamma\left(\frac{k}{2}\right)}x^{\frac{k}{2}-1}\,e^{-\frac{x}{2}} & x>0 \\ 0 & x\leqslant 0 \end{cases}$$

当 $n=k+1$ 时

$$\chi^2 = (X_1^2 + X_2^2 + \cdots + X_k^2) + X_{k+1}^2$$

上式可看成 $Z=X+Y$，其中 X 表示 $X_1^2+X_2^2+\cdots+X_k^2$，Y 表示 X_{k+1}^2，且 X 与 Y 相互独立。下面求 Z 的密度。

显然 Z 非负。

(1) 当 $z\leqslant 0$ 时，$f(z)=0$；

(2) 当 $z>0$ 时，由卷积公式得

$$f(z) = \int_{-\infty}^{\infty} f_X(x)\,f_Y(z-x)\,\mathrm{d}x$$

$$= \int_0^z \left[\frac{1}{2^{\frac{k}{2}}\Gamma\left(\frac{k}{2}\right)}x^{\frac{k}{2}-1}\,e^{-\frac{x}{2}}\right]\left[\frac{1}{2^{\frac{1}{2}}\Gamma\left(\frac{1}{2}\right)}(z-x)^{\frac{1}{2}-1}\,e^{-\frac{z-x}{2}}\right]\mathrm{d}x$$

$$= \frac{\mathrm{e}^{-\frac{z}{2}}}{2^{\frac{k+1}{2}} \Gamma\left(\frac{k}{2}\right) \Gamma\left(\frac{1}{2}\right)} \int_0^z x^{\frac{k}{2}-1} (z-x)^{\frac{1}{2}-1} \, \mathrm{d}x$$

令 $u = \dfrac{x}{z}$，则

$$f(z) = \frac{\mathrm{e}^{-\frac{z}{2}}}{2^{\frac{k+1}{2}} \Gamma\left(\frac{k}{2}\right) \Gamma\left(\frac{1}{2}\right)} z^{\frac{k+1}{2}-1} \int_0^1 u^{\frac{k}{2}-1} (1-u)^{\frac{1}{2}-1} \, \mathrm{d}u$$

$$= \frac{\mathrm{e}^{-\frac{z}{2}}}{2^{\frac{k+1}{2}} \Gamma\left(\frac{k}{2}\right) \Gamma\left(\frac{1}{2}\right)} z^{\frac{k+1}{2}-1} B\left(\frac{k}{2}, \frac{1}{2}\right)$$

$$= \frac{1}{2^{\frac{k+1}{2}} \Gamma\left(\frac{k+1}{2}\right)} z^{\frac{k+1}{2}-1} \mathrm{e}^{-\frac{z}{2}}$$

其中，

$$\left(\frac{k}{2}, \frac{1}{2}\right) = \frac{\Gamma\left(\frac{k}{2}\right) \Gamma\left(\frac{1}{2}\right)}{\Gamma\left(\frac{k}{2} + \frac{1}{2}\right)}$$

所以，当 $n = k+1$ 时，式(1.2)成立。定理证毕。

χ^2 的分布图形如图 1-2 所示。$f(x)$ 随 n 取不同的数而不同。

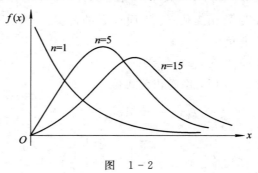

图 1-2

χ^2 分布具有下列性质：

(1) 若 $\chi^2 \sim \chi^2(n)$，则有
$$E(\chi^2) = n, \ D(\chi^2) = 2n$$
事实上，因 $X_i \sim N(0,1)$，故
$$E(\chi^2) = E\left(\sum_{i=1}^{n} X_i^2\right) = \sum_{i=1}^{n} E(X_i^2)$$
$$= \sum_{i=1}^{n} E(X_i - E(X_i))^2$$
$$= \sum_{i=1}^{n} D(X_i) = \sum_{i=1}^{n} 1 = n \quad (1.3)$$
$$D(\chi^2) = D\left(\sum_{i=1}^{n} X_i^2\right) = \sum_{i=1}^{n} D(X_i^2)$$
$$= \sum_{i=1}^{n} 2 = 2n \quad (1.4)$$
其中：
$$D(X_i^2) = E(X_i^4) - (E(X_i^2))^2 = E(X_i^4) - 1$$
$$= \frac{1}{\sqrt{2\pi}} \int_{-\infty}^{\infty} x^4 e^{-\frac{x^2}{2}} dx - 1$$
$$= 3 - 1 = 2$$

(2) χ^2 分布的可加性。设
$$\chi_1^2 \sim \chi^2(n_1), \ \chi_2^2 \sim \chi^2(n_2)$$
则
$$\chi_1^2 + \chi_2^2 \sim \chi^2(n_1 + n_2) \quad (1.5)$$

(3) $\chi^2(n)$ 分布的上 α 分位点。若对给定的 α，$0<\alpha<1$，存在 $\chi_\alpha^2(n)$，使
$$\int_{\chi_\alpha^2(n)}^{\infty} f(x) \, dx = \alpha \quad (1.6)$$
则称 $\chi_\alpha^2(n)$ 为 χ^2 分布的上 α 分位点，如图 1-3 所示。

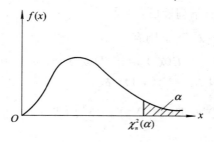

图 1-3

对不同的 n 及 α 有表可查(见附录4)。例如 $\alpha=0.1$，$n=25$，查表得 $\chi_\alpha^2(25)=34.382$。即

$$P(X>34.382)=\int_{34.382}^{\infty}\frac{1}{2^{\frac{25}{2}}\Gamma\left(\frac{25}{2}\right)}\chi^{\frac{25}{2}-1}e^{-\frac{x}{2}}dx=0.1$$

表中最大取 $n=45$。费歇(R. A. Fisher)曾证明 n 充分大时，近似地有

$$\sqrt{2\chi^2}\overset{近似}{\sim}N(\sqrt{2-1},1)$$

$$\frac{\sqrt{2\chi^2}-\sqrt{2n-1}}{1}\sim N(0,1)$$

所以，
$$\sqrt{2\chi_\alpha^2(n)}-\sqrt{2n-1}\approx Z_\alpha$$

$$\chi_\alpha^2(n)\approx\frac{1}{2}(Z_\alpha+\sqrt{2n-1})^2 \qquad (1.7)$$

当 $n>45$ 时，可利用上式求 $\chi_\alpha^2(n)$ 的近似值。例如，
$\chi_{0.05}^2(50)\approx\frac{1}{2}(1.645+\sqrt{99})^2\approx 67.2$ （精确值为 67.5）

1.2.3 t 分布（Student 分布）

定理 3 设随机变量 $X\sim N(0,1)$，随机变量 $Y\sim\chi^2(n)$，并且 X 与 Y 相互独立，则随机变量

$$t = \frac{X}{\sqrt{Y/n}} \tag{1.8}$$

服从自由度为 n 的 t 分布。记为 $t \sim t(n)$。

$t(n)$ 分布的概率密度函数为

$$f(t) = \frac{\Gamma\left(\frac{n+1}{2}\right)}{\sqrt{n\pi}\,\Gamma\left(\frac{n}{2}\right)} \left(1 + \frac{t^2}{2}\right)^{-\frac{n+1}{2}} \quad (-\infty < t < \infty) \tag{1.9}$$

证明 令 $Z = \sqrt{\dfrac{Y}{n}}$,则(1.8)式变为 $t = \dfrac{X}{Z}$。

先求 $Z = \sqrt{\dfrac{Y}{n}}$ 的密度函数 $f(z)$。

由于 Z 非负,当 $z \leqslant 0$ 时,$f(z) = 0$;当 $z > 0$ 时,有

$$F_Z(z) = P(Z \leqslant z) = P\left(\sqrt{\frac{Y}{n}} \leqslant z\right) = P(Y \leqslant nz^2) = F_Y(nz^2)$$

因此,密度函数

$$\begin{aligned} f_Z(z) &= F'_Z(z) = F'_Y(nz^2) = f_Y(nz^2)\,2nz \\ &= \frac{1}{2^{\frac{n}{2}} \Gamma\left(\frac{n}{2}\right)} (nz^2)^{\frac{n}{2}-1} e^{-\frac{nz^2}{2}} \cdot 2nz \\ &= \frac{1}{2^{\frac{n}{2}-1} \Gamma\left(\frac{n}{2}\right)} n^{\frac{n}{2}} z^{n-1} e^{-\frac{nz^2}{2}} \end{aligned}$$

因 $T = \dfrac{X}{Z}$,利用独立随机变量商的密度公式可得 T 的分布密度为

$$\begin{aligned} f(t) &= \int_{-\infty}^{\infty} |z|\, f_X(tz) f_Z(z)\, \mathrm{d}z \\ &= \int_0^{\infty} z\, \frac{1}{\sqrt{2\pi}} e^{-\frac{z^2 t^2}{2}} \frac{1}{2^{\frac{n}{2}-1} \Gamma\left(\frac{n}{2}\right)} n^{\frac{n}{2}} z^{n-1} e^{-\frac{nz^2}{2}}\, \mathrm{d}z \end{aligned}$$

$$= \frac{1}{\sqrt{\pi}2^{\frac{n-1}{2}}\Gamma\left(\frac{n}{2}\right)} n^{\frac{n}{2}} \int_0^\infty z^n \, e^{-\frac{t^2+n}{2}z^2} \, dz$$

令 $u = \frac{n+t^2}{2}z^2$，则可得

$$f(t) = \frac{\Gamma\left(\frac{n+1}{2}\right)}{\sqrt{n\pi}\Gamma\left(\frac{n}{2}\right)} \left(1 + \frac{t^2}{n}\right)^{-\frac{n+1}{2}} \qquad (-\infty < t < \infty)$$

t 分布密度图形见图 1 - 4 所示。

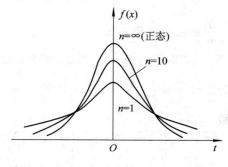

图 1 - 4

显然，$f(t)$ 随 n 不同而不同，且 $f(t)$ 是偶函数，关于 $t=0$ 对称。$n \to \infty$ 时，有

$$\lim_{n \to \infty} f(t) = \frac{1}{\sqrt{2\pi}} e^{-\frac{t^2}{2}}$$

即 $n \to \infty$ 时，t 分布密度趋于标准正态分布密度。但 n 较小时，t 分布与 $N(0,1)$ 差异很大（见附录 1 与附录 3）。

对于给定的 α，$0 < \alpha < 1$，将满足条件

$$p\{t > t_\alpha(n)\} = \int_{t_\alpha(n)}^\infty f(t) \, dt = \alpha$$

的点 $t_\alpha(n)$ 称为 $t(n)$ 分布的上 α 分位点（见图 1 - 5）。

第一章 抽样和抽样分布

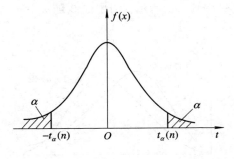

图 1-5

因为 $f(t)=f(-t)$,所以

$$\int_{-t_\alpha(n)}^{\infty} f(t)\,dt = 1-\alpha$$

故 $\quad t_{1-\alpha}(n) = -t_\alpha(n)$

当 $n \geq 45$ 时,$t_\alpha(n) \approx Z_\alpha$。

1.2.4 F 分布

(1) 设 $U \sim \chi^2(n_1)$,$V \sim \chi^2(n_2)$,且 U、V 相互独立,则称随机变量

$$F = \frac{U/n_1}{V/n_2} \sim F(n_1, n_2) \qquad (1.10)$$

服从**自由度为** (n_1, n_2) **的** F **分布**,记为 $F \sim F(n_1, n_2)$。

$F(n_1, n_2)$ 分布的概率密度为

$$f(y) = \begin{cases} \dfrac{\Gamma\left(\dfrac{n_1+n_2}{2}\right)}{\Gamma\left(\dfrac{n_1}{2}\right)\Gamma\left(\dfrac{n_2}{2}\right)} \left(\dfrac{n_1}{n_2}\right)\left(\dfrac{n_1}{n_2}y\right)^{\frac{n_1}{2}-1}\left(1+\dfrac{n_1}{n_2}y\right)^{-\frac{n_1+n_2}{2}} & (y>0) \\ 0 & (y \leq 0) \end{cases}$$

$$(1.11)$$

F 分布的密度见图 1-6 所示。图中曲线随 n_1、n_2 取不同数值而不同。

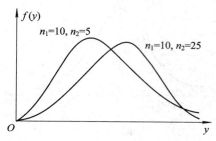

图 1-6

(2) F 分布的上 α 分位点。对于给定的 α，$0<\alpha<1$，存在 $F_\alpha(n_1, n_2)$，使

$$\int_{F_\alpha(n_1, n_2)}^{\infty} f(y) \, \mathrm{d}y = \alpha \tag{1.12}$$

则称 $F_\alpha(n_1, n_2)$ 为 F 分布的上 α 分位点（见图 1-7）。

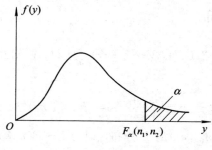

图 1-7

(3) F 分布性质：

1° 设 $F \sim F(n_1, n_2)$，则

$$\frac{1}{F} \sim F(n_2, n_1) \tag{1.13}$$

事实上，由定义知

$$F = \frac{U/n_1}{V/n_2} \sim F(n_1, n_2)$$

$$\frac{1}{F} = \frac{V/n_2}{U/n_1} \sim F(n_2, n_1)$$

2° 若 U 是自由度为 1 的 χ^2 分布,即 $n_1 = 1$,则

$$F(1, n) = [t(n)]^2$$

因为 $t(n)$ 可表示成如下形式:

$$t(n) = \frac{X}{\sqrt{Y/n}}, \ X \sim N(0, 1), \ y \sim \chi^2(n)$$

所以

$$[t(n)]^2 = \frac{X^2/1}{Y/n} = F(1, n)$$

3° $\qquad F_{1-\alpha}(n_1, n_2) = \frac{1}{F_\alpha(n_2, n_1)} \qquad (1.14)$

事实上,若设 $F \sim F(n_1, n_2)$,按定义

$$1 - \alpha = P\{F > F_{1-\alpha}(n_1, n_2)\} = P\left\{\frac{1}{F} < \frac{1}{F_{1-\alpha}(n_1, n_2)}\right\}$$

$$= 1 - P\left\{\frac{1}{F} > \frac{1}{F_{1-\alpha}(n_1, n_2)}\right\}$$

所以

$$P\left\{\frac{1}{F} > \frac{1}{F_{1-\alpha}(n_1, n_2)}\right\} = \alpha \qquad (1.15)$$

又因为 $\frac{1}{F} \sim F(n_2, n_1)$,由上 α 分位点定义知:

$$P\left\{\frac{1}{F} > F_\alpha(n_2, n_1)\right\} = \alpha \qquad (1.16)$$

比较 (1.15) 和 (1.16) 两式得

$$\frac{1}{F_{1-\alpha}(n_1, n_2)} = F_\alpha(n_2, n_1)$$

即

$$F_{1-\alpha}(n_1, n_2) = \frac{1}{F_\alpha(n_2, n_1)}$$

利用式(1.14)可求某些 F 分布表中未列出的上 α 分位点。例如，

$$F_{0.95}(12, 9) = \frac{1}{F_{0.05}(9, 12)} = \frac{1}{2.80} = 0.357$$

1.2.5 正态总体的样本均值与样本方差的分布

定理一 设 $X_1, X_2, \cdots, X_n$ 是总体 $N(\mu, \sigma^2)$ 的样本，$\overline{X}$ 和 S^2 分别是样本均值和样本方差，则有

1° $\dfrac{(n-1)S^2}{\sigma^2} \sim \chi^2(n-1)$; (1.17)

2° $\overline{X}$ 与 S^2 独立。

此定理的证明超出本书范围，有兴趣的读者可查阅浙江大学出版社出版的《概率论与数理统计》第二版第 153 页附录部分。

由定理一容易推出下面两个定理：

定理二 设 $X_1, X_2, \cdots, X_n$ 是总体 $N(\mu, \sigma^2)$ 的样本，$\overline{X}$ 和 S^2 分别是样本均值和样本方差，则有

$$\frac{(\overline{X}-\mu)\sqrt{n}}{S} \sim t(n-1) \qquad (1.18)$$

证明 因为 $\overline{X} \sim N\left(\mu, \dfrac{\sigma^2}{n}\right)$，所以

$$\frac{\overline{X}-\mu}{\sigma/\sqrt{n}} \sim N(0, 1)$$

由本节定理一知

$$\frac{(n-1)S^2}{\sigma^2} \sim \chi^2(n-1)$$

且两者独立，按 t 分布定义得

$$\left. \frac{\overline{X}-\mu}{\sigma/\sqrt{n}} \right/ \sqrt{\frac{(n-1)S^2}{\sigma^2(n-1)}} = \frac{(\overline{X}-\mu)\sqrt{n}}{S} \sim t(n-1)$$

定理三 设 $X_1, X_2, \cdots, X_{n_1}$ 与 $Y_1, Y_2, \cdots, Y_{n_2}$ 分别是从总

体 $N(\mu_1, \sigma^2)$、$N(\mu_2, \sigma^2)$ 中抽取的样本，且这两个样本相互独立，则

$$\frac{(\overline{X}-\overline{Y})-(\mu_1-\mu_2)}{S_\omega\sqrt{\frac{1}{n_1}+\frac{1}{n_2}}} \sim t(n_1+n_2-2) \quad (1.19)$$

其中：

$$S_\omega^2 = \frac{(n_1-1)S_1^2+(n_2-1)S_2^2}{(n_1+n_2-2)}$$

$\overline{X}$、$\overline{Y}$ 分别是两样本的均值；S_1^2、S_2^2 分别是两样本的方差。

证明 因为

$$\overline{X} \sim N\left(\mu_1, \frac{\sigma^2}{n_1}\right), \overline{Y} \sim N\left(\mu_2, \frac{\sigma^2}{n_2}\right)$$

所以

$$\overline{X}-\overline{Y} \sim N\left(\mu_1-\mu_2, \frac{\sigma^2}{n_1}+\frac{\sigma^2}{n_2}\right)$$

故有

$$U = \frac{\overline{X}-\overline{Y}-(\mu_1-\mu_2)}{\sqrt{\frac{\sigma^2}{n_1}+\frac{\sigma^2}{n_2}}} \sim N(0,1)$$

由给定条件知

$$\frac{(n_1-1)S_1^2}{\sigma^2} \sim \chi^2(n_1-1), \quad \frac{(n_2-1)S_2^2}{\sigma^2} \sim \chi^2(n_2-1)$$

且它们相互独立，由 χ^2 分布的可加性知

$$V = \frac{(n_1-1)S_1^2+(n_2-1)S_2^2}{\sigma^2} \sim \chi^2(n_1+n_2-2)$$

由本节定理一中的 2°推广可知 U 与 V 相互独立，从而按 t 分布定义得

$$t = \frac{U}{\sqrt{V/(n_1+n_2-2)}}$$

$$= \frac{\overline{X}-\overline{Y}-(\mu_1-\mu_2)}{S_\omega\sqrt{\frac{1}{n_1}+\frac{1}{n_2}}} \sim t(n_1+n_2-2)$$

习 题 一

1. 在总体 $N(52, 6.3^2)$ 中随机地抽一容量为 36 的样本,求样本均值 $\overline{X}$ 落在 $50.8 \sim 53.8$ 之间的概率。

2. 在总体 $N(12, 4)$ 中随机地抽一容量为 5 的样本 X_1, X_2, X_3, X_4, X_5。

  (1) 求样本均值与总体平均值之差的绝对值大于 1 的概率;

  (2) 求概率 $P\{\max(X_1, X_2, X_3, X_4, X_5) > 15\}$;

  (3) 求概率 $P\{\min(X_1, X_2, X_3, X_4, X_5) < 10\}$。

3. 设 $X_1, X_2, \cdots, X_n$ 是区间 $(-1, 1)$ 上均匀分布的总体的一个样本,试求样本平均数的均值和方差。

4. 设 $X_1, X_2, \cdots, X_{10}$ 为 $N(0, 0.3^2)$ 的一个样本,求

$$P\left\{\sum_{i=1}^{10} X_i^2 > 1.44\right\}$$

5. 求总体 $N(20, 3)$ 的容量分别为 10、15 的两独立样本均值差的绝对值大于 0.3 的概率。

6. 设 $X_1, X_2, \cdots, X_n$ 是来自总体 $N(0, \sigma^2)$ 的一个样本,试求 $Y = \left(\sum_{i=1}^{n} X_i\right)^2$ 的分布密度。

7. 已知 $X \sim t(n)$,求证 $X^2 \sim F(1, n)$。

8. 设 $X_1, X_2, \cdots, X_n$ 为来自泊松分布 $\pi(\lambda)$ 的一个样本,$\overline{X}$、S^2 分别为样本均值和样本方差,求 $E(\overline{X})$,$D(\overline{X})$,$E(S^2)$。

9. 设在总体 $N(\mu, \sigma^2)$ 中抽取一容量为 16 的样本,这里 μ、σ^2 均为未知,

  (1) 求 $P\{S^2/\sigma^2 \leq 2.041\}$,其中 S^2 为样本方差;

  (2) 求 $D(S^2)$。

10. 设 $x_1, x_2, \cdots, x_n$ 是一样本值，令

$$\overline{x_0} = 0, \qquad \overline{x_k} = \frac{1}{k}\sum_{i=1}^{k} x_i$$

证明递推公式

$$\overline{x}_k = \overline{x}_{k-1} + \frac{1}{k}(x_k - \overline{x}_{k-1}) \qquad (k = 1, 2, 3, \cdots, n)$$

第二章 参数估计

统计推断是依据总体中取得的一个简单随机样本对总体进行分析和推断的。统计推断的基本问题可以分为两大类:一类是参数估计问题,另一类是假设检验问题。本章主要讨论总体参数的点估计和区间估计。

2.1 参数的点估计

参数是指总体分布中的未知参数。若总体分布形式已知,但它的一个或多个参数为未知时,需借助总体 X 的样本来估计未知参数。例如,正态总体的分布 $N(\mu, \sigma^2)$ 中,μ、σ^2 未知,μ 与 σ^2 就是参数;若泊松分布 $\pi(\lambda)$ 的总体中 λ 未知,则 λ 是参数。所谓参数估计就是由样本值对总体的未知参数作出估计。

例 1 某炸药制造厂,一天中发生火灾的次数 X 是一个随机变量,假设 $X \sim$ 泊松分布 $\pi(\lambda)$,$\lambda > 0$,且 λ 为未知参数,设有以下样本值,试估计参数 λ。

着火次数 k	0	1	2	3	4	5	6	
发生 k 次着火的天数 n_k	75	90	54	22	6	2	1	$\sum = 250$

解 由于 $X \sim \pi(\lambda)$,故有 $\lambda = E(X)$,我们自然想到用样本平均值来估计总体的均值 $E(X)$。由数据计算得到

$$\bar{x} = \frac{\sum_{k=0}^{6} k n_k}{\sum_{k=0}^{6} n_k} = \frac{1}{250}(0 \times 75 + 1 \times 9 + 2 \times 54 + 3 \times 22$$
$$+ 4 \times 6 + 5 \times 2 + 6 \times 1) = 1.22$$

即得 $E(X)=\lambda$ 的估计值为 1.22。

若用 $\hat{\lambda}$ 表示 λ 的估计值,则有 $\hat{\lambda}=1.22$。这是对参数 λ 作定值估计,亦称参数的点估计。

一般来说,设总体 X 的分布函数 $F(x;\theta_1,\theta_2,\cdots,\theta_k)$ 的形式已知,其中 $\theta_1,\theta_2,\cdots,\theta_k$ 为待估计参数。$X_1,X_2,\cdots,X_n$ 是总体 X 的一个样本,$x_1,x_2,\cdots,x_n$ 是相应的一个样本值。若可用 $X_1,X_2,\cdots,X_n$ 构造出一个统计量 $\hat{\theta}_i=\hat{\theta}_i(X_1,X_2,\cdots,X_n)$,从而估计出 $\theta_i(i=1,2,\cdots,k)$,就称 $\hat{\theta}_i$ 为 θ_i 的**估计量**。对样本的一个实现 $x_1,x_2,\cdots,x_n$,估计量的值 $\hat{\theta}_i(x_1,x_2,\cdots,x_n)$ 称为**估计值**。这种用 $\hat{\theta}_i$ 对参数 θ 作定值估计的问题称为**参数的点估计**。这种估计值随抽得的样本观察值不同而不同,带有随机性。例如,在例 1 中,我们用样本均值来估计总体均值,即有估计量 $\hat{\lambda}=E(x)=\frac{1}{n}\sum_{k=1}^{n}x_k, n=250$。估计值 $\hat{\lambda}=E(\hat{x})=\frac{1}{n}\sum_{k=1}^{n}x_k=1.22$。

若另有样本值如下:

着火次数 k	0	1	2	3	4	5	6	
发生 k 次着火的天数 n_k	69	101	60	25	7	2	0	$\sum=264$

则估计值

$$\hat{\lambda}=E(x)=\frac{1}{264}\sum_{k=0}^{6}k\cdot n_k=\frac{334}{264}\approx 1.27$$

下面介绍估计量的求法。

2.1.1 矩估计法

矩估计法是一种古老的估计方法。大家知道,矩是描写随机变量的最简单的数字特征,有些总体分布中的未知参数与它的矩是一致的。例如泊松分布 $\pi(\lambda)$ 中的未知参数 λ 就是总体平均数,正态分布 $N(\mu,\sigma^2)$ 中未知参数 μ、σ^2 分别是总体平均数和方差。

若已知总体 k 阶矩 μ_k 存在,则样本 k 阶矩 A_k 依概率收敛于总体 k 阶矩,即 $A_k \xrightarrow{p} \mu_k$。样本矩的连续函数依概率收敛于总体矩的连续函数。可以看到样本矩在一定程度上反映了总体矩的特征。一种自然的作法就是用样本矩来估计总体相应的矩。

设 X 为连续型随机变量,其概率密度为 $f(x; \theta_1, \theta_2, \cdots, \theta_k)$,或 X 为离散型随机变量,其分布律为

$$P\{X = x\} = P(x; \theta_1, \theta_2, \cdots, \theta_k)$$

其中 $\theta_1, \theta_2, \cdots, \theta_k$ 为待估参数,$X_1, X_2, \cdots, X_n$ 是来自总体 X 的样本。假设总体分布 X 的 k 阶矩存在,则总体分布的 l 阶矩为

$$\mu_L = E(X^l) = \int_{-\infty}^{\infty} x^L f(x; \theta_1, \theta_2, \cdots, \theta_k) \, dx$$

(X 为连续型)

或 $$\mu_L = E(X^l) = \sum_{x \in R_x} x^L p(x; \theta_1, \theta_2, \cdots, \theta_k)$$

(X 为离散型)

它是 $\theta = (\theta_1, \theta_2, \cdots, \theta_k)$ 的函数,其中 R_x 是 x 可能取值的范围。对样本 $X = (X_1, X_2, \cdots, X_n)$,其样本 L 阶矩是

$$A_L = \frac{1}{n} \sum_{i=1}^{n} X_i^L$$

现用样本矩作为总体矩的估计,即令

$$\mu_L = A_L \qquad L = 1, 2, \cdots, k \qquad (2.1)$$

这是一个包含 k 个未知参数 $\theta_1, \theta_2, \cdots, \theta_k$ 的联立方程组。一般来说,求解此方程组,可以得到 $\theta_1, \theta_2, \cdots, \theta_k$ 的一组解 $\hat{\theta}_1, \hat{\theta}_2, \cdots, \hat{\theta}_k$。用 $\hat{\theta}_1, \hat{\theta}_2, \cdots, \hat{\theta}_k$ 分别作 $\theta_1, \theta_2, \cdots, \theta_k$ 的估计,这种估计量称为**矩估计量**,矩估计量的观察值称为矩估计值。这种求估计量的方法称为**矩估计法**。

例 2 设总体 X 在 $[a, b]$ 上服从均匀分布,a、b 未知。$X_1, X_2, \cdots, X_n$ 是一个样本,试求 a、b 的矩估计量。

解 $\mu_1 = E(X) = \dfrac{a+b}{2}$

$$\mu_2 = E(X^2) = D(X) + [E(X)]^2$$
$$= \dfrac{(b-a)^2}{12} + \dfrac{(a+b)^2}{4}$$

令 $\dfrac{a+b}{2} = A_1 = \dfrac{1}{n}\sum_{i=1}^{n} X_i$

$\dfrac{(b-a)^2}{12} + \dfrac{(a+b)^2}{4} = A_2 = \dfrac{1}{n}\sum_{i=1}^{n} X_i^2$

即 $\begin{cases} a+b = 2A_1 \\ b-a = \sqrt{12(A_2 - A_1^2)} \end{cases}$

解上述联立方程组,得 a、b 的矩估计量分别为

$$\hat{a} = A_1 - \sqrt{3(A_2 - A_1^2)} = \overline{X} - \sqrt{\dfrac{3}{n}\sum_{i=1}^{n}(X_i - \overline{X})^2}$$

$$\hat{b} = A_1 + \sqrt{3(A_2 - A_1^2)} = \overline{X} + \sqrt{\dfrac{3}{n}\sum_{i=1}^{n}(X_i - \overline{X})^2}$$

例 3 设总体 X 的均值 μ 及方差 σ^2 都存在,且 $\sigma^2 > 0$,但 μ、σ^2 均为未知,又设 $X_1, X_2, \cdots, X_n$ 是一个样本。试求 μ、σ^2 的矩估计量。

解 $\begin{cases} \mu_1 = E(X) = \mu, \\ \mu_2 = E(X^2) = D(X) + [E(X)]^2 = \sigma^2 + \mu^2 \end{cases}$

令 $\begin{cases} \mu = A_1 \\ \sigma^2 + \mu^2 = A_2 \end{cases}$

解上述方程组,得 μ 和 σ^2 的矩估计量分别为

$$\hat{\mu} = A_1 = \overline{X}$$

$$\hat{\sigma}^2 = A_2 - A_1^2 = \dfrac{1}{n}\sum_{i=1}^{n} X_i^2 - \overline{X}^2 = \dfrac{1}{n}\sum_{i=1}^{n}(X_i - \overline{X})^2$$

所得结果表明,对任意的分布,只要总体均值及方差存在,则其均值与方差的矩估计量表达式相同。

例如,若 $X \sim N(\mu, \sigma^2)$,μ、σ^2 未知,即得 μ、σ^2 的矩估计量为

$$\hat{\mu} = \overline{X}, \quad \hat{\sigma}^2 = \frac{1}{n} \sum_{i=1}^{n} (X_i - \overline{X})^2$$

2.1.2 极大似然估计法

下面通过一个简单的例子来介绍极大似然估计法。

例 4 假设在一个罐中放着许多白球和黑球,并假定已经知道两种球的数目之比是 1∶3,但不知道哪种颜色的球多。如果我们用返回抽样方法从罐中任意抽取 n 个球,则其中黑球的个数为 x 的概率是

$$P(x; p) = \binom{n}{x} p^x q^{n-x}$$

其中: $q = 1 - p$,$p \triangleq \dfrac{\text{罐中黑球数目}}{\text{罐中全部球数目}}$

由假定知道 p 仅可能取 $\dfrac{1}{4}$ 和 $\dfrac{3}{4}$ 两个值。

若 $n=3$,则如何通过 x 来估计参数 p 呢?换句话说,在什么情况下取 $\hat{p}=1/4$,而在另外的情况下取 $\hat{p}=3/4$ 呢?为此先计算一下抽样的可能结果 x 在这两种可能 p 值之下的概率(见下表)。

x	0	1	2	3
$p\left(x; \dfrac{3}{4}\right)$	1/64	9/64	27/64	27/64
$p\left(x; \dfrac{1}{4}\right)$	27/64	27/64	9/64	1/64

由于样本来自总体,因而样本应很好地反映总体的特征。如

果我们观察到的黑球数 $x=0$,此时

$$p\left(0;\frac{1}{4}\right)=\frac{27}{64},\quad p\left(0;\frac{3}{4}\right)=\frac{1}{64}$$

显然,$27/64\gg 1/64$。这说明,使 $x=0$ 的样本从带有 $p=1/4$ 的总体中抽取比从带有 $p=3/4$ 的总体中抽取更可能发生。因而取 $1/4$ 作为 p 的估计比从带有 $p=3/4$ 的总体中抽取更可能发生。所以取 $1/4$ 作为 p 的估计比取 $3/4$ 作为 p 的估计更合理。类似地,$x=1$ 时也取 $1/4$ 作为 p 的估计,而当 $x=2$、3 时取 $3/4$ 作为 p 的估计,即定义估计量如下:

$$\hat{p}(x)=\begin{cases}\dfrac{1}{4}, & \text{当 } x=0,1 \\ \dfrac{3}{4}, & \text{当 } x=2,3\end{cases}$$

此例求解的思想方法是:选择参数 p 的值使抽得的样本值发生的可能性最大,即选一个概率最大的 $\hat{p}$ 作为未知参数 p 的估计值。这就是极大似然原理的基本思想。

以下分离散型总体和连续型总体两种情形介绍极大似然估计法。

1. 离散型总体情形

设总体 X 的分布律为

$$p\{X=x\}=p(x;\theta)$$

$\theta\in\Theta$ 的形式为已知,θ 为待估参数,Θ 是 θ 可能取值的范围。设 $X_1,X_2,\cdots,X_n$ 是 X 的样本,则 $X_1,X_2,\cdots,X_n$ 的联合分布律为

$$\prod_{i=1}^{n}p(x;\theta)$$

又设 $x_1,x_2,\cdots,x_n$ 是相应于样本 $X_1,X_2,\cdots,X_n$ 的一个样本值。易知样本 $X_1,X_2,\cdots,X_n$ 取到观察值 $x_1,x_2,\cdots,x_n$ 的概率,亦即事件 $\{X_1=x_1,X_2=x_2,\cdots,X_n=x_n\}$ 发生的概率为

$$L(\theta) = L(x_1, x_2, \cdots, x_n; \theta) = \prod_{i=1}^{n} p(x; \theta), \theta \in \Theta \qquad (2.2)$$

这一概率随 θ 的取值而变化，它是 θ 的函数。$L(\theta)$ 称为样本的**似然函数**。在 θ 取值的可能范围 Θ 内挑选使概率 $L(x_1, x_2, \cdots, x_n; \theta)$ 达到最大的参数值 $\hat{\theta}$，作为参数 θ 的估计值，即取 $\hat{\theta}$ 使

$$L(x_1, x_2, \cdots, x_n; \hat{\theta}) = \max_{\theta \in \Theta} L(x_1, x_2, \cdots, x_n; \hat{\theta}) \qquad (2.3)$$

这样得到的 $\hat{\theta}$ 与样本值 $x_1, x_2, \cdots, x_n$ 有关，通常记为 $\hat{\theta}(x_1, x_2, \cdots, x_n)$，并称为参数 θ 的极大似然估计值，而相应的统计量 $\hat{\theta}(X_1, X_2, \cdots, X_n)$ 称为参数 θ 的**极大似然估计量**。

如果 L 对 θ 的偏导数存在，则可以采用高等数学中求极值的方法计算估计值，只要令

$$\frac{\partial L}{\partial \theta} = 0$$

解出 θ，令 $\hat{\theta} = \theta$ 即可。有时利用对数函数是单调函数，在 Θ 中选择 θ 使 $\ln L$ 为极大较为方便。通常 $\ln L$ 亦称为**似然(性)函数**。

例 5 设总体 X 具有泊松分布 $\pi(\lambda)$，其分布律为

$$P(X = k) = \frac{\lambda^k}{k!} e^{-\lambda} \qquad k = 0, 1, 2, \cdots$$

其中 $\lambda > 0$。试用极大似然估计法估计未知参数 λ。

解 设 $x_1, x_2, \cdots, x_n$ 是相应于样本 $X_1, X_2, \cdots, X_n$ 的一个样本值，故似然函数为

$$L(\lambda) = L(x_1, x_2, \cdots, x_n; \lambda) = \frac{\lambda^{x_1}}{x_1!} e^{-\lambda} \cdot \frac{\lambda^{x_2}}{x_2!} e^{-\lambda} \cdots \frac{\lambda^{x_n}}{x_n!} e^{-\lambda}$$

$$= \frac{\lambda^{\sum_{i=1}^{n} x_i}}{x_1! x_2! \cdots x_n!} e^{-n\lambda}$$

取对数得

$$\ln L = \sum_{i=1}^{n} x_i \ln \lambda - n\lambda - \ln(x_1! x_2! \cdots x_n!)$$

第二章 参 数 估 计

由
$$\frac{d\ln L}{d\lambda} = \frac{1}{\lambda}\sum_{i=1}^{n} x_i - n = 0$$

解得
$$\lambda = \frac{1}{n}\sum_{i=1}^{n} x_i = \overline{x}$$

故 λ 的极大似然估计值 $\hat{\lambda} = \overline{x}$，$\lambda$ 的极大似然估计量为

$$\hat{\lambda} = \frac{1}{n}\sum_{i=1}^{n} X_i = \overline{X}$$

这里求得的 λ 的估计量与用矩法求得的相同。

2. 连续型总体分布情形

设总体 X 的分布密度是 $f(x;\theta)$，$\theta \in \Theta$ 的形式已知，θ 为待估参数，Θ 是 θ 可能取值的范围，设 $X_1, X_2, \cdots, X_n$ 是来自 X 的样本，则 $X_1, X_2, \cdots, X_n$ 的联合密度为

$$\prod_{i=1}^{n} f(x_i, \theta)$$

设 $x_1, x_2, \cdots, x_n$ 是相应于样本 $X_1, X_2, \cdots, X_n$ 的一个样本值，则随机点 $(X_1, X_2, \cdots, X_n)$ 落在点 $(x_1, x_2, \cdots, x_n)$ 的邻域(边长分别为 $dx_1, dx_2, \cdots, dx_n$ 的 n 维立方体)内的概率近似地为

$$\prod_{i=1}^{n} f(x_i, \theta) \, dx_i \tag{2.4}$$

其值随 θ 的取值而变化。与离散型的情况一样，选取 θ 使式(2.4)的概率最大。由于因子 $\prod_{i=1}^{n} dx_i$ 不随 θ 而变，故只需考虑似然函数

$$L(\theta) = L(x_1, x_2, \cdots, x_n; \theta) = \prod_{i=1}^{n} f(x_i; \theta) \tag{2.5}$$

的最大值。若

$$L(x_1, x_2, \cdots, x_n; \hat{\theta}) = \max_{\theta \in \Theta} L(x_1, x_2, \cdots, x_n; \theta)$$

则称 $\hat{\theta}(x_1, x_2, \cdots, x_n)$ 为 θ 的**极大似然估计值**，称 $\hat{\theta}(X_1, X_2, \cdots, X_n)$ 为 θ 的**极大似然估计量**。

若 $L(\theta)$ 对 θ 可微，$\hat{\theta}$ 可从方程

$$\frac{\mathrm{d}L(\theta)}{\mathrm{d}\theta} = 0 \tag{2.6}$$

解得。又因 $L(\theta)$ 与 $\ln L(\theta)$ 可在同一 θ 处取到极值，所以，θ 的极大似然估计 $\hat{\theta}$ 也可以从方程

$$\frac{\mathrm{d}}{\mathrm{d}\theta} \ln L(\theta) = 0 \tag{2.7}$$

求得，而且从式(2.7)求解比较方便。

极大似然估计法也适用于分布中含多个未知参数 θ_1、θ_2、…、θ_k 的情况。此时似然函数为

$$L(x_1, x_2, \cdots, x_n; \theta_1, \theta_2, \cdots, \theta_k) = \prod_{i=1}^{n} f(x_i; \theta_1, \theta_2, \cdots, \theta_k)$$

分别令 $\quad\dfrac{\partial}{\partial \theta_i} L = 0, \quad i = 1, 2, \cdots, k$

或令 $\quad\dfrac{\partial}{\partial \theta_i} \ln L = 0, \quad i = 1, 2, \cdots, k$

解上述方程组，可得各未知参数 $\theta_i (i = 1, 2, \cdots, k)$ 的极大似然估计值 $\hat{\theta}_i$。

例 6 设总体 X 服从负指数分布，其密度为

$$f(x) = \begin{cases} \lambda e^{-\lambda x}, & x \geqslant 0 \\ 0, & x < 0 \end{cases}$$

其中未知参数 $\lambda > 0$。试求 λ 的最大似然估计量。

解 由总体分布可知 $x < 0$ 时，$f(x) = 0$，因为样本值 $(x_1, x_2, \cdots, x_n)$ 中每个 x_i 非负，故可取似然函数

$$L(\lambda) = \prod_{i=1}^{n} (\lambda e^{-\lambda x_i}) = \lambda^n e^{-\lambda \sum_{i=1}^{n} x_i}$$

取对数

$$\ln L = n \ln \lambda - \lambda \sum_{i=1}^{n} x_i$$

由
$$\frac{\mathrm{d}\ln L}{\mathrm{d}\lambda} = \frac{n}{\lambda} - \sum_{i=1}^{n} x_i = 0$$

解出
$$\hat{\lambda} = \frac{1}{\frac{1}{n}\sum_{i=1}^{n} x_i} = \frac{1}{\bar{x}}$$

为极大似然估计值，则
$$\hat{\lambda} = \frac{1}{\overline{X}}$$

为极大似然估计量。

例 7 设 $X \sim N(\mu, \sigma^2)$，μ、σ^2 为未知参数，$x_1, x_2, \cdots, x_n$ 是来自总体 X 的一个样本值。求 μ、σ^2 的极大似然估计量。

解 X 的概率密度为
$$f(x; \mu, \sigma^2) = \frac{1}{\sqrt{2\pi}\sigma} \exp\left[-\frac{1}{2\sigma^2}(x-\mu)^2\right]$$

似然函数为
$$L(\mu, \sigma^2) = \prod_{i=1}^{n} \frac{1}{\sqrt{2\pi}\sigma} \exp\left[-\frac{1}{2\sigma^2}(x_i-\mu)^2\right]$$

上式两边取对数得
$$\ln L = -\frac{n}{2}\ln(2\pi) - \frac{n}{2}\ln\sigma^2 - \frac{1}{2\sigma^2}\sum_{i=1}^{n}(x_i-\mu)^2$$

令
$$\begin{cases} \dfrac{\partial}{\partial \mu}\ln L = \dfrac{1}{\sigma^2}\left[\sum_{i=1}^{n} x_i - n\mu\right] = 0 \\ \dfrac{\partial}{\partial \sigma^2}\ln L = -\dfrac{n}{2\sigma^2} + \dfrac{1}{2(\sigma^2)^2}\sum_{i=1}^{n}(x_i-\mu)^2 = 0 \end{cases}$$

解此方程组得 μ、σ^2 的极大似然估计量分别为
$$\hat{\mu} = \frac{1}{n}\sum_{i=1}^{n} X_i = \overline{X}$$
$$\hat{\sigma}^2 = \frac{1}{n}\sum_{i=1}^{n}(X_i - \overline{X})^2$$

极大似然估计值为

$$\hat{\mu} = \overline{x}, \qquad \hat{\sigma}^2 = \frac{1}{n}\sum_{i=1}^{n}(x_i - \overline{x})^2$$

此结果与用矩估计法获得的矩估计量相同。

例 8 设总体 X 在 $[0, b]$ 上服从均匀分布,b 未知,x_1,x_2,$\cdots$,x_n 是一个样本值,试求 b 的极大似然估计量。

解 X 的概率密度是

$$f(x;b) = \begin{cases} \dfrac{1}{b}, & 0 \leqslant x \leqslant b \\ 0, & \text{其它} \end{cases}$$

样本值为 $x_1, x_2, \cdots, x_n$,似然函数为

$$L(b) = L(x;b) = \prod_{i=1}^{n} f(x;b)$$

$$= \begin{cases} \dfrac{1}{b^n}, & 0 \leqslant \min_{1\leqslant i\leqslant n} x_i \leqslant \max_{1\leqslant i\leqslant n} x_i \leqslant b \\ 0, & \text{其它} \end{cases}$$

对于满足 $b \geqslant \max\limits_{1\leqslant i\leqslant n} x_i$ 的任意 b,有

$$L(b) = \frac{1}{b^n} \leqslant \frac{1}{\left[\max\limits_{1\leqslant i\leqslant n} x_i\right]^n}$$

即 $L(b)$ 在 $b = \max\limits_{1\leqslant i\leqslant n} x_i$ 时取最大值,故 b 的极大似然估计值为

$$\hat{b} = \max_{1\leqslant i\leqslant n} x_i$$

极大似然估计量为

$$\hat{b} = \max_{1\leqslant i\leqslant n} X_i$$

2.2 估计量的评价标准

由上一节可见,对于总体的同一未知参数,用不同的估计方法求出的估计量不一定相同,如例 2 和例 7。我们自然会问,采用哪

一种估计量为好呢？怎样来衡量和比较估计量的好坏呢？这就牵涉到用什么标准来评价估计量的问题。下面介绍三个常用的标准。

2.2.1 无偏性

估计量是随机变量，估计值随样本值不同而不同，我们希望估计值在未知参数真值附近徘徊。从直观上说，若对一个总体抽取的很多样本，得到很多估计值，那么这些值的理论平均应等于未知参数的真值，从而导致无偏性的标准。

设 $X_1, X_2, \cdots, X_n$ 是总体 X 的一个样本，X 的分布函数为 $F(x;\theta)$，其中 θ 是未知参数，$\theta \in \Theta$。

定义 若参数 θ 的估计量 $\hat{\theta} = \hat{\theta}(X_1, X_2, \cdots, X_n)$ 的数学期望 $E(\hat{\theta})$ 存在，且对任意的 $\theta \in \Theta$ 有

$$E(\hat{\theta}) = \theta \tag{2.8}$$

则称 $\hat{\theta}$ 是 θ 的**无偏估计量**。

若 $E(\hat{\theta}) \neq \theta$，在工程技术中，$E(\hat{\theta}) - \theta$ 称为以 $\hat{\theta}$ 作为 θ 的估计的系统误差。无偏估计的意义为无系统误差。

若

$$\lim_{n \to \infty} E(\hat{\theta}) = \theta \tag{2.9}$$

则称 $\hat{\theta}$ 是 θ 的**渐近无偏估计量**。

例 1 设总体 X 的 k 阶矩存在，$X_1, X_2, \cdots, X_n$ 是 X 的一个样本，则无论总体服从什么分布，样本 k 阶矩

$$A_k = \frac{1}{n} \sum_{i=1}^{n} X_i^k$$

是总体 k 阶矩 μ_k 的无偏估计。

解 因为 $X_1, X_2, \cdots, X_n$ 与 X 同分布且相互独立，所以有
$$E(X_i^k) = E(X^k) = \mu_k \quad i = 1, 2, \cdots, n$$

故 $\quad E(A_k) = E\left(\frac{1}{n} \sum_{i=1}^{n} X_i^k\right) = \frac{1}{n} \sum_{i=1}^{n} E(X_i^k) = \mu_k \tag{2.10}$

因此不论总体 X 服从什么分布，只要它的数学期望 μ 存在，必有

$E(\overline{X}) = \mu$,即 $\overline{X}$ 是 μ 的无偏估计。

例 2 设总体 X 的均值 μ、方差 $\sigma^2 > 0$ 都存在,μ、σ^2 为未知参数,则 σ^2 的估计量

$$\hat{\sigma}^2 = \frac{1}{n} \sum_{i=1}^{n} (X_i - \overline{X})^2$$

不是无偏估计。

证明 $\hat{\sigma}^2 = \frac{1}{n} \sum_{i=1}^{n} (X_i - \overline{X})^2 = \frac{1}{n} \sum_{i=1}^{n} X_i^k - \overline{X}^2$

$$E(\hat{\sigma}^2) = E\left(\frac{1}{n} \sum_{i=1}^{n} X_i^2\right) - E(\overline{X}^2) = \frac{1}{n} \sum_{i=1}^{n} E(X_i^2) - E(\overline{X}^2) \quad (2.11)$$

又 $E(X_i^2) = D(X_i) + [E(X_i)]^2 = \sigma^2 + \mu^2$

同理 $E(\overline{X}^2) = D(\overline{X}) + [E(\overline{X})]^2 = \frac{\sigma^2}{n} + \mu^2$

将上两式分别代入式(2.11),得

$$E(\hat{\sigma}^2) = \sigma^2 + \mu^2 - \left(\frac{\sigma^2}{n} + \mu^2\right) = \frac{n-1}{n} \sigma^2 \neq \sigma^2 \quad (2.12)$$

所以 $\hat{\sigma}^2$ 是有偏的,但它是 σ^2 的渐近无偏估计量。

若用样本方差来估计 σ^2,即

$$\hat{\sigma}^2 = S^2 = \frac{1}{n-1} \sum_{i=1}^{n} (X_i - \overline{X})^2$$

则 S^2 是 σ^2 的无偏估计量。

因为 $E(S^2) = E\left[\frac{1}{n-1} \sum_{i=1}^{n} (X_i - \overline{X})^2\right]$

$= E\left[\frac{n}{n-1} \cdot \frac{1}{n} \sum_{i=1}^{n} (X_i - \overline{X})^2\right]$

$= \frac{n}{n-1} E\left[\frac{1}{n} \sum_{i=1}^{n} (X_i - \overline{X})^2\right] = \frac{n}{n-1} \cdot \frac{n-1}{n} \sigma^2$

$= \sigma^2$

即 S^2 是 σ^2 的无偏估计，故一般都采用 S^2 作为方差 σ^2 的估计量。

例 3 设 $X_1, X_2, \cdots, X_n$ 是来自参数为 λ 的泊松分布的一个样本，试证样本均值 $\overline{X}$ 和 S^2 都是 λ 的无偏估计，并且对任一值 α，$0 \leqslant \alpha \leqslant 1$，$\alpha \overline{X} + (1-\alpha) S^2$ 也是 λ 的无偏估计。

证明 由随机变量数字特征知 $X \sim \pi(\lambda)$，则有
$$E(X) = \lambda; \quad D(X) = \lambda$$
又由本节例 1、例 2 知，无论 X 服从什么分布，只要总体的一阶和二阶矩存在，总有
$$E(\overline{X}) = E(X) = \lambda$$
$$E(S^2) = D(X) = \lambda$$
即 $\overline{X}$、S^2 都是 λ 的无偏估计。
又因为
$$E[\alpha \overline{X} + (1-\alpha) S^2] = \alpha E(\overline{X}) + (1-\alpha) E(S^2)$$
$$= \alpha \lambda + (1-\alpha) \lambda$$
$$= \lambda$$
所以，估计量 $\alpha \overline{X} + (1-\alpha) S^2$ 也是 λ 的无偏估计。

2.2.2 有效性

参数的一个无偏估计就是数学期望等于未知参数的一个随机变量。显然，只要一个估计的方差越小，这个估计取到接近它的数学期望的值就越频繁。因而未知参数的估计值在它的真值附近的概率就越大。比较参数 θ 的两个无偏估计量 $\hat{\theta}_1$ 和 $\hat{\theta}_2$，如果在样本容量 n 相同的情况下，$\hat{\theta}_1$ 的观察值比 $\hat{\theta}_2$ 更密集在真值 θ 的附近，我们就认为 $\hat{\theta}_1$ 比 $\hat{\theta}_2$ 较为理想。由于方差反映了随机变量取值与数学期望的偏离程度，因此我们总希望估计的方差尽可能小，即
$$D(\hat{\theta}) = E(\hat{\theta} - \theta)^2$$
尽可能小。这就引出了有效估计的概念。

定义 设 $\hat{\theta}_1 = \hat{\theta}_1(X_1, X_2, \cdots, X_n)$ 与 $\hat{\theta}_2 = \hat{\theta}_2(X_1, X_2, \cdots, X_n)$ 都是 θ 的无偏估计，若有

$$D(\hat{\theta}_1) < D(\hat{\theta}_2) \tag{2.13}$$

则称 $\hat{\theta}_1$ 比 $\hat{\theta}_2$ 有效。

考察 θ 的所有无偏估计量（要求二阶矩存在，亦即有限），如果其中存在一个估计量 $\hat{\theta}_0$，它的方差达到最小，这样的估计量应当最好。称这样的估计量 $\hat{\theta}_0$ 是 θ 的最小方差无偏估计。

例 4 设 $X_1, X_2, \cdots, X_n$ 是随机变量 X 的一个样本，试证

$$\overline{X} = \frac{1}{n}\sum_{i=1}^{n} X_i$$

$$\hat{W} = \sum_{i=1}^{n} \alpha_i X_i \quad (\alpha_i \geqslant 0, \text{且为常数}, \sum_{i=1}^{n} \alpha_i = 1)$$

都是 $E(X)$ 的无偏估计，且 $\overline{X}$ 比 $\hat{W}$ 有效。

证明 设 X 的均值 μ、σ^2 存在，故有

$$E(\overline{X}) = E\left(\frac{1}{n}\sum_{i=1}^{n} X_i\right) = \frac{1}{n}\sum_{i=1}^{n} E(X_i) = \frac{1}{n}\sum_{i=1}^{n} \mu = \mu$$

$$E(\hat{W}) = E\left(\sum_{i=1}^{n} \alpha_i X_i\right) = \sum_{i=1}^{n}(\alpha_i E(X_i)) = \sum_{i=1}^{n} \alpha_i \mu = \mu\sum_{i=1}^{n} \alpha_i = \mu$$

所以，$\overline{X}$、$\hat{W}$ 都是 $E(X) = \mu$ 的无偏估计。

又因为 $\quad D(\overline{X}) = \dfrac{\sigma^2}{n}$

$$D(\hat{W}) = D\left(\sum_{i=1}^{n} \alpha_i X_i\right) = \sum_{i=1}^{n}(\alpha_i^2 D(X_i)) = \sigma^2 \sum_{i=1}^{n} \alpha_i^2$$

$$\frac{D(\overline{X})}{D(\hat{W})} = \frac{\dfrac{\sigma^2}{n}}{\sigma^2 \sum\limits_{i=1}^{n} \alpha_i^2} = \frac{1}{n\sum\limits_{i=1}^{n} \alpha_i^2} < \frac{1}{n\sum\limits_{i=1}^{n} \alpha_i} = \frac{1}{n}$$

所以 $\quad D(\overline{X}) < \dfrac{1}{n} D(\hat{W}) < D(\hat{W})$

故无偏估计 $\overline{X}$ 比 $\hat{W}$ 有效。

2.2.3 一致性

估计量 $\hat{\theta}$ 的无偏性和有效性都是在样本容量 n 固定的前提下考虑的。然而，由于估计量 $\hat{\theta}(X_1, X_2, \cdots, X_n)$ 依赖于样本容量，故根据样本求得的未知参数的估计值，常与这个参数的真值不同。我们很自然地希望：当样本容量无限大时，估计值在真参数的附近的概率趋近于 1。

定义 设 $\hat{\theta}(X_1, X_2, \cdots, X_n)$ 为参数 θ 的估计量，当 $n \to \infty$ 时，$\hat{\theta}(X_1, X_2, \cdots, X_n)$ 依概率收敛于 θ，即对任意的 $\varepsilon > 0$，有

$$\lim_{n \to \infty} P\{|\hat{\theta} - \theta| < \varepsilon\} = 1 \tag{2.14}$$

则称 $\hat{\theta}$ 为 θ 的**一致估计量**。

例 5 设总体 $X \sim N(\mu, 1)$，μ 未知，则容量为 n 的样本均值 $\overline{X}$ 是参数 μ 的一致估计量。

证明 因为 $E(\overline{X}) = E\left(\dfrac{1}{n} \sum_{i=1}^{n} X_i\right) = \mu$

又 $D(\overline{X}) = D\left(\dfrac{1}{n} \sum_{i=1}^{n} X_i\right) = \dfrac{\sigma^2}{n} = \dfrac{1}{n}$

存在，由契比雪夫不等式得

$$P\left\{\left|\frac{1}{n} \sum_{i=1}^{n} X_i - \mu\right| < \varepsilon\right\} \geq 1 - \frac{\sigma^2/n}{\varepsilon^2} = 1 - \frac{1}{n\varepsilon^2}$$

又因概率不可能大于 1，上式中令 $n \to \infty$，得

$$\lim_{n \to \infty} P\left\{\left|\frac{1}{n} \sum_{i=1}^{n} X_i - \mu\right| < \varepsilon\right\} = 1$$

还可证明，样本 $k(k \geq 1)$ 阶矩是总体 X 的 k 阶矩 $E(X^k)$ 的一致估计量。

由极大似然估计法得到的估计量在一定条件下也具有一致性，其详细讨论已超出本书范围，这里从略。

2.2.4 均方误差

如果 $E(\hat{\theta}_1)=\theta$,$E(\hat{\theta}_2)\neq\theta$,但 $D(\hat{\theta}_1)>D(\hat{\theta}_2)$,这时可以用估计量的均方误差(MSE)为评价准则。

$$\mathrm{MSE}(\hat{\theta}) = D(\hat{\theta}) + [\mathrm{Bias}(\hat{\theta})]^2$$

$$\begin{aligned}\mathrm{MSE}(\hat{\theta}) &= E[(\hat{\theta}-\theta)^2]\\ &= E\{[\hat{\theta}-E(\hat{\theta})]+[E(\hat{\theta})-\theta]\}^2\\ &= D(\hat{\theta})+2[E(\hat{\theta})-E(\hat{\theta})][E(\hat{\theta})-\theta]+[E(\hat{\theta})-\theta]^2\\ &= D(\hat{\theta})+[E(\hat{\theta})-\theta]^2\\ &= D(\hat{\theta})+[\mathrm{Bias}(\hat{\theta})]^2\end{aligned}$$

由此可见,均方误差等于估计量的方差加上其与均值的偏差。

例 6 已知总体参数 $\mu=7$,估计量 $\hat{\theta}_1\sim N(7.2,16)$,$\hat{\theta}_2\sim N(8,9)$,如何评价这两个估计量?哪一个更好?

解 由 $\mathrm{MSE}(\hat{\theta})=D(\bar{\theta})+[\mathrm{Bias}(\hat{\theta})]^2$,有

$$\mathrm{MSE}(\hat{\theta}_1) = 16+0.04 = 16.04$$
$$\mathrm{MSE}(\hat{\theta}_2) = 9+1 = 10$$

显然 $\hat{\theta}_2$ 比 $\hat{\theta}_1$ 的均方误差小,故 $\hat{\theta}_2$ 比 $\hat{\theta}_1$ 好。

2.3 正态总体均值与方差的区间估计

2.3.1 区间估计概述

什么叫参数的区间估计呢?由上节知,参数的点估计是由样本求出未知参数的一个估计值,但人们在测量或计算时,常不以得到近似值为满足,还需估计误差,即要求确切地知道近似值的精确程度(即求真值所在范围)。这样的范围通常以区间形式给出,

从而区间估计要由样本给出参数值的一个范围。例如，某批产品的废品率估计在 1%～3% 之间，某物体的长度估计在 8.6～9.0 mm 范围内，等等。

由于数理统计中未知参数所在范围是根据样本作出的，而抽样又带有随机性，所以没有百分之百的把握说这个范围包含参数 θ，只能对一定的可靠程度（概率）而言。例如，以 95% 的概率说未知参数 θ（废品率）在 1%～3% 之间。因此区间估计就是由样本给出参数的估计范围，并使参数在估计范围内具有指定的概率。下面通过一个具体的实例来说明如何进行参数的区间估计。

例 1 从一批钉子中抽取 16 枚，测得其长度为（单位：cm）2.14，2.10，2.13，2.15，2.13，2.12，2.13，2.10，2.15，2.12，2.14，2.10，2.13，2.11，2.14，2.11。设钉长分布为正态分布，$\sigma=0.01$(cm)。试求总体期望值 μ 的 90% 置信区间。

解 首先建立此例的数学模型。设总体 $X \sim N(\mu, \sigma^2)$，已知 $\sigma = \sigma_0$，从总体中随机地抽取样本 $X_1, X_2, \cdots, X_n$。要求以概率 $1-\alpha (0 < \alpha < 1)$ 对总体期望 μ 作区间估计。我们知道 $\overline{X}$ 是 μ 的无偏估计，且有

$$\frac{\overline{X}-\mu}{\sigma/\sqrt{n}}$$

服从 $N(0,1)$，而 $N(0,1)$ 分布是不依赖于任何未知参数的。按标准正态分布的上 α 分位点的定义，给定概率 $1-\alpha (0<\alpha<1)$，存在 $Z_{\alpha/2}$ 使

$$P\left\{\left|\frac{\overline{X}-\mu}{\sigma/\sqrt{n}}\right| < Z_{\alpha/2}\right\} = 1-\alpha \tag{2.15}$$

从图 2-1 中可以看出，$Z_{\alpha/2}$ 是标准正态分布的上 $\alpha/2$ 分位点，即

$$\int_{Z_{\alpha/2}}^{\infty} \varphi(x)\,\mathrm{d}x = \frac{\alpha}{2}$$

$Z_{\alpha/2}$ 可从附录一查得。

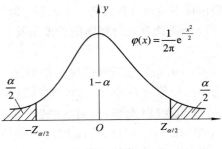

图 2-1

将式(2.15)改写为

$$P\left\{\overline{X} - \frac{\sigma}{\sqrt{n}}Z_{\alpha/2} < \mu < \overline{X} + \frac{\sigma}{\sqrt{n}}Z_{\alpha/2}\right\} = 1 - \alpha \quad (2.16)$$

从而得到 μ 的一个置信度为 $1-\alpha$ 的**置信区间**:

$$\left(\overline{X} - \frac{\sigma}{\sqrt{n}}Z_{\alpha/2}, \overline{X} + \frac{\sigma}{\sqrt{n}}Z_{\alpha/2}\right) \quad (2.17)$$

可简写为 $\left(\overline{X} \pm \frac{\sigma}{\sqrt{n}}Z_{\alpha/2}\right)$。$\overline{X} - \frac{\sigma}{\sqrt{n}}Z_{\alpha/2}$ 和 $\overline{X} + \frac{\sigma}{\sqrt{n}}Z_{\alpha/2}$ 分别称为 μ 的**置信下限**和**置信上限**。通常置信度(置信概率) $1-\alpha$ 的数值为 95%,或 90%,或 99%。

在例 1 中,$\sigma_0 = 0.01$,$n = 16$。由样本值算得的样本平均值 $\overline{x} = 2.125$,$1-\alpha = 0.9$,查附录一得 $Z_{\alpha/2} = 1.645$,把这些数值代入式(2.16)得

$$P\left\{2.125 - \frac{0.01}{\sqrt{16}}1.645 < \mu < 2.125 + \frac{0.01}{\sqrt{16}}1.645\right\} = 0.9$$

即 $\quad P\{2.1209 < \mu < 2.1291\} = 0.9 \quad (2.18)$

故 μ 的置信区间为 $(2.1209, 2.1291)$,置信概率为 0.9。

式(2.18)中虽有 μ 落在 $(2.1209, 2.1291)$ 区间中的概率是 0.9,但 $(2.1209, 2.1291)$ 已不是随机区间。其中式(2.18)是由式(2.16)得到的,式(2.16)的随机区间 $\left(\overline{X} - \frac{\sigma}{\sqrt{n}}Z_{\alpha/2}, \overline{X} + \frac{\sigma}{\sqrt{n}}Z_{\alpha/2}\right)$ 说

明,若反复抽样多次,每个样本值($n=16$)确定一个区间,在这么多区间中,包含 μ 的约占 90%,不包含 μ 的约占 10%。相当于反复抽样 100 次,其中有 90 个区间包含 μ,10 个区间不包含 μ。因此,对一次抽样后由样本值确定的置信区间为 (2.1209, 2.1291),可认为 μ 落在此区间的概率是 90%,或此区间包含 μ 这一事实的可信度为 90%。用图表示如下(见图 2-2)。(为简单起见,90% 即 9/10,相当于 10 次抽样有 9 个区间包含 μ,1 个区间不包含 μ。)

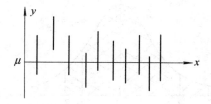

图 2-2

由此可引入置信区间的定义:

定义 设总体 X 的分布函数 $F(x;\theta)$ 含有一个未知参数 θ,对于给定值 $\alpha(0<\alpha<1)$,若由样本 $X_1, X_2, \cdots, X_n$ 确定的两个统计量 $\underline{\theta}=\underline{\theta}(X_1, X_2, \cdots, X_n)$ 和 $\overline{\theta}=\overline{\theta}(X_1, X_2, \cdots, X_n)$ 满足

$$P\{\underline{\theta}(X_1, X_2, \cdots, X_n) < \theta < \overline{\theta}(X_1, X_2, \cdots, X_n)\} = 1-\alpha$$

(2.19)

则称随机区间 $(\underline{\theta}, \overline{\theta})$ 是 θ 的置信度为 $1-\alpha$ 的**置信区间**,$\underline{\theta}$ 和 $\overline{\theta}$ 分别称为置信度为 $1-\alpha$ 的双侧**置信区间的置信下限和置信上限**,$1-\alpha$ 称为**置信度**。

由式(2.17)可见置信区间的中心是 $\overline{X}$,置信区间长度为 $2\dfrac{\alpha}{\sqrt{n}}Z_{\alpha/2}$。然而置信度为 $1-\alpha$ 的置信区间并不是唯一的,若取 $Z_1、Z_2$(见图 2-3),使

$$P\left\{Z_1 < \frac{\overline{X} - \mu}{\sigma/\sqrt{n}} < Z_2\right\} = 1 - \alpha$$

$$P\left\{\overline{X} - \frac{\sigma}{\sqrt{n}}Z_2 < \mu < \overline{X} + \frac{\sigma}{\sqrt{n}}Z_1\right\} = 1 - \alpha \tag{2.20}$$

又可得到不以 $\overline{X}$ 为中心的置信区间：

$$\left(\overline{X} - \frac{\sigma}{\sqrt{n}}Z_2,\ \overline{X} + \frac{\sigma}{\sqrt{n}}Z_1\right)$$

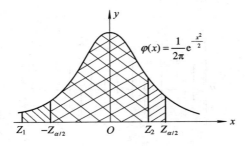

图 2-3

由图 2-3 可见，$Z_2 - Z_1 > 2Z_{\alpha/2}$，故两个置信区间的长度应有下列关系

$$(Z_2 - Z_1)\frac{\sigma}{\sqrt{n}} > 2Z_{\alpha/2}\frac{\sigma}{\sqrt{n}}$$

上式说明当 n 固定时，$\left(\overline{X} - \frac{\sigma}{\sqrt{n}}Z_{\alpha/2},\ \overline{X} + \frac{\sigma}{\sqrt{n}}Z_{\alpha/2}\right)$ 的长度最短。置信区间短表示估计的精度高，因此我们采用式(2.17)作为置信区间较为合理。记置信区间式(2.17)的长度为 L，则

$$L = \frac{2\sigma}{\sqrt{n}}Z_{\alpha/2} \tag{2.21}$$

可以看出，样本容量 n 是一个影响区间长度 L 的因素。α 给定时，L 随 n 的增加而减少。由式(2.21)解出

$$n = \left(\frac{2\sigma}{L}Z_{\alpha/2}\right)^2$$

我们可以使置信区间长度具有预先给定的长度,确定出样本容量 n。若要区间长度 L 较小,n 就必须大。而当 n 一定时,若置信概率 $1-\alpha$ 越大,则 $Z_{\alpha/2}$ 就越大,因此置信区间就越长。直观上看,样本容量 n 一定时,要求估计的可信度高,估计的范围肯定大。

通过例 1 可得求解未知参数置信区间的方法如下:

(1) 先求未知参数 μ 的估计量 $\overline{X}$,由未知参数 μ 和估计量 $\overline{X}$ 作出函数

$$Z = Z(\overline{X}, \mu) = \frac{\overline{X} - \mu}{\sigma/\sqrt{n}}$$

它的分布是已知的[$Z \sim N(0, 1)$],且与未知参数 μ 无关。

(2) 根据给定的置信概率与函数 Z 的分布导出置信区间。

(3) 根据要求的误差 L 的大小,确定抽样时样本容量的多少。

2.3.2 单个正态总体均值 μ、方差 σ^2、比例 p 的区间估计

设给定置信度为 $1-\alpha$,并设 $X_1, X_2, \cdots, X_n$ 是总体 $N(\mu, \sigma^2)$ 的样本,$\overline{X}$ 和 S^2 分别是样本均值和样本方差。

1. 均值 μ 的置信区间(方差 σ^2 已知)

由上节例 1 得 μ 的置信度为 $1-\alpha$ 的置信区间为

$$\left(\overline{X} - Z_{\alpha/2} \frac{\sigma}{\sqrt{n}}, \overline{X} + Z_{\alpha/2} \frac{\sigma}{\sqrt{n}}\right) \quad (2.22)$$

简记为 $\left(\overline{X} \pm Z_{\alpha/2} \frac{\sigma}{\sqrt{n}}\right)$。

2. 均值 μ 的置信区间(方差 σ^2 未知)

σ^2 未知时,不能使用式(2.22)的置信区间,因为其中含有未知参数 σ。由于 S^2 是 σ^2 的无偏估计,且

$$U = \frac{\overline{X} - \mu}{\sigma/\sqrt{n}} \sim N(0,1), \quad V = \frac{(n-1)S^2}{\sigma^2} \sim \chi^2(n-1)$$

故有
$$\frac{U}{\sqrt{V/n-1}} = \frac{(\overline{X}-\mu)\sqrt{n}}{S} \sim t(n-1)$$

由于上式自由度为 $n-1$ 的 t 分布不含任何未知参数，所以可利用它导出对正态总体均值 μ 的区间估计。参见图 2-4，对给定的 $1-\alpha(0<\alpha<1)$，存在 $t_{\alpha/2}(n-1)$，使

$$P\left\{-t_{\alpha/2}(n-1) < \frac{(\overline{X}-\mu)\sqrt{n}}{S} < t_{\alpha/2}(n-1)\right\} = 1-\alpha$$

或
$$P\left\{\overline{X} - t_{\alpha/2}(n-1)\frac{S}{\sqrt{n}} < \mu < \overline{X} + t_{\alpha/2}(n-1)\frac{S}{\sqrt{n}}\right\} = 1-\alpha$$

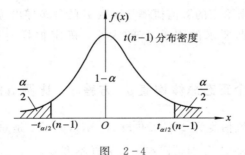

图 2-4

由此得方差 σ^2 未知时，正态总体均值 μ 的置信区间为（置信度为 $1-\alpha$）

$$\left(\overline{X} - t_{\alpha/2}(n-1)\frac{S}{\sqrt{n}}, \overline{X} + t_{\alpha/2}(n-1)\frac{S}{\sqrt{n}}\right) \quad (2.23)$$

简记为 $\left(\overline{X} \pm t_{\alpha/2}(n-1)\frac{S}{\sqrt{n}}\right)$

例 1 为确定某种溶液中的甲醛浓度，取样得 4 个独立测定值，经计算得样本均值 $\overline{X}=8.34\%$，样本标准差 $S=0.03\%$。设被测总体近似服从正态分布，求总体均值 μ 的 95% 的置信区间。

解 由题设 $1-\alpha=0.95$,得 $\frac{\alpha}{2}=0.025$,$n=4$,$n-1=3$。查表得 $t_{0.025}(3)=3.1824$,从而有

置信下限 $\left(8.34-3.1824\times\frac{0.03}{\sqrt{4}}\right)\%=8.292\%$

置信上限 $\left(8.34+3.1824\times\frac{0.03}{\sqrt{4}}\right)\%=8.388\%$

因此估计溶液中甲醛浓度在 $8.292\%\sim8.388\%$ 之间,这个估计的可靠程度是 95%。

3. 方差 σ^2 的置信区间

这里只介绍 μ 未知的情况。考虑到 S^2 是 σ^2 的无偏估计,由第一章 1.2.5 节定理一知

$$\frac{(n-1)S^2}{\sigma^2}\sim\chi^2(n-1)$$

且 $\chi^2(n-1)$ 的分布与 σ^2 无关。给定置信概率 $1-\alpha$,在 $\chi^2(n-1)$ 的分布密度(见图 2-5)中,使左、右两侧面积都等于 $\alpha/2$,即

$$P\{\chi^2>\chi^2_{\alpha/2}(n-1)\}=\frac{\alpha}{2}$$

$$P\{\chi^2<\chi^2_{1-\alpha/2}(n-1)\}=\frac{\alpha}{2}$$

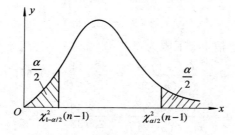

图 2-5

尽管概率密度不对称，χ^2 分布和 F 分布习惯上仍用两侧的分位点来计算，故有

$$P\left\{\chi^2_{1-\alpha/2}(n-1) < \frac{(n-1)S^2}{\sigma^2} < \chi^2_{\alpha/2}(n-1)\right\} = 1-\alpha$$

或

$$P\left\{\frac{(n-1)S^2}{\chi^2_{\alpha/2}(n-1)} < \sigma^2 < \frac{(n-1)S^2}{\chi^2_{1-\alpha/2}(n-1)}\right\} = 1-\alpha$$

由此得 σ^2 的置信度为 $1-\alpha$ 的置信区间：

$$\left(\frac{(n-1)S^2}{\chi^2_{\alpha/2}(n-1)}, \frac{(n-1)S^2}{\chi^2_{1-\alpha/2}(n-1)}\right) \tag{2.24}$$

进一步得标准差 σ 的置信度为 $1-\alpha$ 的置信区间：

$$\left(\frac{S\sqrt{n-1}}{\sqrt{\chi^2_{\alpha/2}(n-1)}}, \frac{S\sqrt{n-1}}{\sqrt{\chi^2_{1-\alpha/2}(n-1)}}\right) \tag{2.25}$$

例 2 设炮弹速度服从正态分布，取 9 发炮弹做试验，得样本方差 $S^2 = 11(\text{m/s})^2$。求炮弹速度方差 σ^2 的置信概率为 90% 的置信区间。

解 由题设知 $n=9$，$(1-\alpha)=0.9$，由此得 $\alpha/2=0.05$，$1-\alpha/2=0.95$，$n-1=8$。

查 χ^2 分布表得

$$\chi^2_{0.05}(8) = 15.507$$
$$\chi^2_{0.95}(8) = 2.733$$

从而得 σ^2 的置信上、下限为

$$\underline{\theta} = \frac{(n-1)S^2}{\chi^2_{\alpha/2}(n-1)} = \frac{8 \times 11}{15.507} = 5.675$$

$$\overline{\theta} = \frac{(n-1)S^2}{\chi^2_{1-\alpha/2}(n-1)} = \frac{8 \times 11}{2.733} = 32.199$$

故炮弹速度方差 σ^2 的置信度为 90% 的置信区间为 (5.675, 32.199)，标准差 σ 的置信区间是 (2.38, 5.67)。

4. 比例 p 的置信区间

样本比例 $\hat{p}$ 是总体比例 p 的最好点估计,在 n 重贝努里实验中,X 表示事件 A 发生的次数,则样本比例 $\hat{p}=\dfrac{x}{n}$ 表示事件 A 在 n 次试验中出现的频数,这也是一个随机变量,且有数学期望和方差如下:

$$E(\hat{p}) = E\left(\frac{x}{n}\right) = \frac{1}{n}np = p$$

$$D(\hat{p}) = D\left(\frac{x}{n}\right) = \frac{1}{n^2}D(x) = \frac{1}{n^2}np(1-p)$$

$$= \frac{1}{n}p(1-p)$$

标准差

$$\sqrt{D(\hat{p})} = \sqrt{\frac{p(1-p)}{n}}$$

当 n 很大时,即满足 $np \geqslant 5$ 且 $n(1-p) \geqslant 5$ 时,有样本比例 $\hat{p}$ 近似服从正态分布:

$$\hat{p} = \frac{x}{n} \sim N\left[p, \frac{1}{n}p(1-p)\right]$$

标准化后有:

$$Z = \frac{\hat{p}-p}{\sqrt{\dfrac{p(1-p)}{n}}} \sim Z(0,1)$$

可得总体比例的置信区间为

$$\left(\hat{p} - Z_{\alpha/2}\sqrt{\frac{p(1-p)}{n}},\ \hat{p} + Z_{\alpha/2}\sqrt{\frac{p(1-p)}{n}}\right)$$

例 3 交通部门调查 829 个开车司机,有 51% 的人反对用个人拍照作为罚款依据,求总体比例的置信度为 95% 的置信区间。

解 首先有 $np=422.79 \geqslant 5$,$nq=406.21 \geqslant 5$,所以有 p 的置信度为 95% 的置信区间如下:

$$\left(\hat{p} - Z_{a/2}\sqrt{\frac{p(1-p)}{n}},\ \hat{p} + Z_{a/2}\sqrt{\frac{p(1-p)}{n}}\right)$$

$$= \left(0.51 - 1.96\sqrt{\frac{0.51(0.49)}{829}},\ 0.51 + 1.96\sqrt{\frac{0.51(0.49)}{829}}\right)$$

$$= (0.51 - 0.034\ 03,\ 0.51 + 0.034\ 03)$$

$$= (0.476,\ 0.544)$$

即有 95% 的把握认为总体人群反对用个人拍照作为罚款依据的比例在 0.476% 至 0.544% 之间。依据这个结果我们还不能认为大多数人反对用个人拍照作为罚款依据，因为说大多数人反对必须有超过 50% 的人反对。显然我们的结果不具备这样的条件。

例 4 根据前三年的调查已知有 16.9% 的老年人使用微信，假设一个社会学家要调查当前老年人使用微信的比例，

(1) 以 95% 的置信度且误差不超过 4% 的情况下，需要抽取多少样本？

(2) 如果不知道以往的调查结果则应如何考虑？

解 (1) 由题设 95% 的置信度知，$Z_{a/2} = 1.96$，误差为 $L = 4\%$，且此题是比例问题，所以公式

$$n = \left(\frac{Z_{a/2}\sigma}{L}\right)^2$$

中 $\sigma = \sqrt{p(1-p)}$，故有

$$n = \left(\frac{Z_{a/2}\sigma}{L}\right)^2 = \frac{(Z_{a/2}\sigma)^2 p(1-p)}{L^2}$$

$$= \frac{1.96^2 \times 0.169 \times 0.831}{0.04^2}$$

$$= 337.194 \approx 338$$

(2) 如果不知道以往的调查结果，此时假设 $p = 0.5$，得

$$n = \frac{(Z_{a/2})^2 p(1-p)}{L^2} = \frac{(1.96)^2 \times 0.25}{0.04^2} = 600.25 \approx 600$$

没有先验信息，我们需要有一个更大的样本来达到 95% 的

置信度和不超过 4% 的误差要求。

2.3.3 两个正态总体均值差的估计

实际中，常遇到这样的问题，已知产品的某一质量指标服从正态分布，但由于工艺改变，原料不同，设备条件不同或操作人员不同等因素，引起总体均值、总体方差有所改变，要想知道这些改变有多大，需考虑两个正态总体均值差或两个总体方差比的估计问题。

设两个正态总体的分布分别是 $N(\mu_1, \sigma_1^2)$ 和 $N(\mu_2, \sigma_2^2)$。$X_1^{(1)}, X_2^{(1)}, \cdots, X_{n_1}^{(1)}$ 和 $X_1^{(2)}, X_2^{(2)}, \cdots, X_{n_2}^{(2)}$ 分别是从 $N(\mu_1, \sigma_1^2)$ 和 $N(\mu_2, \sigma_2^2)$ 中抽得的样本，且两样本相互独立。$\overline{X_1}$、S_1^2 是总体 $N(\mu_1, \sigma_1^2)$ 的容量为 n_1 的样本均值和样本方差，$\overline{X_2}$、S_2^2 是总体 $N(\mu_2, \sigma_2^2)$ 的容量为 n_2 的样本均值和样本方差。

(1) σ_1^2、σ_2^2 已知时，求两总体均值差的置信区间。

因为 $\overline{X_1} \sim N\left(\mu_1, \dfrac{\sigma_1^2}{n_1}\right)$, $\overline{X_2} \sim N\left(\mu_2, \dfrac{\sigma_2^2}{n_2}\right)$

且 $\overline{X_1}$、$\overline{X_2}$ 相互独立，故有

$$\overline{X_1} - \overline{X_2} \sim N\left(\mu_1 - \mu_2, \frac{\sigma_1^2}{n_1} + \frac{\sigma_2^2}{n_2}\right)$$

或

$$U = \frac{\overline{X_1} - \overline{X_2} - (\mu_1 - \mu_2)}{\sqrt{\dfrac{\sigma_1^2}{n_1} + \dfrac{\sigma_2^2}{n_2}}} \sim N(0, 1)$$

给定置信概率 $1-\alpha$，查正态分布表得 $Z_{\alpha/2}$，使

$$P\{|U| < Z_{\alpha/2}\} = 1 - \alpha$$

即

$$P\left\{-Z_{\alpha/2} < \frac{\overline{X_1} - \overline{X_2} - (\mu_1 - \mu_2)}{\sqrt{\dfrac{\sigma_1^2}{n_1} + \dfrac{\sigma_2^2}{n_2}}} < Z_{\alpha/2}\right\} = 1 - \alpha$$

整理得

$$P\left\{\overline{X_1}-\overline{X_2}-Z_{\alpha/2}\sqrt{\frac{\sigma_1^2}{n_1}+\frac{\sigma_2^2}{n_2}}<\mu_1-\mu_2\right.$$
$$\left.<\overline{X_1}-\overline{X_2}+Z_{\alpha/2}\sqrt{\frac{\sigma_1^2}{n_1}+\frac{\sigma_2^2}{n_2}}\right\}=1-\alpha$$

故 $\mu_1-\mu_2$ 的置信度为 $1-\alpha$ 的置信区间为

$$\left[\overline{X_1}-\overline{X_2}-Z_{\alpha/2}\sqrt{\frac{\sigma_1^2}{n_1}+\frac{\sigma_2^2}{n_2}},\quad \overline{X_1}-\overline{X_2}+Z_{\alpha/2}\sqrt{\frac{\sigma_1^2}{n_1}+\frac{\sigma_2^2}{n_2}}\right]$$
(2.26)

简记为

$$\left[\overline{X_1}-\overline{X_2}\pm Z_{\alpha/2}\sqrt{\frac{\sigma_1^2}{n_1}+\frac{\sigma_2^2}{n_2}}\right]$$

(2) $\sigma_1^2=\sigma_2^2=\sigma^2$，但 σ^2 未知，求两总体均值差的置信区间。

由于

$$U=\frac{(\overline{X_1}-\overline{X_2})-(\mu_1-\mu_2)}{\sigma\sqrt{\frac{1}{n_1}+\frac{1}{n_2}}}\sim N(0,1)$$

且 $\dfrac{(n_1-1)S_1^2}{\sigma^2}\sim\chi^2(n_1-1),\quad \dfrac{(n_2-1)S_2^2}{\sigma^2}\sim\chi^2(n_2-1)$

由 χ^2 分布的可加性，得

$$V=\frac{(n_1-1)S_1^2}{\sigma^2}+\frac{(n_2-1)S_2^2}{\sigma^2}\sim\chi^2(n_1+n_2-2)$$

由第一章 2.5 节定理三得

$$\frac{U}{\sqrt{V/(n_1+n_2-2)}}\sim t(n_1+n_2-2)$$

即

$$\frac{\overline{X_1}-\overline{X_2}-(\mu_1-\mu_2)}{S_\omega\sqrt{\frac{1}{n_1}+\frac{1}{n_2}}}\sim t(n_1+n_2-2)$$

其中 $$S_\omega = \sqrt{\frac{(n_1-1)S_1^2 + (n_2-1)S_2^2}{n_1+n_2-2}}$$

且 $t(n_1+n_2-2)$ 的分布不依赖于任何未知参数。

给定置信度 $1-\alpha$，查表得 $t_{\alpha/2}(n_1+n_2-2)$，使

$$P\left\{\left|\frac{\overline{X_1}-\overline{X_2}-(\mu_1-\mu_2)}{S_\omega\sqrt{\frac{1}{n_1}+\frac{1}{n_2}}}\right| < t_{\alpha/2}(n_1+n_2-2)\right\} = 1-\alpha$$

即 $$P\left\{\overline{X_1}-\overline{X_2}-t_{\alpha/2}(n_1+n_2-2)S_\omega\sqrt{\frac{1}{n_1}+\frac{1}{n_2}} < \mu_1-\mu_2 \right.$$
$$\left. < \overline{X_1}-\overline{X_2}+t_{\alpha/2}(n_1+n_2-2)S_\omega\sqrt{\frac{1}{n_1}+\frac{1}{n_2}}\right\} = 1-\alpha$$

由此得 $\mu_1-\mu_2$ 的置信度为 $1-\alpha$ 的置信区间为

$$\left(\overline{X_1}-\overline{X_2} \pm t_{\alpha/2}(n_1+n_2-2)S_\omega\sqrt{\frac{1}{n_1}+\frac{1}{n_2}}\right) \quad (2.27)$$

(3) σ_1^2、σ_2^2 都未知，两个总体 X_1 与 X_2 的分布是任意的。只要样本容量 n_1、n_2 很大（一般大于 50 即可），利用中心极限定理，$\overline{X_1}$、$\overline{X_2}$ 分别近似服从正态分布 $N\left(\mu_1, \frac{\sigma_1^2}{n_1}\right)$ 和 $N\left(\mu_2, \frac{\sigma_2^2}{n_2}\right)$，由样本独立性知 $\overline{X_1}$ 和 $\overline{X_2}$ 是独立的。因此

$$E(\overline{X_1}-\overline{X_2}) = \mu_1-\mu_2$$
$$D(\overline{X_1}-\overline{X_2}) = \frac{\sigma_1^2}{n_1}+\frac{\sigma_2^2}{n_2}$$

得 $$\frac{\overline{X_1}-\overline{X_2}-(\mu_1-\mu_2)}{\sqrt{\frac{\sigma_1^2}{n_1}+\frac{\sigma_2^2}{n_2}}} \quad (2.28)$$

服从标准正态分布 $N(0,1)$。虽然 σ_1^2 和 σ_2^2 未知，但 S_1^2、S_2^2 分别是 σ_1^2、σ_2^2 的一致估计量，当 n_1、n_2 很大时，可用 S_1^2、S_2^2 分别代替 σ_1^2、σ_2^2。替代后式 (2.28) 仍近似地服从标准正态分布，即

$$\frac{\overline{X_1} - \overline{X_2} - (\mu_1 - \mu_2)}{\sqrt{\frac{S_1^2}{n_1} + \frac{S_2^2}{n_2}}} \sim N(0, 1)$$

给定置信概率 $1-\alpha$,查表得 $Z_{\alpha/2}$,使

$$P\left\{\left|\frac{\overline{X_1} - \overline{X_2} - (\mu_1 - \mu_2)}{\sqrt{\frac{S_1^2}{n_1} + \frac{S_2^2}{n_2}}}\right| < Z_{\alpha/2}\right\} \approx 1-\alpha$$

由此得 $\mu_1 - \mu_2$ 的置信度为 $1-\alpha$ 的置信区间为

$$\left[\overline{X_1} - \overline{X_2} \pm Z_{\alpha/2} \sqrt{\frac{S_1^2}{n_1} + \frac{S_2^2}{n_2}}\right] \qquad (2.29)$$

例 5 为了估计磷肥对某种农作物增产的作用,现选 20 块条件大致相同的土地。10 块不施磷肥,另外 10 块施磷肥,得亩产量(单位:斤)如下(1 斤=500 g):

不施磷肥亩产	560, 590, 560, 570, 580, 570, 600, 550, 570, 550
施磷肥亩产	620, 570, 650, 600, 630, 580, 570, 600, 600, 580

设不施磷肥亩产和施磷肥亩产都具有正态分布,且方差相同。又设置信度为 95%,试对施磷肥与不施磷肥两种情况下的平均亩产之差作区间估计。

解 把不施磷肥的亩产看成第一总体,施磷肥的亩产看成第二总体。题中 $n_1 = n_2 = 10$,计算得

$$\overline{x_1} = 570, \quad (n_1-1)S_1^2 = \sum_{i=1}^{n_1}(x_{1i} - \overline{x_1})^2 = 2400$$

$$\overline{x_2} = 600, \quad (n_2-1)S_2^2 = \sum_{i=1}^{n_2}(x_{2i} - \overline{x_2})^2 = 6400$$

$$S_\omega = \sqrt{\frac{(n_1-1)S_1^2 + (n_2-1)S_2^2}{n_1+n_2-2}} = \sqrt{\frac{2400+6400}{10+10-2}} = 22$$

由
$$1-\alpha = 0.95$$
得
$$\alpha = 0.05$$
$$t_{\alpha/2}(n_1+n_2-2) = t_{0.025}(18)$$

查表得
$$t_{0.025}(18) = 2.1009$$

由式(2.27)得 $\mu_1 - \mu_2$ 的置信下限为

$$\left(\overline{x_2} - \overline{x_1} - t_{\alpha/2}(n_1+n_2-2)S_\omega \sqrt{\frac{1}{n_1}+\frac{1}{n_2}}\right)$$
$$= 600 - 570 - 2.1009 \times 22 \times \sqrt{\frac{1}{10}+\frac{1}{10}}$$
$$= 9$$

置信上限为

$$\left(\overline{x_2} - \overline{x_1} + t_{\alpha/2}(n_1+n_2-2)S_\omega \sqrt{\frac{1}{n_1}+\frac{1}{n_2}}\right)$$
$$= 600 - 570 + 2.1009 \times 22 \times \sqrt{\frac{1}{10}+\frac{1}{10}}$$
$$= 51$$

故施磷肥与不施磷肥平均亩产之差的置信区间是(9,51)。由于置信下限大于零，所以可以认为 $\mu_2 > \mu_1$，且不施磷肥与施磷肥平均亩产最少相差 9 斤，最多相差 51 斤。

例 6 为提高某一化学生产过程的得率，试图采用一种新的催化剂。为慎重起见，先在实验室进行试验。设采用原来的催化剂进行了 $n_1=8$ 次试验，得到得率的平均值 $\overline{x_1}=91.73$。样本方差 $S_1^2=3.89$；又采用新催化剂进行了 $n_2=8$ 次试验，得到得率的均值 $\overline{x_2}=93.75$，样本方差 $S_2^2=4.02$。假设两总体都可认为服从正态分布，且方差相等，试求两总体值差 $\mu_1-\mu_2$ 的置信度为 0.95 的置信区间。

解 由题设 $n_1=n_2=8$，计算

$$S_\omega = \sqrt{\frac{(n_1-1)S_1^2 + (n_2-1)S_2^2}{n_1+n_2-2}}$$

$$= \sqrt{\frac{7\times 3.89 + 7\times 4.02}{8+8-2}}$$

$$= \sqrt{3.96}$$

又由 $1-\alpha=0.95$ 得 $\alpha=0.05$,查表得 $t_{0.025}(14)=2.1448$。由式(2.27)得置信区间为

$$\left(\overline{x_1}-\overline{x_2} \pm t_{0.025}(14)S_\omega\sqrt{\frac{1}{8}+\frac{1}{8}}\right)$$

$$=\left(91.73-93.75 \pm 2.1448\times\sqrt{3.96}\times\frac{1}{2}\right)$$

$$=(-2.02\pm 2.13)=(-4.15, 0.11)$$

由于所得置信区间包含零,所以实际中我们可以认为采用这两种催化剂所得的得率均值没有显著差别。

例 7 两台机床加工同一种轴,分别加工 200 根和 150 根,测量轴的椭圆度并计算后得

第一台机床:$n_1=200$,$\overline{x_1}=0.081$ mm,$S_1=0.025$ mm;

第二台机床:$n_2=150$,$\overline{x_2}=0.062$ mm,$S_2=0.062$ mm。

求置信度为 95% 的两台机床平均椭圆度之差的置信区间。

解 题中两总体分布未知,两样本容量都很大(超过 50),所求置信区间可按式(2.28)计算。

由 $1-\alpha=0.95$,得 $\alpha/2=0.025$,查表得 $Z_{\alpha/2}=1.96$。置信下限为

$$\overline{X_1}-\overline{X_2}-Z_{\alpha/2}\sqrt{\frac{S_1^2}{n_1}+\frac{S_2^2}{n_2}}$$

$$=0.081-0.062-1.96\times\sqrt{\frac{(0.025)^2}{200}+\frac{(0.062)^2}{150}}$$

$$=0.0085$$

置信上限为

$$\overline{X_1} - \overline{X_2} + Z_{\alpha/2}\sqrt{\frac{S_1^2}{n_1} + \frac{S_2^2}{n_2}}$$

$$= 0.081 - 0.062 + 1.96 \times \sqrt{\frac{(0.025)^2}{200} + \frac{(0.062)^2}{150}}$$

$$= 0.0295$$

故 $\mu_1 - \mu_2$ 的置信区间为 $(0.0085, 0.0295)$。

2.3.4 两个正态总体方差比的置信区间

设两个正态总体 $N(\mu_1, \sigma_1^2)$ 和 $N(\mu_2, \sigma_2^2)$ 的参数都未知，分别抽取容量为 n_1、n_2 的两个相互独立样本，得样本方差为 S_1^2 和 S_2^2。对方差之比 $\frac{\sigma_1^2}{\sigma_2^2}$ 作区间估计。

我们仅讨论两总体均值 μ_1、μ_2 为未知的情况。由于

$$\frac{(n_1-1)S_1^2}{\sigma_1^2} \sim \chi^2(n_1-1), \quad \frac{(n_2-1)S_2^2}{\sigma_2^2} \sim \chi^2(n_2-1)$$

且由假设知

$$\frac{(n_1-1)S_1^2}{\sigma_1^2} \text{ 与 } \frac{(n_2-1)S_2^2}{\sigma_2^2}$$

相互独立。按 F 分布定义知

$$\frac{(n_1-1)S_1^2}{\sigma_1^2(n_1-1)} \bigg/ \frac{(n_2-1)S_2^2}{\sigma_2^2(n_2-1)} = \frac{S_1^2/\sigma_1^2}{S_2^2/\sigma_2^2} \sim F(n_1-1, n_2-1)$$

给定置信度 $1-\alpha$，查表得 $F_{1-\alpha/2}(n_1-1, n_2-1)$ 和 $F_{\alpha/2}(n_1-1, n_2-1)$，使

$$P\left\{F_{1-\alpha/2}(n_1-1, n_2-1) < \frac{S_1^2/\sigma_1^2}{S_2^2/\sigma_2^2} < F_{\alpha/2}(n_1-1, n_2-1)\right\}$$

$$= 1-\alpha$$

整理得

$$P\left\{\frac{S_1^2}{S_2^2}\frac{1}{F_{\alpha/2}(n_1-1, n_2-1)} < \frac{\sigma_1^2}{\sigma_2^2} < \frac{S_1^2}{S_2^2}\frac{1}{F_{1-\alpha/2}(n_1-1, n_2-1)}\right\}$$
$$= 1-\alpha$$

参见图 2-6。

因此方差比 $\frac{\sigma_1^2}{\sigma_2^2}$ 的置信度为 $1-\alpha$ 的置信区间为

$$\left(\frac{S_1^2}{S_2^2}\frac{1}{F_{\alpha/2}(n_1-1, n_2-1)}, \quad \frac{S_1^2}{S_2^2}\frac{1}{F_{1-\alpha/2}(n_1-1, n_2-1)}\right) \tag{2.30}$$

因为

$$F_{1-\alpha}(n_1, n_2) = \frac{1}{F_\alpha(n_2, n_1)}$$

所以式(2.30)又可用下式表示

$$\left(\frac{S_1^2}{S_2^2}F_{1-\alpha/2}(n_2-1, n_1-1), \quad \frac{S_1^2}{S_2^2}F_{\alpha/2}(n_2-1, n_1-1)\right) \tag{2.31}$$

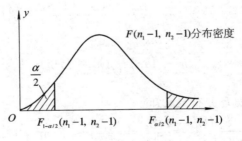

图 2-6

方差比的置信区间的含意是：若 σ_1^2/σ_2^2 的置信上限小于1，则说明总体 $N(\mu_1, \sigma_1^2)$ 的波动性较小；若 σ_1^2/σ_2^2 的置信下限大于1，则说明总体 $N(\mu_1, \sigma_1^2)$ 波动性较大；若置信区间包含1，则难以从这次试验中判定两个总体波动性的大小。

例8 有两位化验员 A、B，他们独立地对某种聚合物的含氧量用相同的方法分别作了 9 次和 10 次测定，其测定值的样本方

差依次为 $S_A^2=0.5419$ 和 $S_B^2=0.6065$。设 σ_A^2、σ_B^2 分别为 A、B 所测定的测定值总体的方差,又设总体均为正态的,求方差比 σ_A^2/σ_B^2 的置信度为 0.95 的置信区间。

解 由题设 $n_1=9$,$n_2=10$,$S_1^2=0.5419$,$S_2^2=0.6065$。因 $1-\alpha=0.95$,得 $\alpha=0.05$,查表得
$$F_{\alpha/2}(n_1-1, n_2-1) = F_{0.025}(8, 9) = 4.10$$
$$F_{1-\alpha/2}(n_1-1, n_2-1) = F_{1-\alpha/2}(8, 9)$$
$$= \frac{1}{F_{\alpha/2}(9, 8)} = F_{0.025}(9, 8) = 4.36$$

故置信度为 0.95 的置信区间为
$$\left(\frac{1}{4.10} \times \frac{0.5419}{0.6065},\ 4.36 \times \frac{0.5419}{0.6065}\right) = (0.218, 3.896)$$

由于 σ_A^2/σ_B^2 的置信区间包含 1,在实际中我们就认为 σ_A^2 与 σ_B^2 两者没有显著差别。

习 题 二

1. 设 X_1,X_2,$\cdots$,X_n 为总体的一个样本,总体分布密度为
$$f(x) = \begin{cases} \theta c^\theta x^{-(\theta+1)}, & x > c \\ 0, & 其它 \end{cases}$$
其中 $c>0$,且为已知参数,$\theta>1$,θ 为未知参数。

(1) 求未知参数 θ 的极大似然估计量;

(2) 求 θ 的矩估计量。

2. 设总体 X 具有几何分布,它的分布列为
$$P\{X = k\} = (1-p)^{k-1}p, \quad k = 1, 2, \cdots$$
先用矩法求 p 的估计量,再求 p 的最大似然估计量。

3. 设总体分布的概率密度为
$$f(x) = \begin{cases} \dfrac{x}{\theta^2}e^{-x^2/(2\theta^2)}, & x > 0 \\ 0, & 其它 \end{cases}$$

其中 $\theta>0$,θ 为未知参数,求 θ 的极大似然估计量。

4. 设总体分布密度为
$$f(x)=\begin{cases}\dfrac{1}{\theta}e^{-(x-\mu)/\theta}, & x\geq\mu \\ 0, & \text{其它}\end{cases}$$

其中 $\theta>0$,θ、μ 是未知参数。试求:

(1) θ 和 μ 的矩估计量;

(2) θ 和 μ 的极大似然估计量。

5. 一位地质学家为研究某湖滩地区岩石成分,随机地自该地区取 100 个样品,每个样品有 10 块石子,并记录了每个样品中属石灰石的石子数。假设这 100 次观察相互独立,并且由过去经验知,它们都服从参数为 $n=10$ 的 p 的二项分布,p 是该地区一块石子是石灰石的概率。求 p 的极大似然估计值。该地质学家所得数据如下:

样品中的石子数	0	1	2	3	4	5	6	7	8	9	10
观察到石灰石的样品个数	0	1	6	7	23	26	21	12	3	1	0

6. 设总体 X 服从正态分布 $N(\mu,1)$。(X_1,X_2) 是从此总体抽取的一个样本。试验证下面三个估计量都是 μ 的无偏估计,并求出每个估计量的方差,哪一个方差最小?

(1) $\hat{\mu}_1=\dfrac{2}{3}X_1+\dfrac{1}{3}X_2$;

(2) $\hat{\mu}_2=\dfrac{1}{4}X_1+\dfrac{3}{4}X_2$;

(3) $\hat{\mu}_3=\dfrac{1}{2}X_1+\dfrac{1}{2}X_2$。

7. 设总体 $X\sim N(\mu,\sigma^2)$,$X_1,X_2,\cdots,X_n$ 是来自 X 的一个样本。试确定常数 c,使 $c\sum\limits_{i=1}^{n-1}(X_{i+1}-X_i)^2$ 为 σ^2 的无偏估计。

8. 设 $\hat{\theta}$ 是参数 θ 的无偏估计,且有 $D(\hat{\theta})>0$。试证 $\hat{\theta}^2=(\hat{\theta})^2$ 不是 θ^2 的无偏估计。

9. 试证明均匀分布

$$f(x)=\begin{cases}\dfrac{1}{\theta}, & 0<x\leqslant\theta\\ 0, & \text{其它}\end{cases}$$

中未知参数 θ 的极大似然估计量不是无偏的。

10. 设从均值为 μ、方差为 $\sigma^2>0$ 的总体中,分别抽取容量为 n_1、n_2 的两个独立样本。$\overline{X_1}$ 和 $\overline{X_2}$ 分别是两样本的均值。试证对于任意常数 a、$b(a+b=1)$,$Y=a\overline{X_1}+b\overline{X_2}$ 都是 μ 的无偏估计,并确定常数 a、b,使 $D(Y)$ 达到最小。

11. 从一批电子管中抽取 100 只,若抽取的电子管的平均寿命为 1000 小时,标准差为 40 小时,试求整批电子管的平均寿命的置信区间(给定置信度 95%)。

12. 设某种清漆的 9 个样品其干燥时间(以小时计)分别为 6.0,5.7,5.8,6.5,7.0,6.3,5.6,6.1,5.0。设干燥时间总体服从正态分布 $N(\mu,\sigma^2)$,试就下述两种情况求 μ 的置信度为 0.95 的置信区间:

(1) 若由以往经验知 $\sigma=0.6$(小时);

(2) 若 σ 为未知。

13. 对方差 σ^2 为已知的正态总体来说,问需抽取容量 n 为多大的子样,才能使总体期望值 μ 的置信度为 $1-\alpha$ 的置信区间的长度不大于 L。

14. 有一大批糖果,现从中随机地取 16 袋,称得重量(以克计)如下:

   506 508 499 503 504 510 497 512
   514 505 493 496 506 502 509 496

设袋装糖果的重量近似服从正态分布,试求总体标准差 σ 的置信度为 0.95 的置信区间。

15. 随机地从 A 批导线中抽取 4 根，又从 B 批导线中抽取 5 根，测得电阻(Ω)为

A 批导线：0.143，0.142，0.143，0.137

B 批导线：0.140，0.142，0.136，0.138，0.140

设测定数据分别来自分布 $N(\mu_1, \sigma^2)$ 和 $N(\mu_2, \sigma^2)$，且两样本独立，又 μ_1、μ_2、σ^2 均未知，求 $\mu_1 - \mu_2$ 的置信度为 0.95 的置信区间。

16. 研究两种固体燃料火箭推进器的燃烧率。设两者都服从正态分布，并且已知燃烧率的标准差均近似地为 0.05 cm/s。取样本容量为 $n_1 = n_2 = 20$，得燃烧率的样本均值分别为 $\overline{x_1} = 18$ cm/s 和 $\overline{x_2} = 24$ cm/s，求两燃烧率总体均值差 $\mu_1 - \mu_2$ 的置信度为 0.99 的置信区间。

17. 研究由机器 A 和机器 B 生产的钢管内径，随机抽取机器 A 生产的管子 18 只，测得样本方差 $S_1^2 = 0.34 (\text{mm}^2)$；抽取机器 B 生产的管子 13 只，测得样本方差 $S_2^2 = 0.29 (\text{mm}^2)$。设两样本独立，且设由机器 A、机器 B 生产的管子的内径分别服从正态分布 $N(\mu_1, \sigma_1^2)$ 和 $N(\mu_2, \sigma_2^2)$，这里 μ_i、$\sigma_i^2 (i = 1, 2)$ 均未知，试求方差比 σ_1^2 / σ_2^2 的置信度为 0.90 的置信区间。

18. 从某地区随机地抽取男、女各 100 名，以估计男、女平均高度之差。测量并计算得男子高度的平均数为 1.71 m，标准差 S 为 0.035 m，女子高度的平均数为 1.67 m，标准差 S 为 0.038 m。试求置信概率为 95% 的男、女高度平均数之差的置信区间。

第三章 假设检验

假设检验是指在总体上作某项假设,用从总体中随机抽取的一个样本来检验此项假设是否成立。假设检验可分两类:一类是总体分布形式已知,为了推断总体的某些性质,对其参数作某种假设,一般对数字特征作假设,用样本检验此项假设是否成立,称此类检验为**参数假设检验**。例如,总体分布为 $N(\mu, 1.15^2)$,若假设 $\mu=90$,用总体中抽得的样本来检验此项假设是否成立。若假设成立,则可认为总体服从 $N(90, 1.15^2)$。另一类是总体分布形式未知,对总体分布作某项假设。例如,假设总体服从泊松分布,用样本来检验假设是否成立。称此类检验为**分布假设检验**。本章只介绍参数假设检验问题。

下面通过例子说明假设检验的基本思想和方法。

3.1 假设检验与两类错误

3.1.1 假设检验

例1 某粮食加工厂用一台包装机包装面粉,每袋面粉重量是一个随机变量,它服从正态分布。当机器工作正常时,标准重量为 50 斤,标准差 σ 为 1.5 斤。每隔一段时间需要检查机器工作是否正常。现随机地抽取 9 袋面粉,称得净重如下(斤):

49.7, 50.6, 51.8, 52.4, 49.8, 51.1, 52.0, 51.5, 51.2

问这段时间机器工作是否正常?即这段时间机器包装的面粉平均重量是否符合标准为 50 斤的规定。

判断机器工作是否正常,直观上看,就是考察样本平均重量

$\bar{x}$ 与标准重量 50 斤之差的大小。因为即使机器工作正常，每袋面粉重量也不会恰好都是 50 斤，波动性总是存在的。但这个波动属于随机波动范围。若 $|\bar{x}-50|$ 的偏差过大，可认为机器工作不正常；若 $|\bar{x}-50|$ 的偏差不大，则认为机器工作正常。

我们可选定一适当正数 k 来衡量这个偏差的大小。即当

$|\bar{x}-50|<k$ 时，认为机器工作正常；

$|\bar{x}-50|\geqslant k$ 时，认为机器工作不正常。

例 1 中，每袋面粉重量服从正态分布。按以往经验 σ 为 1.5 斤，则这段时间包装的面粉每袋重 $x\sim N(\mu, 1.5^2)$。假设总体平均数 $\mu=50$，用 H_0 表示这个假设（H_1 表示对立假设），即

$$H_0: \mu = 50 \quad (H_1: \mu \neq 50)$$

因此，x 应服从正态分布 $N(50, 1.5^2)$。现用抽得的样本来判断假设 H_0 是否成立。若假设 H_0 成立，则接受 H_0（拒绝 H_1），认为总体均值 $\mu=50$，即机器工作正常。反之，若假设 H_0 不成立，则拒绝 H_0（接受 H_1），认为 $\mu\neq 50$，即机器工作不正常。

由于检验的假设是关于总体均值 μ 的，$\bar{X}$ 又是 μ 的无偏估计，于是我们自然想到借助样本平均值 $\bar{X}$ 来进行判断。在假设 H_0 成立的前提下：

应有
$$\bar{X}\sim N\left(50, \frac{1.5^2}{n}\right)$$

故
$$\frac{\bar{X}-50}{1.5/\sqrt{n}}\sim N(0, 1)$$

给定小概率 α（一般为 5%、1% 或 10%），查表得 $Z_{\alpha/2}$，使

$$P\left\{\left|\frac{\bar{X}-50}{1.5/\sqrt{n}}\right|\geqslant Z_{\alpha/2}\right\}=\alpha$$

即
$$P\left\{|\bar{X}-50|\geqslant Z_{\alpha/2}\frac{1.5}{\sqrt{n}}\right\}=\alpha$$

一般表达式为

$$P\left\{|\overline{X}-\mu|\geqslant Z_{\alpha/2}\frac{\sigma^2}{\sqrt{n}}\right\}=\alpha$$

若取 $\alpha=0.05$,则 $Z_{\alpha/2}=1.96$,故上式为

$$P\left\{|\overline{X}-50|\geqslant 1.96\frac{1.5}{\sqrt{9}}\right\}=0.05=\frac{1}{20}$$

当 H_0 为真时

$$\left\{|\overline{X}-50|\geqslant 1.96\times\frac{1.5}{\sqrt{9}}\right\}$$

是一个小概率事件,平均进行 20 次抽样只发生一次。若进行一次试验后得到样本平均数的值 $\overline{x}$,使

$$|\overline{x}-50|\geqslant 1.96\frac{1.5}{\sqrt{9}}$$

则说明小概率事件发生了,这与实际推断原理矛盾。因为根据实际推断原理,小概率事件在一次试验中不可能发生。现在在一次观察中小概率事件竟然发生了,因此有理由怀疑 H_0 假设不真。应该拒绝 H_0,接受 H_1,即认为平均每袋面粉重量不等于 50 斤。若抽样所得 $\overline{x}$ 使

$$|\overline{x}-50|<1.96\frac{1.5}{\sqrt{9}}$$

则可以接受 H_0,从而拒绝 H_1,即认为平均每袋面粉重量是 50 斤。由例 1 中可以看到,当样本容量固定时,选定 α 后,参数 k 就可以确定了。

取

$$k=Z_{\alpha/2}\frac{\sigma}{\sqrt{n}}=1.96\times\frac{1.5}{\sqrt{9}}=0.98$$

由例 1 中抽样得 $\overline{x}=51.1$,

$$|\overline{x}-50|=|51.1-50|=1.1>0.98$$

即 $|\overline{x}-50|>k$,于是拒绝 H_0,认为这段时间机器工作不正常,即

平均每袋面粉重量与标准重量 50 斤差异显著。α 称为**显著性水平**。

若有另一天抽样 9 袋面粉，算得 $\bar{x}=50.9$，则有
$$|\bar{x}-50|=|50.9-50|=0.9<0.98$$
即 $|\bar{x}-50|<k$，根据此次抽样所得结果，认为机器工作正常，偏差属正常的随机波动范围。

根据上例的分析，我们通常将检验问题叙述成：在显著性水平 α 下，检验下列假设是否成立：
$$H_0: \mu = \mu_0 \quad (H_1: \mu \neq \mu_0) \quad (3.1)$$
H_0 称为**原假设**（H_1 称为**备择假设**）。

由 α 的值查表得 $Z_{\alpha/2}$，根据抽样得 $\bar{x}$。若
$$|\bar{x}-\mu_0| \geqslant Z_{\alpha/2}\frac{\sigma_0}{\sqrt{n}}$$
则拒绝 H_0（接受 H_1）。反之，若
$$|\bar{x}-\mu_0| < Z_{\alpha/2}\frac{\sigma_0}{\sqrt{n}}$$
就接受 H_0（拒绝 H_1），认为总体均值 $\mu=\mu_0$。

我们称区域
$$|\bar{x}-\mu_0| < Z_{\alpha/2}\frac{\sigma_0}{\sqrt{n}}$$
为 $\bar{x}$ 的**接受域**，区域
$$|\bar{x}-\mu_0| \geqslant Z_{\alpha/2}\frac{\sigma_0}{\sqrt{n}}$$
为 $\bar{x}$ 的**拒绝域**，拒绝域的边界称为**临界点**。由图 3-1 中可见，当 $\bar{x}$ 落入
$$\left(\mu_0 - Z_{\alpha/2}\frac{\sigma_0}{\sqrt{n}},\ \mu_0 + Z_{\alpha/2}\frac{\sigma_0}{\sqrt{n}}\right)$$

时，接受 H_0。$\mu_0 - Z_{\alpha/2}\dfrac{\sigma_0}{\sqrt{n}}$ 为**临界下限**，$\mu_0 + Z_{\alpha/2}\dfrac{\sigma_0}{\sqrt{n}}$ 为**临界上限**。下限和上限之外的斜线部分为拒绝域。

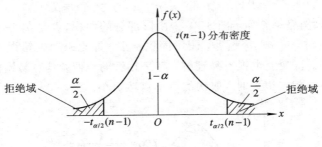

图 3-1

3.1.2 两类错误

由于假设检验是根据一次抽样对假设 H_0 作出判断，因而很有可能发生错误。可能把本来成立的 H_0 错误地拒绝掉，也可能把本来不成立的假设 H_0 错误地接受下来。由于抽样的这种随机性，我们需要知道出现上述错误的概率。

当 H_0 为真时，H_0 被拒绝的错误称为犯**第一类错误**，即**弃真的错误**。因无法排除出现这类错误的可能性，故希望把出现这类错误的概率控制在一定限度内。即给出一个较小的数 $\alpha(0<\alpha<1)$，使出现第一类错误的概率恰好等于显著性水平 α。即

$$P\{\text{拒绝 } H_0 \mid H_0 \text{ 为真}\} = \alpha \tag{3.2}$$

或

$$P\{|\bar{x}-\mu_0|>k \mid \mu=\mu_0\}=\alpha$$

当 H_0 为真时，即 $\mu=\mu_0$ 时，若取 $\alpha=5\%$，则表明进行 100 次抽样，平均有 5 次拒绝 H_0，即有 5 次犯弃真的错误。因而一次抽样在 H_0 为真时拒绝 H_0 的概率为 5%。从图 3-1 中可见，α 越小，$Z_{\alpha/2}$ 越大，从而接受域越大，越容易接受 H_0。

当 H_0 不真时,接受 H_0 的错误称为犯**第二类错误**,即**取伪**的错误。记犯第二类错误的概率为 β,则有

$$P\{\text{接受 } H_0 \mid H_0 \text{ 不真}\} = \beta$$

或

$$P\{|\bar{x} - \mu_0| < k \mid \mu \neq \mu_0, \mu = \mu_1\} = \beta$$

取伪概率 β 等于图 3-2 中阴影部分的面积。β 与 μ_1 有关,当 n 一定时,μ_1 离 μ_0 越远,阴影面积越小,即犯第二类错误的概率 β 越小。直观上也很容易理解,越是相近的东西,越容易搞混,当 μ_1 与 μ_0 相差很大时,取伪的概率自然很小。

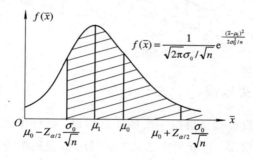

图 3-2

从图 3-1 中可以看出,样本容量 n 固定时,若取弃真的概率 α 很小,则 $Z_{\alpha/2}$ 就大,故 $\bar{x}$ 的接受域也大。相应地取伪的概率 β 也大。反之亦然,即当 n 一定时,若要减少犯一类错误的概率,则犯另一类错误的概率往往增大。因此,这种检验法在样本容量一定时,希望犯两类错误的概率都很小是办不到的。

两类错误概率 α 和 β 的逆向关系如图 3-3 所示。

若要使犯两类错误的概率都减小,除非增加样本容量。因为当 α 给定后,由图 3-2 知

$$\beta = \frac{1}{\sqrt{2\pi}\frac{\sigma_0}{\sqrt{n}}} \int_{\mu_0 - Z_{\alpha/2}\frac{\sigma_0}{\sqrt{n}}}^{\mu_0 + Z_{\alpha/2}\frac{\sigma_0}{\sqrt{n}}} e^{-\frac{(\bar{x} - \mu_1)^2}{2\sigma_0^2/n}} \, d\bar{x} \qquad (3.3)$$

第三章 假设检验

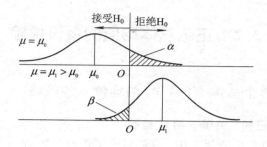

图 3-3

令
$$t = \frac{\overline{x} - \mu_1}{\sigma_0/\sqrt{n}}$$

则式(3.3)变为

$$\beta = \frac{1}{\sqrt{2\pi}} \int_{\frac{\mu_0-\mu_1}{\sigma_0/\sqrt{n}}-Z_{a/2}}^{\frac{\mu_0-\mu_1}{\sigma_0/\sqrt{n}}+Z_{a/2}} e^{-\frac{t^2}{2}} dt \qquad (3.4)$$

因积分上下限随 n 趋近于∞时趋向正或负无穷,故积分区间随 $n \to \infty$ 时趋近于零,即当 $n \to \infty$ 时,$\beta \to 0$。可见增加样本容量 n,在给定 α 很小时可减少犯第二类错误的概率 β。

一般来说,我们总是控制犯第一类错误的概率,使它小于或等于 α(通常取 0.1,0.05,0.01,0.005 等值)。这种只对犯第一类错误加以控制,而不考虑犯第二类错误的检验问题,称为**显著性检验问题**。

综上所述,我们可以归纳假设检验问题的步骤如下:

(1) 在总体 X 上作假设 H_0;

(2) 给定显著性水平 α 以及样本容量 n;

(3) 确定统计量及拒绝域形式;

(4) 依据抽样的数值和拒绝域,作出接受还是拒绝 H_0 的判断。

3.2 正态总体均值的假设检验

3.2.1 单个总体 $N(\mu, \sigma^2)$ 的均值 μ 的检验

1. σ^2 已知,关于 μ 的 U 检验

在本章 3.1 节例 1 中,我们讨论了正态总体 $N(\mu, \sigma^2)$,当 σ^2 已知时关于 $\mu = \mu_0$ 的检验问题。在 H_0 为真时利用服从 $N(0, 1)$ 分布的统计量

$$\frac{\overline{X} - \mu_0}{\sigma_0 / \sqrt{n}}$$

来确定拒绝域。这种检验法称为 U **检验法**。也就是利用正态分布进行检验称为 U **检验**。同理,检验时利用 χ^2、t 或 F 分布则分别称为 χ^2 **检验**、t **检验**或 F **检验**。

例 1 某厂有一批产品,共一万件,须经检验后方可出厂。按规定标准,次品率不得超过 5%。今在其中任意选取 50 件产品进行检查,发现有次品 4 件,问这批产品能否出厂?($\alpha = 0.01$)

解 本题属非正态总体的大子样检验问题,可应用 U 检验法。由于总体分布为 (0-1) 分布,即

$$P\{X = 1\} = p, \quad P\{X = 0\} = 1 - p$$

(p 为总体废品率)

在总体上作假设

$$H_0: p = p_0 \quad (= 0.05)$$

设 $X_1, X_2, \cdots, X_n$ 是一样本,则

$$\overline{X} = \frac{1}{n} \sum_{i=1}^{n} X_i = \frac{m}{n}$$

其中 m 是 n 个产品中的废品数,故 $\overline{X}$ 为样本废品率。显然可以用

$\overline{X}$ 来检验总体废品率。由中心极限定理知道,在 H_0 成立的条件下,$\overline{X}$ 近似服从正态分布,且

$$E(\overline{X}) = p_0, \quad D(\overline{X}) = \frac{\sigma_0^2}{n} = \frac{p_0(1-p_0)}{n}$$

$$U = \frac{\overline{X} - E(\overline{X})}{\sqrt{D(\overline{X})}} = \frac{\frac{m}{n} - p_0}{\sqrt{\frac{p_0(1-p_0)}{n}}} \tag{3.5}$$

近似服从标准正态分布 $N(0,1)$。因此当 n 较大时(通常 $n \geqslant 50$),可把 U 近似地看作为正态变量。

给定显著性水平 α,有

$$P\{|U| \geqslant Z_{\alpha/2}\} = \alpha$$

即

$$P\left\{\left|\frac{m}{n} - p_0\right| \geqslant Z_{\alpha/2}\sqrt{\frac{p_0(1-p_0)}{n}}\right\} = \alpha$$

若 $\left|\dfrac{m}{n} - p_0\right| \geqslant Z_{\alpha/2}\sqrt{\dfrac{p_0(1-p_0)}{n}}$ $\left(\text{即 } |\overline{x} - \mu_0| \geqslant Z_{\alpha/2}\dfrac{\sigma}{\sqrt{n}}\right)$

则拒绝 H_0,否则接受 H_0。把 $p_0 = 0.05$、$n = 50$、$m = 4$ 代入上式,有

$$\left|\frac{m}{n} - p_0\right| = \left|\frac{4}{50} - 0.05\right| = 0.03$$

由 $\alpha = 0.01$ 查表得 $Z_{\alpha/2} = 2.58$,故

$$Z_{\alpha/2}\sqrt{\frac{p_0(1-p_0)}{n}} = 2.58\sqrt{\frac{0.05 \times 0.95}{50}} = 0.079$$

比较得

$$\left|\frac{m}{n} - p_0\right| < 0.079$$

故接受 H_0,认为这批产品的废品率是 5%,产品可以出厂。这个问题实际上是关于比率的检验。

2. σ^2 未知时关于 μ 的 t 检验

设总体 $X \sim N(\mu, \sigma^2)$,σ^2 未知。又设 $X_1, X_2, \cdots, X_n$ 是来自总体 X 的样本。由于 σ^2 未知,故不能用 $\dfrac{\overline{X} - \mu_0}{\sigma/\sqrt{n}}$ 来确定拒绝域。又因为 S^2 是 σ^2 的无偏估计,我们用 S 来代替 σ,由第一章式(1.18)知

$$t = \frac{\overline{X} - \mu_0}{S/\sqrt{n}} \sim t(n-1)$$

给定显著性水平 α,查表得 $t_{\alpha/2}(n-1)$,使

$$P\{|t| \geqslant t_{\alpha/2}(n-1)\} = \alpha$$

即
$$P\left\{\frac{|\overline{X} - \mu_0|}{S/\sqrt{n}} \geqslant t_{\alpha/2}(n-1)\right\} = \alpha \qquad (3.6)$$

根据抽样所得样本 $X_1, X_2, \cdots, X_n$,计算 $\overline{x}$ 和 S。

若
$$|\overline{x} - \mu_0| \geqslant \frac{S}{\sqrt{n}} t_{\alpha/2}(n-1)$$

则在显著性水平 α 下拒绝 H_0,即认为总体平均数与 μ_0 的差异显著。

若
$$|\overline{x} - \mu_0| < \frac{S}{\sqrt{n}} t_{\alpha/2}(n-1)$$

则在显著性水平 α 下接受 H_0,即认为总体平均数与 μ_0 无显著差异。

例 2 某种电子元件的寿命 X(以小时计)服从正态分布,μ、σ^2 均未知。现测得 16 只元件的寿命如下:

159, 280, 101, 212, 224, 379, 179, 264
222, 362, 168, 250, 149, 260, 485, 170

问是否有理由认为元件的平均寿命等于 225(小时)。

解 在总体上作假设 $H_0: \mu = \mu_0 = 225$,取 $\alpha = 0.05$,查表得
$$t_{\alpha/2}(n-1) = t_{0.025}(15) = 2.1315$$

使
$$P\left\{\frac{|\overline{X} - \mu_0|}{S/\sqrt{n}} \geqslant t_{\alpha/2}(n-1)\right\} = \alpha$$

即
$$P\left\{|\overline{X}-\mu_0|\geqslant t_{\alpha/2}(n-1)\frac{S}{\sqrt{n}}\right\}=\alpha$$

故拒绝域为
$$|\overline{x}-\mu_0|\geqslant t_{\alpha/2}(n-1)\frac{S}{\sqrt{n}}$$

现在 $n=16$,计算得 $\overline{x}=241.5$, $S=98.7259$。则有
$$|241.5-225|=16.5$$
$$t_{\alpha/2}(n-1)\frac{S}{\sqrt{n}}=2.1315\times\frac{98.7259}{\sqrt{16}}=52.61$$

即
$$|\overline{x}-\mu_0|=16.5<52.61$$

故接受 H_0,认为元件的平均寿命与 225(小时)无显著差异。

3. 大子样检验总体平均数 μ 的 U 检验

设总体 X 的分布任意,一、二阶矩存在,记
$$E(X)=\mu,\quad D(X)=\sigma^2\ (\sigma^2\ \text{未知})$$

假设 $\qquad\qquad H_0: \mu=\mu_0$

用 $\overline{X}$ 作检验,由中心极限定理,当 n 很大时
$$\frac{\overline{X}-\mu_0}{\sigma/\sqrt{n}}$$

近似服从 $N(0,1)$。又因为 S 是 σ 的一致无偏估计量,当 n 很大时,可用 S 来近似 σ,且 S 替换 σ 后对它的分布影响不大,即
$$U=\frac{\overline{X}-\mu_0}{S/\sqrt{n}}$$

近似服从 $N(0,1)$。

给定显著性水平 α,存在 $Z_{\alpha/2}$,使
$$P\{|U|\geqslant Z_{\alpha/2}\}=\alpha$$

即
$$P\left\{\frac{|\overline{X}-\mu_0|}{S/\sqrt{n}}\geqslant Z_{\alpha/2}\right\}=\alpha \qquad(3.7)$$

由样本算得 $\overline{x}$ 和 S。若

$$|\bar{x} - \mu_0| \geqslant Z_{\alpha/2} \frac{S}{\sqrt{n}}$$

则拒绝 H_0，若

$$|\bar{x} - \mu_0| < Z_{\alpha/2} \frac{S}{\sqrt{n}}$$

则接受 H_0。

例 3 某电器元件的平均电阻一直保持在 $2.64\ \Omega$。改变加工工艺后，测量 100 个元件的电阻，计算得平均电阻为 $2.62\ \Omega$，标准差 S 为 $0.06\ \Omega$，问新工艺对此元件的（平均）电阻有无显著影响（给定显著水平 $\alpha = 0.01$）？

解 改变加工工艺后电器元件的电阻构成一个总体。在此总体上假设 $H_0: \mu = 2.64$，用大子样检验。

已知 $n = 100$，$\bar{x} = 2.62$，$S = 0.06$，由 $\alpha = 0.01$ 查表得 $Z_{\alpha/2} = 2.57$。

$$|\bar{x} - \mu_0| = |2.62 - 2.64| = 0.02$$

$$Z_{\alpha/2} \frac{S}{\sqrt{n}} = 2.57 \times \frac{0.06}{10} = 0.015$$

故

$$|\bar{x} - \mu_0| > Z_{\alpha/2} \frac{S}{\sqrt{n}}$$

显然是拒绝 H_0，即认为新工艺对元件的（平均）电阻有显著影响。

4. P 值 (P-value)

P 值是一个由统计值计算得来的概率，用来判定原假设是否成立。因为 P 值是一个概率，因而它的取值范围在 $0\sim1$ 之间。一般来说，P 值越小，则原假设成立的可能性越小。较小的 P 值会导致拒绝原假设的结论，较大的 P 值则给出不能拒绝原假设的结论。

计算 P 值分两个步骤，首先我们要根据统计值 Z 来确定 P 值，而 P 值的确定依赖于右边检验、左边检验或是双边检验。对于左边检验，概率 P 值 $= \int_{-\infty}^{-Z} f(x)\,\mathrm{d}x$，$P$ 值依赖于检验统计值 Z。

(1) σ 已知时,检验统计量为 $Z = \dfrac{\bar{x} - \mu_0}{\sigma/\sqrt{n}}$。

例如,我们怀疑袋装糖重量不够标准重量 1 斤时的情况,抽样 36 袋,得均值 0.92,已知 $\sigma = 0.25$,$\alpha = 0.05$。这就是一个左边检验假设问题:

$$H_0: \mu = \mu_0$$
$$H_1: \mu < \mu_0$$

当 σ 未知时,

$$Z = \frac{\bar{x} - \mu_0}{\sigma/\sqrt{n}} = \frac{0.92 - 1}{0.25/\sqrt{36}} = -1.92$$

查表得 P 值为 0.0281,P 值小于 $\alpha = 0.05$,我们拒绝原假设 H_0,P 值小于 α 与用临界值判断接受还是拒绝的结论是一样的。根据 $\alpha = 0.05$,本题 $-Z_\alpha = -1.645$,显然 $Z = -1.92 < -Z_\alpha$,落入拒绝域,结论与 P 值 $\leqslant \alpha$ 拒绝原假设一样。参见图 3-4。

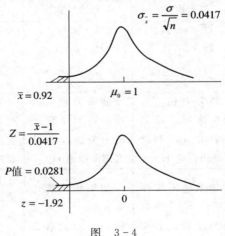

图 3-4

① 左边检验:

P 值(P-value)判别规则:如果 P 值 $\leqslant \alpha$,则拒绝 H_0;反之若

P 值 $>\alpha$，则没有理由拒绝 H_0。

临界值判别规则：如果样本统计值 $Z \leqslant -Z_\alpha$，则拒绝 H_0；反之若 $Z > -Z_\alpha$，则没有理由拒绝 H_0。

② 右边检验：

P 值(P-value)判别规则：如果 P 值 $\leqslant \alpha$，拒绝 H_0；反之若 P 值 $> \alpha$，则没有理由拒绝 H_0。

临界值判别规则：如果样本统计值 $Z \geqslant Z_\alpha$，则拒绝 H_0；反之若 $Z < Z_\alpha$，则没有理由拒绝 H_0。

③ 双边检验：

P 值(P-value)判别规则：如果 P 值 $\leqslant \alpha$，则拒绝 H_0；反之若 P 值 $> \alpha$，则没有理由拒绝 H_0。

临界值判别规则：如果样本统计值 $Z \leqslant Z_{\alpha/2}$ 或 $Z \geqslant Z_{\alpha/2}$，则拒绝 H_0；反之，若 $-Z_{\alpha/2} < Z < Z_{\alpha/2}$，则没有理由拒绝 H_0。

假设	左边检验	右边检验	双边检验
检验统计量	$H_0: \mu = \mu_0$ $H_1: \mu < \mu_0$ $Z = \dfrac{\bar{x} - \mu_0}{\sigma/\sqrt{n}}$	$H_0: \mu = \mu_0$ $H_1: \mu > \mu_0$ $Z = \dfrac{\bar{x} - \mu_0}{\sigma/\sqrt{n}}$	$H_0: \mu = \mu_0$ $H_1: \mu \neq \mu_0$ $Z = \dfrac{\bar{x} - \mu_0}{\sigma/\sqrt{n}}$
P 值 (P-value) 判别规则	如果 P 值 $\leqslant \alpha$，则拒绝 H_0；反之若 P 值 $> \alpha$，则没有理由拒绝 H_0	如果 P 值 $\leqslant \alpha$，则拒绝 H_0；反之若 P 值 $> \alpha$，则没有理由拒绝 H_0	如果 P 值 $\leqslant \alpha$，则拒绝 H_0；反之若 P 值 $> \alpha$，则没有理由拒绝 H_0
临界值判别规则	如果样本统计值 $Z \leqslant -Z_\alpha$，则拒绝 H_0；反之若 $Z > -Z_\alpha$，则没有理由拒绝 H_0	如果样本统计值 $Z \geqslant -Z_\alpha$，则拒绝 H_0；反之若 $Z < -Z_\alpha$，则没有理由拒绝 H_0	如果样本统计值 $Z \leqslant -Z_{\alpha/2}$ 或 $Z \geqslant Z_{\alpha/2}$，则拒绝 H_0，反之若 $-Z_{\alpha/2} < Z < Z_{\alpha/2}$，则没有理由拒绝 H_0

(2) σ 未知时,检验统计量为 $t=\dfrac{\bar{x}-\mu_0}{s/\sqrt{n}}$,类似有下列结果:

假设	左边检验	右边检验	双边检验
检验统计量	$H_0: \mu = \mu_0$ $H_1: \mu < \mu_0$ $t=\dfrac{\bar{x}-\mu_0}{s/\sqrt{n}}$	$H_0: \mu = \mu_0$ $H_1: \mu > \mu_0$ $t=\dfrac{\bar{x}-\mu_0}{s/\sqrt{n}}$	$H_0: \mu = \mu_0$ $H_1: \mu \neq \mu_0$ $t=\dfrac{\bar{x}-\mu_0}{s/\sqrt{n}}$
P 值 (P-value) 判别规则	如果 P 值 $\leqslant \alpha$,则拒绝 H_0,反之若 P 值 $> \alpha$,则没有理由拒绝 H_0	如果 P 值 $\leqslant \alpha$,则拒绝 H_0;反之若 P 值 $> \alpha$,则没有理由拒绝 H_0	如果 P 值 $\leqslant \alpha$,则拒绝 H_0;反之若 P 值 $> \alpha$,则没有理由拒绝 H_0
临界值判别规则	如果样本统计值 $t \leqslant -t_\alpha$,则拒绝 H_0,反之若 $t > -t_\alpha$,则没有理由拒绝 H_0	如果样本统计值 $t \geqslant t_\alpha$,则拒绝 H_0,反之若 $t < t_\alpha$,则没有理由拒绝 H_0	如果样本统计值 $t \leqslant -t_{\alpha/2}$ 或 $t \geqslant t_{\alpha/2}$,则拒绝 H_0;反之若 $-t_{\alpha/2} < t < t_{\alpha/2}$,则没有理由拒绝 H_0

3.2.2 两个正态总体均值差的检验——t 检验

我们可用 t 检验法来检验具有相同方差的两个正态总体均值差的假设。

设 $X_1, X_2, \cdots, X_{n_1}$ 是 $N(\mu_1, \sigma^2)$ 的样本,$Y_1, Y_2, \cdots, Y_{n_2}$ 是 $N(\mu_2, \sigma^2)$ 的样本,且两样本相互独立。分别记它们的样本均值为 $\bar{x}$、$\bar{y}$,记样本方差为 S_1^2、S_2^2。又设 μ_1、μ_2、σ^2 均未知。(注:这里假定两总体的方差是相等的,即 $\sigma_1^2 = \sigma_2^2 = \sigma^2$。)

假设 $H_0: \mu_1 = \mu_2$,由第二部分第一章式(1.19)知

$$T = \frac{(\overline{X}-\overline{Y})-0}{S_\omega\sqrt{\frac{1}{n_1}+\frac{1}{n_2}}}, \quad S_\omega^2 = \frac{(n_1-1)S_1^2 + (n_2-1)S_2^2}{n_1+n_2-2}$$

在 H_0 为真时

$$t \sim t(n_1+n_2-2)$$

给定显著水平 α,查表得 $t_{\alpha/2}(n_1+n_2-2)$,使

$$P\left\{\frac{|\overline{X}-\overline{Y}|}{S_\omega\sqrt{\frac{1}{n_1}+\frac{1}{n_2}}} \geqslant t_{\alpha/2}(n_1+n_2-2)\right\} = \alpha \tag{3.8}$$

根据抽样值 $\overline{x}$、$\overline{y}$,S_1、S_2,求得当

$$|\overline{x}-\overline{y}| \geqslant t_{\alpha/2}(n_1+n_2-2)S_\omega\sqrt{\frac{1}{n_1}+\frac{1}{n_2}}$$

时,拒绝 H_0,当

$$|\overline{x}-\overline{y}| < t_{\alpha/2}(n_1+n_2-2)S_\omega\sqrt{\frac{1}{n_1}+\frac{1}{n_2}}$$

时,接受 H_0。

例 4 为研究正常成年男女血液中红细胞的平均数之差,检查某地正常成年男子 156 名,正常成年女子 74 名,计算得男性红细胞平均数为 465.13 万/mm^3,样本标准差为 54.80 万/mm^3;女性红细胞平均数为 422.16 万/mm^3,样本标准差为 49.20 万/mm^3。试检验该地正常成年人的红细胞平均数是否与性别有关。($\alpha=0.01$)

解 已知两总体 X 表示正常成年男性的红细胞数,Y 表示正常成年女性的红细胞数。由经验知道 X、Y 均服从正态分布,且方差相同。

需检验 $\qquad\qquad\qquad H_0: \mu_1 = \mu_2$

已知 $n_1=156$, $\bar{x}=465.13$, $S_男=54.8$

$n_2=74$, $\bar{y}=422.16$, $S_女=49.2$

由 $\alpha=0.01$,查表得

$$t_{\alpha/2}(156+74-2)=t_{0.005}(228)=2.601$$

$$t_{\alpha/2}(n_1+n_2-2)S_\omega\sqrt{\frac{1}{n_1}+\frac{1}{n_2}}$$

$$=2.601\times\sqrt{\frac{155\times 54.8^2+73\times 49.2^2}{228}}\times\sqrt{\frac{1}{156}+\frac{1}{74}}$$

$$=2.601\times 53.07135\times 0.14115=19.48$$

$$|\bar{X}-\bar{Y}|=|465.13-422.16|=42.97>19.46$$

显然此值落在拒绝域里,因此拒绝 H_0,认为正常成年男、女红细胞数有显著差异且与性别有关。

3.3 正态总体方差的假设检验

3.3.1 单个正态总体 σ^2 的检验——χ^2 检验

设总体 X 服从正态分布,μ、σ^2 均未知,$X_1,X_2,\cdots,X_n$ 是总体 X 的一个样本。

在显著水平 α 下检验假设

$$H_0:\quad \sigma^2=\sigma_0^2\ (\sigma_0^2\ \text{为已知常数})$$

因 S^2 是 σ^2 的无偏估计,H_0 为真时,$\dfrac{S^2}{\sigma_0^2}$ 应在 1 附近摆动。由第二部分第一章式(1.17)知,H_0 为真时

$$\frac{(n-1)S^2}{\sigma_0^2}\sim\chi^2(n-1)$$

给定 α,查表得 $\chi_{\alpha/2}^2(n-1)$ 和 $\chi_{1-\alpha/2}^2(n-1)$,使

$$P\left\{\frac{(n-1)S^2}{\sigma_0^2} \leqslant \chi_{1-\alpha/2}^2(n-1)\right\} = \frac{\alpha}{2}$$

$$P\left\{\frac{(n-1)S^2}{\sigma_0^2} \geqslant \chi_{\alpha/2}^2(n-1)\right\} = \frac{\alpha}{2}$$

即 $P\left\{\left[\frac{(n-1)S^2}{\sigma_0^2} \leqslant \chi_{1-\alpha/2}^2(n-1)\right]\right.$

$$\left.\bigcup \left[\frac{(n-1)S^2}{\sigma_0^2} \geqslant \chi_{\alpha/2}^2(n-1)\right]\right\}$$

$$= \alpha \tag{3.9}$$

如图 3-5 所示。

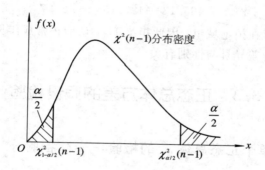

图 3-5

故拒绝域为

$$\frac{(n-1)S^2}{\sigma_0^2} \leqslant \chi_{1-\alpha/2}^2(n-1)$$

或 $\quad \dfrac{(n-1)S^2}{\sigma_0^2} \geqslant \chi_{\alpha/2}^2(n-1) \tag{3.10}$

接受域为

$$\chi_{1-\alpha/2}^2(n-1) < \frac{(n-1)S^2}{\sigma_0^2} < \chi_{\alpha/2}^2(n-1) \tag{3.11}$$

例 5 一工厂生产某种型号的电池,其寿命长期以来服从方

差为 $\sigma^2=5000$(小时^2)的正态分布。现有一批这种电池,从生产情况来看,寿命的波动性有所改变,现随机抽取 26 只电池测其寿命的样本方差 $S^2=9200$(小时^2)。问根据这一数据能否推断这批电池的寿命的波动性较以往有显著变化($\alpha=0.02$)。

解 按题意要在显著水平 $\alpha=0.02$ 下检验假设
$$H_0: \sigma^2=5000$$
由 $n=26$、$\alpha=0.02$ 查表得
$$\chi^2_{\alpha/2}(25)=\chi^2_{0.01}(25)=44.314$$
$$\chi^2_{1-\alpha/2}(n-1)=\chi^2_{0.99}(25)=11.524$$
将 $\sigma_0^2=5000$ 和抽样所得 S^2 代入 $(n-1)S^2/\sigma^2$,若
$$\frac{(n-1)S^2}{\sigma_0^2}\geqslant 44.314$$
或
$$\frac{(n-1)S^2}{\sigma_0^2}\leqslant 11.524$$
则拒绝 H_0,反之接受 H_0。

因为
$$\frac{(n-1)S^2}{\sigma_0^2}=\frac{25\times 9200}{5000}=46>44.314$$
所以拒绝 H_0。即认为电池寿命的波动性较以往有显著变化。

3.3.2 两个总体方差相等的检验——F 检验

设 $X_1, X_2, \cdots, X_n$ 是来自总体 $N(\mu_1, \sigma_1^2)$ 的样本,而 $Y_1, Y_2, \cdots, Y_n$ 是来自总体 $N(\mu_2, \sigma_2^2)$ 的样本,且两样本独立。其样本方差分别为 S_1^2 和 S_2^2。假设
$$H_0: \sigma_1^2=\sigma_2^2$$
由于
$$\frac{(n_1-1)S^2}{\sigma_1^2}\sim\chi^2(n_1-1)$$

$$\frac{(n_2-1)S_2^2}{\sigma_2^2} \sim \chi^2(n_2-1)$$

且 S_1^2、S_2^2 相互独立，故统计量

$$\frac{S_1^2/\sigma_1^2}{S_2^2/\sigma_2^2} \sim F(n_1-1,\ n_2-1)$$

当 H_0 为真时，即当 $\sigma_1^2=\sigma_2^2$ 时，有

$$\frac{S_1^2}{S_2^2} \sim F(n_1-1,\ n_2-1)$$

取 $F=S_1^2/S_2^2$ 为检验统计量。给定显著水平 α，查表得

$$F_{1-\alpha/2}(n_1-1,\ n_2-1),\quad F_{\alpha/2}(n_1-1,\ n_2-1)$$

使

$$P\left\{F_{1-\alpha/2}(n_1-1,\ n_2-1) < \frac{S_1^2}{S_2^2} < F_{\alpha/2}(n_1-1,\ n_2-1)\right\} = 1-\alpha$$

故

$$P\left\{\left(\frac{S_1^2}{S_2^2} \leqslant F_{1-\alpha/2}(n_1-1,\ n_2-1)\right)\right.$$

$$\left.\cup \left(\frac{S_1^2}{S_2^2} \geqslant F_{\alpha/2}(n_1-1,\ n_2-1)\right)\right\} = \alpha \tag{3.12}$$

根据抽样算得的 S_1^2 和 S_2^2 数值，得拒绝域为

$$\frac{S_1^2}{S_2^2} \geqslant F_{\alpha/2}(n_1-1,\ n_2-1) \text{ 或 } \frac{S_1^2}{S_2^2} \leqslant F_{\alpha/2}(n_1-1,\ n_2-1)$$

$$\tag{3.13}$$

接受域为

$$F_{1-\alpha/2}(n_1-1,\ n_2-1) < \frac{S_1^2}{S_2^2} < F_{\alpha/2}(n_1-1,\ n_2-1)$$

$$\tag{3.14}$$

上述检验法称为 **F 检验法**。

例 6 研究机器 A 和机器 B 生产的钢管内径。随机抽取机器 A 生产的管子 8 只,测得样本方差 $S_1^2=0.29(\text{mm}^2)$;抽取机器 B 生产的管子 9 只,测得样本方差 $S_2^2=0.34(\text{mm}^2)$。设由机器 A 和机器 B 生产的管子分别服从正态分布 $N(\mu_1,\sigma_1^2)$ 和 $N(\mu_2,\sigma_2^2)$,试比较 A、B 两台机器加工的精度有无显著差异 $(\alpha=0.01)$。

解 检验两机器加工精度差异的问题实际上就是检验两个正态总体方差是否相等的问题,即假设 $H_0: \sigma_1^2 = \sigma_2^2$。

已知 $n_1=8$,$n_2=9$,$S_1^2=0.29$,$S_2^2=0.34$。由 $\alpha=0.01$,查表得

$$F_{\alpha/2}(n_1-1, n_2-1) = F_{0.005}(7, 8) = 7.69$$

$$F_{1-\alpha/2}(n_1-1, n_2-1) = \frac{1}{F_{\alpha/2}(n_2-1, n_1-1)}$$

$$= \frac{1}{F_{0.005}(8, 7)} = \frac{1}{8.68}$$

$$= 0.115$$

计算得

$$F = \frac{S_1^2}{S_2^2} = \frac{0.29}{0.34} = 0.853$$

故有 $0.115 < F < 7.69$

因此接受 H_0,认为两机器加工精度无显著差异。

我们还可以采用较简便的方法检验此问题。注意 F 分布表中所有 $F_\alpha(n_1, n_2)$ 的值都大于 1,因此 F 检验的临界上限 $F_{\alpha/2}(n_1-1, n_2-1)$ 也大于 1。而 F 检验的临界下限

$$F_{1-\alpha/2}(n_1-1, n_2-1) < \frac{1}{F_{\alpha/2}(n_2-1, n_1-1)} < 1$$

故 1 在区间 $(F_{1-\alpha/2}(n_1-1, n_2-1), F_{\alpha/2}(n_1-1, n_2-1))$ 之中(如图 3-6 所示)。

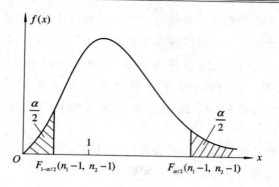

图 3-6

我们选样本方差大的作为第一总体,样本方差小的作为第二总体。如此以来,$S_1^2=0.34$,$S_2^2=0.29$,而

$$F = \frac{S_1^2}{S_2^2} = \frac{0.34}{0.29} > 1$$

即 F 不会落在临界下限的左边(因临界下限小于1)。故对水平 α,只需查临界上限 $F_{\alpha/2}(n_1-1, n_2-1)$ 并与 F 进行比较。

若 $$F \geqslant F_{\alpha/2}(n_1-1, n_2-1)$$

则拒绝 H_0;

若 $$F < F_{\alpha/2}(n_1-1, n_2-1)$$

则接受 H_0。

可省去计算 $F_{1-\alpha/2}(n_1-1, n_2-1)$ 的步骤。本题采用这种简便方法后有

$$F = \frac{S_1^2}{S_2^2} = \frac{0.34}{0.29} = 1.1724$$

$$1 < F < F_{0.005}(n_1-1, n_2-1) = 7.69$$

故接受 H_0,认为两机器加工精度无显著差异。

下面给出正态总体参数的显著性检验表,以供查阅。

正态总体参数的显著性检验

对总体或样本要求	假设 H_0	拒绝域	统计量及分布
正态总体 σ_0^2 已知	$\mu = \mu_0$	$|\bar{x} - \mu_0| \geq Z_{\alpha/2} \dfrac{\sigma_0}{\sqrt{n}}$	$U = \dfrac{\bar{x} - \mu_0}{\sigma_0/\sqrt{n}} \sim N(0, 1)$
正态总体 σ_0^2 已知	$\mu = \mu_0$	$|\bar{x} - \mu_0| \geq t_{\alpha/2}(n-1) \dfrac{S}{\sqrt{n}}$	$T = \dfrac{\bar{x} - \mu_0}{S/\sqrt{n}} \sim t(n-1)$
大子样	$\mu = \mu_0$	$|\bar{x} - \mu_0| \geq Z_{\alpha/2} \dfrac{S}{\sqrt{n}}$	$U = \dfrac{\bar{x} - \mu_0}{S/\sqrt{n}} \xrightarrow{\text{近似}} N(0, 1)$
两正态总体 方差相等	$\mu_1 = \mu_2$	$|\bar{x}_1 - \bar{x}_2| \geq t_{\alpha/2}(n_1 + n_2 - 2) S_w \sqrt{\dfrac{1}{n_1} + \dfrac{1}{n_2}}$	$T = \dfrac{\bar{x}_1 - \bar{x}_2}{S_w \sqrt{\dfrac{1}{n_1} + \dfrac{1}{n_2}}} \sim t(n_1 + n_2 - 2)$
大子样	$\mu_1 = \mu_2$	$|\bar{x}_1 - \bar{x}_2| \geq Z_{\alpha/2} \sqrt{\dfrac{S_1^2}{n_1} + \dfrac{S_2^2}{n_2}}$	$U = \dfrac{\bar{x}_1 - \bar{x}_2}{\sqrt{\dfrac{S_1^2}{n_1} + \dfrac{S_2^2}{n_2}}} \xrightarrow{\text{近似}} N(0, 1)$
正态总体	$\sigma^2 = \sigma_0^2$	$\dfrac{(n-1)S^2}{\sigma_0^2} \geq \chi_{\alpha/2}^2(n-1)$ 或 $\dfrac{(n-1)S^2}{\sigma_0^2} \leq \chi_{1-\alpha/2}^2(n-1)$	$\chi^2 = \dfrac{(n-1)S^2}{\sigma_0^2} \sim \chi^2(n-1)$
两正态总体	$\sigma_1 = \sigma_2$	$\dfrac{S_1^2}{S_2^2} \geq F_{\alpha/2}(n_1-1, n_2-1)$ 或 $\dfrac{S_1^2}{S_2^2} \leq F_{1-\alpha/2}(n_1-1, n_2-1)$	$F = \dfrac{S_1^2}{S_2^2} \sim F(n_1-1, n_2-1)$

习 题 三

1. 设某产品的指标服从正态分布,它的根方差(标准差)σ已知为 150,今抽取了一个容量为 26 的样本,计算得平均值为 1637。问在 5% 的显著水平下,能否认为这批产品的指标的期望值 μ 为 1600?

2. 从正态总体 $N(\mu, 1)$ 中抽取 100 个样品,计算得 $\bar{x}=5.32$。试检验 $H_0: \mu=5$ 是否成立 $(\alpha=0.01)$。

3. 某纺织厂在正常的运转条件下,各台织布机 1 小时内经纱平均断头数为 0.973 根,断头数的标准差为 0.162 根。该厂进行工艺改革,减少经纱上桨率。在 200 台织布机上进行试验,结果每台 1 小时内经纱平均断头数为 0.994 根,标准差(S)为 0.16 根。问新工艺经纱断头数与旧工艺有无显著差异$(\alpha=0.05)$?

4. 某产品的次品率为 0.17。现对此产品进行新工艺试验,从中抽取 400 件检验,发现有次品 56 件。能否认为这项新工艺显著地影响了产品的质量$(\alpha=0.05)$?

5. 从某种试验物中取出 24 个样品,测量其发热量,计算得 $\bar{x}=11\,958$,子样标准差 $S=323$。问以 5% 的显著水平是否可认为发热量的期望值是 12 100(假定发热量是服从正态分布的)?

6. 有一种新安眠药,据说在一定剂量下,能比某种旧安眠药平均增加睡眠时间 3 小时。根据资料用某种旧安眠药时,平均睡眠时间为 20.8 小时,标准差 1.6 小时。为了检验这个说法是否正确,收集到一组使用新安眠药的睡眠时间为 26.7,22.0,24.1,21.0,27.2,25.0,23.4。试问:从这组数据能否说明新安眠药已达到新的疗效(假定睡眠时间服从正态分布,$\alpha=0.05$)?

7. 测定某种溶液中的水分,由其 10 个测定值求得 $\bar{x}=0.452\%$,$S=0.037\%$,设测定值总体服从正态分布,μ 为总体均值,σ 为总体的标准差,试在 5% 显著水平下,分别检验假设:

(1) $H_0: \mu = 0.5\%$；
(2) $H_0: \sigma = 0.04\%$。

8. 在 10 块田地上同时试种甲、乙两种品种的农作物，根据产量计算得 $\bar{x} = 30.97$，$\bar{y} = 21.79$，$S_x = 26.7$，$S_y = 21.1$。试问这两种品种产量有无显著差异($\alpha = 1\%$)？假定两种品种农作物产量分别服从正态分布，且方差相等。

9. 用甲、乙两台机床加工同样产品，从这两台机床加工的产品中随意地抽取若干件，测得产品直径(单位：mm)为

机床甲　20.5，19.8，19.7，20.4，20.1，20.0，19.0，19.9
机床乙　19.7，20.8，20.5，19.8，19.4，20.6，19.2

试比较甲、乙两台机床加工产品直径有无显著差异($\alpha = 5\%$)。假定两台机床加工产品的直径都服从正态分布，且总体方差相等。

10. 已知维尼纶纤度在正常条件下服从正态分布，且标准差 $\sigma = 0.048$。从某天生产的产品中抽取 5 根纤维，测得其纤度为 1.32，1.55，1.36，1.40，1.44。问这一天纤度的总体标准差是否正常？

11. 某电工器材厂生产一种保险丝，现测量其熔化时间。依通常情况方差为 400。今从某天的产品中抽取容量为 25 的子样，测量其熔化时间并计算得 $\bar{x} = 62.24$，$S^2 = 404.77$。问这天保险丝熔化时间分散度与通常有无显著差异($\alpha = 1\%$)？假定熔化时间是正态总体。

12. 测得两批电子器件的样品的电阻(Ω)为

A 批(x)	0.140	0.138	0.143	0.142	0.144	0.137
B 批(y)	0.135	0.140	0.142	0.136	0.138	0.140

设这两批器材的电阻值总体分别服从分布 $N(\mu_1, \sigma_1^2)$ 和 $N(\mu_2, \sigma_2^2)$，且两样本独立，

(1) 检验假设($\alpha=0.05$) $H_0: \sigma_1^2 = \sigma_2^2$;

(2) 在(1)的基础上检验($\alpha=0.05$) $H_0: \mu_1 = \mu_2$。

13. 两位化验员 A、B 对一种矿砂的含铁量独立地用同一方法作分析。A、B 分别分析 5 次和 7 次，得到样本方差(S^2)分别为 0.4322 与 0.5006。设 A、B 测定值的总体都是正态分布，试在 $\alpha=5\%$ 下检验两化验员测定值的方差有无显著差异。

第四章　方差分析及回归分析

在科学试验和生产实践中，影响一事物的因素往往很多。例如，在药品生产中，有原料成分、原料比例、温度、时间、机器设备、操作人员水平等许多因素，每一个因素的改变都可能影响产品的质量和数量。在众多影响因素中，有的影响较大，有的影响较小。因此，常常需要分析哪几种因素对产品质量和产量有显著影响。为了解决这类问题，一般需要做两步工作。第一步是设计一个试验，使得这个试验一方面能很好地反映我们所感兴趣的因素的作用，另一方面试验的次数要尽可能地少，尽可能地节约人力、物力和时间。其次是如何充分地利用试验结果的信息，对我们所关心的事物（因素的影响）作出合理的推断。前者通常称为试验设计，后者最常用的统计方法就是方差分析。方差分析和回归分析都是数理统计中具有广泛应用的内容。本章介绍最基本的内容。

4.1　一元方差分析

4.1.1　单因素试验

一项试验中，若只有一个因素在改变，则称为单因素试验；多于一个因素在改变的则称为多因素试验。

因素（即影响试验指标的条件）可分为两类：一类是可控因素，如温度、比例、浓度等；一类是不可控因素，如测量误差、气象条件等。我们这里所说的因素是可控因素，且称因素所处的状态为该因素的水平。

例 1 为了比较四种不同肥料对某农作物产量的影响,选用一块肥沃程度和水利灌溉比较均匀的土地,将其分成 16 小块,如表 4.1 所示。(按表 4.1 划分土地是为了尽可能减少土地原有肥沃程度及灌溉条件差异的影响。)

表 4.1 土地分块示意

A_1	A_2	A_3	A_4
A_2	A_3	A_4	A_1
A_3	A_4	A_1	A_2
A_4	A_1	A_2	A_3

在表 4.1 中,A_i 表示在这一小块土地上施第 i 种肥料。显然施每种肥料的各有四小块土地,所得产量由表 4.2 给出。问施肥对该作物的产量有无显著影响,若影响显著,施哪一种肥料为好。

表 4.2 产量统计

肥料种类 (A_i)	收获量 (x_i)	平均收获量 ($\bar{x}_i$)
A_1	98 96 91 96	87.75
A_2	60 69 50 35	53.50
A_3	79 64 81 70	73.50
A_4	90 70 79 88	81.75

例 2 设有三台机器,用来生产规格相同的铝合金薄板。取样,测量薄板的厚度,精确至 1‰ cm,得结果如表 4.3 所示。这里,试验的指标是薄板的厚度。机器为因素,不同的三台机器就是这个因素的三个不同水平。我们假定除机器这一因素外,材料的规格、操作人员的水平等其它条件都相同。显然这是单因素试

验,试验的目的是为了考察各台机器所生产的薄板的厚度有无显著的差异,即考察机器这一因素对厚度有无显著的影响。

表 4.3 铝合金板的厚度

机器 I	机器 II	机器 III
0.236	0.257	0.258
0.238	0.253	0.264
0.248	0.255	0.259
0.245	0.254	0.267
0.243	0.261	0.262

例 3 下面(表 4.4)列出了随机选取的用于计算器的四种类型的电路的响应时间(以 ms 计)。

表 4.4 电路的响应时间

类型 I	类型 II	类型 III	类型 IV
15	20	16	18
14	21	15	22
22	33	17	19
20	27	18	
18	40	26	

这里,试验的指标是电路的响应时间。电路的类型为因素,这一因素有 4 个水平。这是一个单因素的试验。试验目的是为了考察各种类型电路的响应时间有无显著差异,即考察电路类型这一因素对响应时间有无显著的影响。

例 1 也是一个单因素试验,这个因素就是肥料,不同的肥料 A_1、A_2、A_3、A_4 就是这个因素的 4 个水平。我们在因素的每一水平下进行独立试验,所得数据如表 4.2 所示。可以看出,虽然所施肥料相同,其它生产条件也一样,但相同面积土地上的收获量是不相等的。这说明产量也是一随机变量。从表 4.2 右边所列的平均收获量又可以看出，施不同的肥料对收获量是有影响的。我们现在判断肥料对作物产量的影响问题，就是要辨别收获量之间的差异主要是由抽样误差造成的还是由肥料的影响造成的。

表 4.2 中的数据可看成来自 4 个不同的总体（每一个水平对应一个总体）的容量为 4 的样本值。我们假设各总体均为正态变量，即 X_1、X_2、X_3、X_4 分别服从 $N(\mu_i, \sigma^2)(i=1,2,3,4)$。

$X_{ij}(j=1,2,3,4; i=1,2,3,4)$ 是分别从总体 X_i 中抽得的简单随机样本。按题意，即要检验假设

$$H_0: \mu_1 = \mu_2 = \mu_3 = \mu_4$$

故这是一个检验均方差的多个正态总体均值是否相等的问题。我们讨论的方差分析法就是解决这类问题的一种统计方法。

下面我们来推导更一般的问题。

设有 r 个正态总体 $X_i(i=1,2,\cdots,r)$，X_i 的分布为 $N(\mu_i, \sigma^2)$，这里假定 r 个总体的方差相等，都为 σ^2。在 r 个总体上作假设

$$H_0: \mu_1 = \mu_2 = \cdots = \mu_r$$

现独立地从各总体上取出一个样本，列成下表（表 4.5）。

表 4.5　样本及其平均

水平	总体	样		本	样本平均	总体均值
A_1	X_1	X_{11}	X_{12}	$\cdots$ X_{1n_1}	$\bar{X}_1$	μ_1
A_2	X_2	X_{21}	X_{22}	$\cdots$ X_{2n_2}	$\bar{X}_2$	μ_2
$\vdots$	$\vdots$	$\vdots$	$\vdots$	$\vdots$	$\vdots$	$\vdots$
A_r	X_r	X_{r1}	X_{r2}	$\cdots$ X_{rn_r}	$\bar{X}_r$	μ_r

用 r 个样本检验上述假设 H_0 是否成立。上表也可看成因素 A 有 r 种水平 A_1、A_2、$\cdots$、A_r，在各水平 A_i 下进行若干次独立试验，所得样本 X_{i1}、X_{i2}、$\cdots$、X_{in_i} 来自正态总体 $N(\mu_i, \sigma^2)(i=1,$

$2, \cdots, r$)。问因素 A 的各种水平对试验结果有无显著影响？

我们采用直观的离差分解的方法来处理上述问题。将每个样本看成一组，则

组内平均 $\quad \overline{X}_i = \dfrac{1}{n_i} \sum\limits_{j=1}^{n_i} X_{ij} \qquad i = 1, 2, \cdots, r \qquad (4.1)$

总平均 $\quad \overline{X} = \dfrac{1}{n} \sum\limits_{i=1}^{r} \sum\limits_{j=1}^{n_i} X_{ij} = \dfrac{1}{n} \sum\limits_{i=1}^{r} n_i \overline{X}_i \qquad n = \sum\limits_{i=1}^{r} n_i \qquad (4.2)$

总离差平方和为

$$\theta = \sum_{i=1}^{r} \sum_{j=1}^{n_i} (X_{ij} - \overline{X})^2 = \sum_{i=1}^{r} \sum_{j=1}^{n_i} [(X_{ij} - \overline{X}_i) + (\overline{X}_i - \overline{X})]^2$$

$$= \sum_{i=1}^{r} \sum_{j=1}^{n_i} (X_{ij} - \overline{X}_i)^2 + 2 \sum_{i=1}^{r} \sum_{j=1}^{n_i} (X_{ij} - \overline{X}_i)(\overline{X}_i - \overline{X})$$

$$+ \sum_{i=1}^{r} \sum_{j=1}^{n_i} (\overline{X}_i - \overline{X})^2$$

$$= \sum_{i=1}^{r} \sum_{j=1}^{n_i} (X_{ij} - \overline{X}_i)^2 + \sum_{i=1}^{r} n_i (\overline{X}_i - \overline{X})^2$$

$$= \theta_1 + \theta_2 \qquad (4.3)$$

其中，$\theta_1 = \sum\limits_{i=1}^{r} \sum\limits_{j=1}^{n_i} (X_{ij} - \overline{X}_i)^2 \qquad (4.4)$

$\theta_2 = \sum\limits_{i=1}^{r} n_i (\overline{X}_i - \overline{X})^2 \qquad (4.5)$

$2 \sum\limits_{i=1}^{r} \sum\limits_{j=1}^{n_i} (X_{ij} - \overline{X}_i)(\overline{X}_i - \overline{X}) = 0$

θ_1 是每个观察数据与其组平均值的差异的平方和，反映了观察 X_{ij} 抽样误差的大小程度。θ_2 是组平均与总平均的差的平方和，在一定程度上反映了各总体均值 μ_i 之间的差异程度。从而 θ 表示所有观察资料 X_{ij} 与总平均数 $\overline{X}$ 的差异的平方和，反映所得全部

数据离散程度的一个指标，它等于组内离差（平方和）加上组间离差（平方和）。$\theta = \theta_1 + \theta_2$，称为**离差分解**。

下面通过比较 θ_1 和 θ_2 的数值来检验假设 H_0。

先计算 $E(\theta_1)$ 和 $E(\theta_2)$。

$$E(\theta_1) = E\Big[\sum_{i=1}^{r}\sum_{j=1}^{n_i}(X_{ij} - \overline{X}_i)^2\Big] = \sum_{i=1}^{r} E\Big[\sum_{j=1}^{n_i}(X_{ij} - \overline{X}_i)^2\Big]$$

$$= \sum_{i=1}^{r} E\Big[(n_i - 1)\frac{1}{n_i - 1}\sum_{j=1}^{n_i}(X_{ij} - \overline{X}_i)^2\Big]$$

$$= \sum_{i=1}^{r}(n_i - 1) E\Big[\frac{1}{n_i - 1}\sum_{j=1}^{n_i}(X_{ij} - \overline{X}_i)^2\Big]$$

$$= \sum_{i=1}^{r}(n_i - 1) E(S^2) = \sum_{i=1}^{r}(n_i - 1)\sigma^2$$

$$= (n - r)\sigma^2 \tag{4.6}$$

$$E(\theta_2) = E\Big[\sum_{i=1}^{r} n_i(\overline{X}_i - \overline{X})^2\Big]$$

$$= E\Big[\sum_{i=1}^{r} n_i(\overline{X}_i^2 - 2\overline{X}_i\overline{X} + \overline{X}^2)\Big]$$

$$= E\Big(\sum_{i=1}^{r} n_i \overline{X}_1^2 - n\overline{X}^2\Big)$$

$$= \sum_{i=1}^{r} n_i E(\overline{X}_i^2) - E(n\overline{X}^2)$$

$$= \sum_{i=1}^{r} n_i E(\overline{X}_i^2) - nE(\overline{X}^2)$$

$$= \sum_{i=1}^{r} n_i \Big(\frac{\sigma^2}{n_i} + \mu_i^2\Big) - n\Big[\frac{\sigma^2}{n} + \mu^2\Big] \tag{4.7}$$

$$= \sum_{i=1}^{r}(\sigma^2 + n_i\mu_i^2) - \sigma^2 - n\mu^2$$

$$= (r-1)\sigma^2 + \left(\sum_{i=1}^{r} n_i\mu_i^2 - n\mu^2\right)$$

$$= (r-1)\sigma^2 + \sum_{i=1}^{r} n_i(\mu_i - \mu)^2$$

其中, $\quad \mu = \dfrac{1}{n}\sum_{i=1}^{r} n_i\mu_i$

记
$$S_1^{*2} = \frac{\theta_1}{n-r} \tag{4.8}$$

$$S_2^{*2} = \frac{\theta_2}{r-1} \tag{4.9}$$

则 $\quad E(S_1^{*2}) = \sigma^2$

$$E(S_2^{*2}) = \sigma^2 + \frac{1}{r-1}\sum_{i=1}^{r} n_i(\mu_i - \mu)^2 \tag{4.10}$$

由此可见,不管对 μ_i 的假设如何, S_1^{*2} 是 σ^2 的一个无偏估计,而 S_2^{*2} 仅当假设 $H_0(\mu_1 = \mu_2 = \cdots = \mu_r)$ 成立时,才是 σ^2 的一个无偏估计,它的期望值要大于 σ^2。这说明,比值

$$F = \frac{S_2^{*2}}{S_1^{*2}} = \frac{(n-r)\theta_2}{(r-1)\theta_1} \tag{4.11}$$

在假设 H_0 不成立时,有偏大倾向。

可以证明,在假设 H_0 成立时, $\dfrac{\theta_1}{\sigma^2}$ 和 $\dfrac{\theta_2}{\sigma^2}$ 分别服从相互独立的 $\chi^2(n-r)$ 和 $\chi^2(r-1)$ 分布。证略。

由 F 分布定义知

$$F = \frac{\dfrac{\theta_2}{\sigma^2}/(r-1)}{\dfrac{\theta_1}{\sigma^2}/(n-r)} = \frac{\theta_2/(r-1)}{\theta_1/(n-r)} \sim F(r-1, n-r) \tag{4.12}$$

即式(4.12)给出的

$$F = \frac{S_2^{*2}}{S_1^{*2}} = \frac{(n-r)\theta_2}{(r-1)\theta_1} \sim F(r-1, n-r) \qquad (4.13)$$

由前可知,当 H_0 成立时,

$$E(S_1^{*2}) = E(S_2^{*2}) = \sigma^2$$

当 H_0 不成立时,

$$E(S_2^{*2}) > E(S_1^{*2})$$

给定显著水平 α,由式(4.13)和上式可知,小概率事件取在 F 的值大的一侧较为合理。故查 F 分布表得 $F_\alpha(r-1, n-r)$ 的值,使

$$P\{F \geqslant F_\alpha(r-1, n-r)\} = \alpha \qquad (4.14)$$

参见图 4-1 所示,当 F 的观察值大于等于 F_α 时,拒绝 H_0,即

若 $\qquad F \geqslant F_\alpha(r-1, n-r)$

则拒绝假设 H_0,认为因素对试验结果有显著影响;

若 $\qquad F < F_\alpha(r-1, n-r)$

则接受假设 H_0,认为因素对试验结果无显著影响。

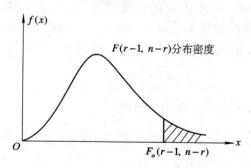

图 4-1

为方便计算 F 的数值,常用下面的方差分析表(表 4.6)来计算。

表 4.6 方差分析

方差来源	平方和	自由度	均方	F 值
因素的影响（组间）	$\theta_2 = \sum_{i=1}^{r} n_i (\overline{X}_i - \overline{X})^2$	$r-1$	$S_2^{*2} = \dfrac{1}{r-1}\theta_2$	$F = \dfrac{S_2^{*2}}{S_1^{*2}}$
误差（组内）	$\theta_1 = \sum_{i=1}^{r} \sum_{j=1}^{n_i} (X_{ij} - \overline{X}_i)^2$	$n-r$	$S_1^{*2} = \dfrac{1}{n-r}\theta_1$	
总和	$\theta = \sum_{i=1}^{r} \sum_{j=1}^{n_i} (X_{ij} - \overline{X})^2$	$n-1$		

例 4(续例 1) 检验假设 $H_0: \mu_1 = \mu_2 = \mu_3 = \mu_4$。

在例 1 中，由表 4.2 可算得

$$n = 16;\ r = 4;\ n_i = 4;\ i = 1, 2, 3, 4$$

$$\overline{x} = 74.125,\ S_2^{*2} = 892.55,\ S_1^{*2} = 141.625$$

$$F = \frac{892.55}{141.625} \approx 6.30$$

或用方差分析表 4.6，得如下结果：

方差来源	平方和	自由度	均方	F 值
A 的影响	2 677.65	3	892.55	6.30
误差	1 699.5	12	141.625	
总和	4 377.15	15		

取 $\alpha = 0.01$，查表得

$$F_\alpha(3, 12) = F_{0.01}(3, 12) = 5.95$$

因为 $\qquad F = 6.30 > 5.95 = F_\alpha(3, 12)$

所以拒绝假设 H_0，即认为肥料对该农作物的收获量有显著影响。

例 5(续例 2) 检验假设 $H_0: \mu_1 = \mu_2 = \mu_3$。

取 $\alpha = 0.05$，由题设，$r = 3$，$n_1 = n_2 = n_3 = 5$，$n = 15$。

由表 4.6 得如下结果：

方差来源	平方和	自由度	均　方	F 值
A 的影响	0.001 053 33	2	0.000 526 61	32.92
误　差	0.000 192	12	0.000 016	
总　和	0.001 245 33	14		

查表得 $F_{0.05}(2,12)=3.89$
故 $F=32.92>3.89=F_{0.05}(2,12)$
所以在水平 0.05 下拒绝 H_0，认为各台机器生产的薄板厚度有显著的差异。

例 6（续例 3） 设例 3 中的四类电路的响应时间的总体均为正态，且各总体的方差相同，又设各样本相互独立，试取水平 $\alpha=0.05$，检验各类型电路的响应时间是否有显著差异。

解 分别以 μ_1、μ_2、μ_3、μ_4 记类型 Ⅰ、Ⅱ、Ⅲ、Ⅳ 四种电路响应时间总体的平均值，需检验（$\alpha=0.05$）

$$H_0: \mu_1 = \mu_2 = \mu_3 = \mu_4$$

现 $n=18$，$r=4$，$n_1=n_2=n_3=5$，$n_4=3$。可列下表：

方差来源	平方和	自由度	均　方	F 值
因素 A 的影响	349.03	3	116.34	3.94
误　差	413.47	14	29.53	
总　和	762.54	17		

查表得 $F_{0.05}(3,14)=3.34$
因此 $F=3.94>3.34=F_{0.05}(3,14)$
故在水平 0.05 下拒绝 H_0，认为各类型电路的响应时间有显著差异。

4.1.2 方差分析的 Excel 应用

例 7(续例 3) 电路响应时间如下:

类型Ⅰ	类型Ⅱ	类型Ⅲ	类型Ⅳ
15	20	16	18
14	21	15	22
22	33	17	19
20	27	18	
18	40	26	

方差分析步骤如下:

(1) 选择工具栏;
(2) 选择数据分析;
(3) 选择单因素方差分析。

得表 4.7 所示结果。

表 4.7 方 差 分 析

组	观测数	求和	平均	方差
类型Ⅰ	5	89	17.8	11.2
类型Ⅱ	5	141	28.2	70.7
类型Ⅲ	5	92	18.4	19.3
类型Ⅳ	3	59	19.666 67	4.333 333

方差分析如下:

差异源	SS (平方和)	df (自由度)	MS (均方)	F (F 值)	P-value (P 值)	F (临界值)
组间	349.0333	3	116.3444	3.939 428	0.031 352	3.343 889
组内	413.4667	14	29.53 333			
总计	762.5	17				

由于 $F=3.939\,428 > F(临界值)=3.343\,889$，故拒绝 H_0。

另外，由于 P-value$=0.031352 < \alpha=0.05$，也同样拒绝 H_0，认为各类型电路的响应时间有显著差异。

4.2 一元线性回归

一般来说，客观世界中存在的变量之间的关系可分为两大类，一类是变量之间为确定关系，另一类是非确定关系。确定关系指变量之间的关系可用函数关系表示。自变量取确定值时，因变量也随之确定，如 $f(x)=5x^2+2$，这是我们在高等数学中所研究的函数关系。而另一类非确定关系即所谓的相关关系，具有统计规律性。下面举一些例子来说明。

例1 人的身高 y 与体重 x 之间存在着一定的关系。一般来说人高一些，体重要重一些。但同样高度的人，体重往往不一定相同。

例2 人们的收入水平与消费水平之间也有一定的关系。人们的收入水平 y 越高，相应的消费水平 x 也越高，但收入水平相同的人消费水平却不一定相同。

例3 人的血压 y 与年龄 x 之间也存在着这种关系，一般年龄大的人血压也高，然而相同年龄的人血压往往各不相同。

例4 纺织厂纺出的纱的质量 y 与原棉质量有密切关系，如与原棉的纤维长度 x_1、强力 x_2 及纤维细度 x_3 有关，但即使原棉的上述指标相同，纱的质量 y 也不一定相同。

上面这些例子中，当自变量 x 取确定值时，因变量 y 的值是不确定的。我们称变量间的这种非确定关系为相关关系。回归分析是研究相关关系的一种数学工具，它能帮助我们从一个变量取得的值去估计另一个变量所取的值。我们把只有一个自变量（如例1~3）的回归分析称为**一元回归**，多于一个自变量（如例4）的回归分析称为**多元回归**。本节只介绍一元回归。

4.2.1 一元线性回归

设随机变量 y 与 x 之间存在某种相关关系。这里 x 称为可控变量,如年龄、收入、身高等。由于 y 是依赖于 x 的随机变量,它们的关系是对 x 的每一确定值,y 有它的分布。如图 4-2 所示。

$$y = a + bx + \varepsilon, \varepsilon \sim N(0, \sigma^2) \tag{4.15}$$

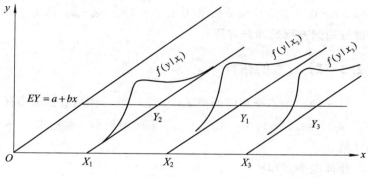

图 4-2

其中,a、b 及 σ^2 都是不依赖于 x 的未知参数,称式(4.15)为**一元线性回归模型**。对式(4.15)两边取数学期望得

$$E(y) = a + bx$$

故 $\quad y \sim N(a + bx, \sigma^2)$

记 $\quad E(y) = \mu(x)$

则有 $\quad \mu(x) = a + bx \tag{4.16}$

在实际中,对 x 取定的一组不完全相同的值 x_1、x_2、$\cdots$、x_n 作独立试验,得 n 对观察结果:

$$(x_1, y_1), (x_2, y_2), \cdots, (x_n, y_n)$$

其中 y_i 是 $x = x_i$ 处对随机变量 y 观察的结果。这 n 对观察结果就是一个容量为 n 的样本,我们首要解决的问题是如何利用样本来估计 y 关于 x 的回归 $\mu(x)$。

在直角坐标系中，画出坐标为(x_i, y_i)，$i=1\sim n$的n个点，这种图称为**散点图**。若n很大时，散点图中的n个点分布大致在一条直线附近，直观上可认为x与y的关系具有式(4.15)的形式，即

$$y_i = a + bx_i + \varepsilon_i, \quad i = 1 \sim n \tag{4.17}$$

$$\varepsilon_i \sim N(0, \sigma^2)$$

若由上面样本得到a、b的估计$\hat{a}$、$\hat{b}$，则对给定的x，我们用$\hat{y}=\hat{a}+\hat{b}x$作为$\mu(x)=a+bx$的估计，方程$\hat{y}=\hat{a}+\hat{b}x$称为y对x的**线性回归方程**或**回归方程**。

4.2.2 对a、b的估计

对x的n个不全相同的值$x_1, x_2, \cdots, x_n$作独立试验得样本$(x_1, y_1), (x_2, y_2), \cdots, (x_n, y_n)$。下面用最小二乘法求$a$、$b$的估计值。

作离差平方和

$$Q = \sum_{i=1}^{n}(y_i - \mu(x_i))^2 = \sum_{i=1}^{n}(y_i - a - bx_i)^2 \tag{4.18}$$

选择a、b使Q达到最小，故Q需对a、b分别求偏导，并令偏导等于零，即

$$\begin{cases} \dfrac{\partial Q}{\partial a} = -2\sum_{i=1}^{n}(y_i - a - bx_i) = 0 \\ \dfrac{\partial Q}{\partial b} = -2\sum_{i=1}^{n}(y_i - a - bx_i)x_i = 0 \end{cases} \tag{4.19}$$

整理得

$$\begin{cases} na + b\sum_{i=1}^{n}x_i = \sum_{i=1}^{n}y_i \\ a\sum_{i=1}^{n}x_i + b\sum_{i=1}^{n}x_i^2 = \sum_{i=1}^{n}x_iy_i \end{cases} \tag{4.20}$$

称式(4.20)为**正规方程组**。由于 x_i 不全相同,正规方程组系数行列式

$$\begin{vmatrix} n & \sum_{i=1}^{n} x_i \\ \sum_{i=1}^{n} x_i & \sum_{i=1}^{n} x_i^2 \end{vmatrix} = n\sum_{i=1}^{n} x_i^2 - (\sum_{i=1}^{n} x_i)^2 = n\sum_{i=1}^{n}(x_i - \overline{x})^2 \neq 0$$

故式(4.18)有唯一的一组解,即 a、b 的估计值分别为

$$\hat{b} = \frac{n\sum_{i=1}^{n} x_i y_i - (\sum_{i=1}^{n} x_i)(\sum_{i=1}^{n} y_i)}{n\sum_{i=1}^{n} x_i^2 - (\sum_{i=1}^{n} x_i)^2}$$

$$= \frac{\sum_{i=1}^{n}(x_i - \overline{x})(y_i - \overline{y})}{\sum_{i=1}^{n}(x_i - \overline{x})^2} \tag{4.21}$$

$$\hat{a} = \frac{1}{n}\sum_{i=1}^{n} y_i - \frac{\hat{b}}{n}\sum_{i=1}^{n} x_i = \overline{y} - \hat{b}\overline{x} \tag{4.22}$$

于是所求线性回归方程为

$$\hat{y} = \hat{a} + \hat{b}x \tag{4.23}$$

若将 $\hat{a} = \overline{y} - \hat{b}\overline{x}$ 代入式(4.23),则线性回归方程变为

$$\hat{y} = \overline{y} + \hat{b}(x - \overline{x}) \tag{4.24}$$

式(4.24)表明对样本观察值 $(x_1, y_1), (x_2, y_2), \cdots, (x_n, y_n)$,其回归直线通过散点图的几何中心 $(\overline{x}, \overline{y})$。

例 5 为研究某一化学反应过程中,温度 $x(℃)$ 对产品得率 $y(\%)$ 的影响,测得数据如下:

温度 $x(℃)$	100	110	120	130	140	150	160	170	180	190
得率 $y(\%)$	45	51	54	61	66	70	74	78	85	89

图 4-3 为其散点图。

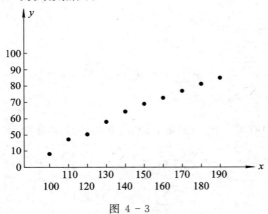

图 4-3

设 y 满足
$$y = a + bx + \varepsilon, \varepsilon \sim N(0, \sigma^2)$$
求 y 关于 x 的线性回归方程。

解 由题设 $n=10$，为求线性回归方程，计算列表如下：

	x	y	x^2	y^2	xy
	100	45	10 000	2 025	4 500
	110	51	12 100	2 601	5 610
	120	54	14 400	2 916	6 480
	130	61	16 900	3 721	7 930
	140	66	19 600	4 356	9 240
	150	70	22 500	4 900	10 500
	160	74	25 600	5 476	11 840
	170	78	28 900	6 084	13 260
	180	85	32 400	7 225	15 300
	190	89	36 100	7 921	16 910
$\sum$	1450	673	218 500	47 225	101 570

$$\sum_{i=1}^{n}(x_i-\bar{x})^2 = \sum_{i=1}^{n}x_i^2 - \frac{1}{n}\left(\sum_{i=1}^{n}x_i\right)^2$$
$$= 218\,500 - \frac{1}{10} \times 1450^2 = 8250$$
$$\sum_{i=1}^{n}(x_i-\bar{x})(y_i-\bar{y}) = \sum_{i=1}^{n}x_i y_i - \frac{1}{n}\left(\sum_{i=1}^{n}x_i\right)\left(\sum_{i=1}^{n}y_i\right)$$
$$= 101\,570 - \frac{1}{10} \times 1450 \times 673$$
$$= 3985$$

由此得
$$\hat{b} = \frac{\sum_{i=1}^{n}(x_i-\bar{x})(y_i-\bar{y})}{\sum_{i=1}^{n}(x_i-\bar{x})^2} = \frac{3985}{8250} = 0.483\,03$$

$$\hat{a} = \frac{1}{n}\sum_{i=1}^{n}y_i - \frac{b}{n}\sum_{i=1}^{n}x_i$$
$$= \frac{1}{10} \times 673 - \frac{1}{10} \times 1450 \times 0.483\,03$$
$$= -2.739\,35$$

于是得线性回归方程
$$\hat{y} = -2.739\,35 + 0.483\,03x$$

或写成
$$\hat{y} = 67.3 + 0.483\,03(x - 145)$$

4.2.3　回归分析的 Excel 应用

例 6（续例 5）　回归分析步骤如下：

（1）选择工具栏；

（2）选择数据分析；

(3) 选择回归；

(4) 分别把数据 x、y 放入相应的框内；

(5) 计算结果。

Excel 回归分析结果如下(见表 4.8)：

表 4.8　回 归 分 析

SUMMARY OUTPUT								
回归统计								
Multiple R	0.9981287							
R Square	0.9962609							
Adjusted R	0.9957936							
标准误差	0.9502791							
观测值	10							
方差分析								
	df	SS	MS	F	gnificance F			
回归分析	1	1924.8758	1924.8758	2131.5738	5.353E-11			
残差	8	7.2242424	0.9030303					
总计	9	1932.1						
	Coefficient	标准误差	t Stat	P-value	Lower 95%	Upper 95%	下限 95.0%	上限 95.0%
Intercept	-2.739394	1.5464999	-1.771351	0.1144502	-6.305629	0.8268413	-6.305629	0.8268413
温度x(C)	0.4830303	0.0104622	46.16897	5.353E-11	0.4589044	0.5071562	0.4589044	0.5071562

表 4.8 中下面部分为回归参数估计，缩减小数为 2 位数后重写如下：

	Coefficients	标准误差	t Stat	P-value	Lower 95%	Upper 95%
Intercept	-2.74	1.55	-1.77	0.11	-6.31	0.83
温度 x(℃)	0.48	0.01	46.17	0.00	0.46	0.51

其中系数(Coefficients)为常数系数 a(Intercept)和自变量 X 的系数 b。

得回归方程
$$y = -2.74 + 0.48x$$

下面分别给出预测值与观测值的拟合图(图 4-4)、残差图(图 4-5)。

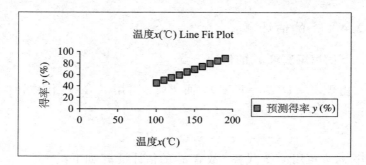

图 4-4

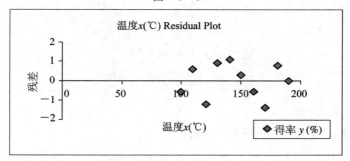

图 4-5

RESIDUAL OUTPUT(残差):

观测值	预测 得率 y/(%)	残差	标准残差
1	45.563 64	-0.563 64	-0.629 11
2	50.393 94	0.606 061	0.676 458
3	55.224 24	-1.224 24	-1.366 45
4	60.054 55	0.945 455	1.055 275
5	64.884 85	1.115 152	1.244 684
6	69.715 15	0.284 848	0.317 935
7	74.545 45	-0.545 45	-0.608 81
8	79.375 76	-1.375 76	-1.535 56
9	84.206 06	0.793 939	0.886 161
10	89.036 36	-0.036 36	-0.040 59

4.2.4 σ^2 的估计

下面用矩法求 σ^2 的估计。

由于 $\sigma^2 = D(\varepsilon) = E(\varepsilon^2)$，而 $E(\varepsilon^2)$ 可用 $\dfrac{1}{n}\sum\limits_{i=1}^{n}\varepsilon_i^2$ 作估计，又因为

$$\varepsilon_i = y_i - a - bx_i$$

其中 a、b 可用 $\hat{a}$、$\hat{b}$ 代替，故有 σ^2 的估计量 $\hat{\sigma}^2$ 如下：

$$\hat{\sigma}^2 = \frac{1}{n}\sum_{i=1}^{n}(y_i - \hat{a} - \hat{b}x_i)^2 \qquad (4.25)$$

设

$$Q = \sum_{i=1}^{n}(y_i - \hat{a} - \hat{b}x_i)^2$$

代入

$$\hat{a} = \bar{y} - \hat{b}\bar{x}$$

则

$$\begin{aligned}
Q &= \sum_{i=1}^{n}(y_i - \bar{y} + \hat{b}\bar{x} - \hat{b}x_i)^2 \\
&= \sum_{i=1}^{n}[(y_i - \bar{y}) - \hat{b}(x_i - \bar{x})]^2 \\
&= \sum_{i=1}^{n}(y_i - \bar{y})^2 - 2\hat{b}\sum_{i=1}^{n}(x_i - \bar{x})(y_i - \bar{y}) + \hat{b}^2\sum_{i=1}^{n}(x_i - \bar{x})^2 \\
&= \sum_{i=1}^{n}(y_i - \bar{y})^2 - \hat{b}^2\sum_{i=1}^{n}(x_i - \bar{x})^2 \qquad (4.26)
\end{aligned}$$

其中

$$-2\hat{b}\sum_{i=1}^{n}(x_i - \bar{x})(y_i - \bar{y}) = -2\hat{b}\cdot\hat{b}\sum_{i=1}^{n}(x_i - \bar{x})^2$$

$$= -2\hat{b}^2\sum_{i=1}^{n}(x_i - \bar{x})^2$$

故有

$$\hat{\sigma}^2 = \frac{1}{n}Q = \frac{1}{n}\sum_{i=1}^{n}(y_i - \bar{y})^2 - \hat{b}^2\frac{1}{n}\sum_{i=1}^{n}(x_i - \bar{x})^2$$

或写成
$$\hat{\sigma}^2 = \left(\frac{1}{n}\sum_{i=1}^{n} y_i^2 - \bar{y}^2\right) - \hat{b}^2 \left(\frac{1}{n}\sum_{i=1}^{n} x_i^2 - \bar{x}^2\right) \quad (4.27)$$

例 7(续例 5) 求例 5 中 σ^2 的估计。

$$\hat{\sigma}^2 = \frac{1}{10} \times 47\,225 - \left(\frac{673}{10}\right)^2$$
$$- 0.483\,03^2 \times \left[\frac{1}{10} \times 218\,500 - \left(\frac{1\,450}{10}\right)^2\right]$$
$$= 4\,722.5 - 4\,529.29 - 0.233\,3 \times (21\,850 - 21\,025)$$
$$= 0.723$$

4.3 一元线性回归中的假设检验和预测

4.3.1 回归模型的检验

1. T 检验

在上节中我们假定一元线性回归模型具有以下的形式
$$y = a + bx + \varepsilon$$
其中 a、b 是未知参数，ε 服从 $N(0, \sigma^2)$。一般来说，求得的线性回归方程是否具有实用价值，需经过假设检验才能确定。即 b 不应为零，因为若 $b=0$，则 y 就不依赖于 x 了。因此我们需要检验假设
$$H_0: b = 0 \qquad H_1: b \neq 0$$
可以证明
$$T = \frac{\hat{b} - b}{\hat{\sigma}} \sqrt{\sum_{i=1}^{n}(x_i - \bar{x})^2} \sim t(n-2) \quad (4.28)$$
(此式证明因超出本书范围，这里不证) 其中 $\hat{\sigma} = \sqrt{\hat{\sigma}^2}$。

当 H_0 为真时 $b=0$,故

$$T = \frac{\hat{b}}{\hat{\sigma}} \sqrt{\sum_{i=1}^{n}(x_i-\overline{x})^2} \sim t(n-2) \tag{4.29}$$

给定显著水平 α,一次抽样后计算得式(4.29)的值:
若
$$|T| \geqslant t_{\alpha/2}(n-2)$$
则拒绝 H_0,认为回归效果显著;
若
$$|T| < t_{\alpha/2}(n-2)$$
则接受 H_0,认为回归效果不显著。

例 1 检验上节例 1 中线性回归效果是否显著,取 $\alpha=5\%$。

解 由上节例 1 知 $\hat{b}=0.48303$,$\hat{\sigma}^2=0.9$,

$$\sqrt{\sum_{i=1}^{n}(x_i-\overline{x})^2} = \sqrt{8250}$$

查表得
$$t_{0.05/2}(n-2) = t_{0.025}(8) = 2.3060$$

由假设 $H_0: b=0$ 的拒绝域为

$$|T| = \frac{|\hat{b}|}{\hat{\sigma}}\sqrt{\sum_{i=1}^{n}(x_i-\overline{x})^2} \geqslant 2.3060$$

现在计算得

$$|T| = \frac{0.48303}{\sqrt{0.9}} \times \sqrt{8250} = 46.25 > 2.3060$$

故拒绝 $H_0: b=0$,认为回归效果显著。

2. 拟合优度

图 4-6 中 Y_i 为观测值,$\hat{Y}_i$ 为回归估计值。
令

$$\text{SST} = \sum_{i}(Y_i-\overline{Y})^2,\text{为总离差平方和}$$

$$\text{SSR} = \sum_{i}(\hat{Y}_i-\overline{Y})^2,\text{为回归离差平方和}$$

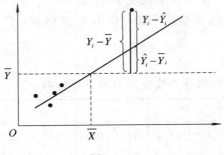

图 4-6

$$SSE = \sum_i (Y_i - \hat{Y}_i)^2, 为残差平方和$$

则有：
$$SST = SSR + SSE$$

可以证明：
$$SST = \sum_i (Y_i - \bar{Y})^2 = \sum_i [(\hat{Y}_i - \bar{Y}) + (Y_i - \hat{Y}_i)]^2$$
$$= \sum_i (\hat{Y}_i - \bar{Y})^2 + \sum_i (Y_i - \hat{Y}_i)^2$$
$$= SSR + SSE$$

SSR 占的比例越大，则回归直线对观察点拟合得越好。故定义：

$$R^2 = \frac{SSR}{SST} = 1 - \frac{SSE}{SST} \quad (0 \leqslant R^2 \leqslant 1)$$

称 R^2 为判定系数，其计算公式如下：

$$R^2 = \hat{\beta}_1^2 \frac{n\sum_i X_i^2 - (\sum_i X_i)^2}{n\sum_i Y_i^2 - (\sum_i Y_i)^2}$$

其中，$0 \leqslant R^2 \leqslant 1$，判定系数的平方根就是相关系数，若由判定系数开平方来求相关系数，可以通过回归系数 b 来判断相关系数的符号，回归系数与相关系数的正负号相同。

结论如下:表 4.8 中判定系数(R Square)＝0.99,即 $R^2=0.99$,说明 Y 的变动几乎都可以由 X 来解释,回归方程拟合得很好。

3. F 检验

表 4.8 中间部分为线性回归的方差分析:

	df	SS	MS	F	Significance F
回归分析	1	1924.8758	1924.8758	2131.5738	5.352 53E－11
残差	8	7.224 242 4	0.903 030 3		
总计	9	1932.1			

$$F=\frac{\text{SSR}/1}{\text{SSE}/(n-1)}=2131.6$$

Excel 在回归分析时也作了 F 检验,H_0:回归方程不显著,H_1:回归方程显著。其中 Significance F 即为 P-value,P-value＝5.35253E－11,5.3 的负 11 次方近乎为 0,所以有 P-value$<\alpha=$0.05,拒绝 H_0,说明回归方程解释能力显著。

4.3.2 预测

回归方程的一个重要应用是,对于给定的点 $x=x_0$,可以用一定的置信度预测对应的 y 的观察值的取值范围,即预测区间。

设 y_0 是 $x=x_0$ 处随机变量 y 的观察结果,则有

$$y_0=a+bx_0+\varepsilon_0, \varepsilon_0 \sim N(0,\sigma^2)$$

取 x_0 处的回归值:

$$\hat{y}_0=\hat{a}+\hat{b}x_0$$

作为 $y_0=a+bx_0+\varepsilon_0$ 的预测值,还可以推出

$$y_0-\hat{y}_0 \sim N\left\{0,\left[1+\frac{1}{n}+\frac{(x_0-\bar{x})^2}{\sum_{i=1}^{n}(x_i-\bar{x})^2}\right]\sigma^2\right\}$$

又
$$\frac{(n-2)\hat{\sigma}^2}{\sigma^2} \sim x^2(n-2)$$

(此式证明超出本课程范围，这里不证。)

由 T 分布定义知

$$\frac{y_0 - \hat{y}_0}{\hat{\sigma}\sqrt{1 + \frac{1}{n} + \frac{(x_0 - \bar{x})^2}{\sum_{i=1}^{n}(x_i - \bar{x})^2}}} \sim t(n-2) \quad (4.30)$$

对给定的置信度 $1-\alpha$，有

$$P\left\{\frac{|y_0 - \hat{y}|}{\hat{\sigma}\sqrt{1 + \frac{1}{n} + \frac{(x_0 - \bar{x})^2}{\sum_{i=1}^{n}(x_i - \bar{x})^2}}} < t_{\alpha/2}(n-2)\right\} = 1-\alpha$$

$$(4.31)$$

或 $P\left\{\hat{y}_0 - t_{\alpha/2}(n-2)\hat{\sigma}\sqrt{1 + \frac{1}{n} + \frac{(x_0 - \bar{x})^2}{\sum_{i=1}^{n}(x_i - \bar{x})^2}} < y_0 < \hat{y}_0\right.$

$\left. + t_{\alpha/2}(n-2)\hat{\sigma}\sqrt{1 + \frac{1}{n} + \frac{(x_0 - \bar{x})^2}{\sum_{i=1}^{n}(x_i - \bar{x})^2}}\right\} = 1-\alpha$

故得 y_0 的置信度为 $1-\alpha$ 的预测区间(置信区间)：

$$\left\{\hat{y}_0 \pm t_{\alpha/2}(n-2)\hat{\sigma}\sqrt{1 + \frac{1}{n} + \frac{(x_0 - \bar{x})^2}{\sum_{i=1}^{n}(x_i - \bar{x})^2}}\right\} \quad (4.32)$$

令 $\delta(x_0) = t_{\alpha/2}(n-2)\hat{\sigma}\sqrt{1 + \frac{1}{n} + \frac{(x_0 - \bar{x})^2}{\sum_{i=1}^{n}(x_i - \bar{x})^2}}$

则预测区间为 $(\hat{y}_0 \pm \delta(x_0))$ 或 $(\hat{y}(x_0) \pm \delta(x_0))$。

于是在 x 处置信下限为
$$y_1(x) = \hat{y}(x) - \delta(x) \tag{4.33}$$
而置信上限为
$$y_2(x) = \hat{y}(x) + \delta(x) \tag{4.34}$$
当 x 变化时这两条曲线形成包含回归直线 $\hat{y} = \hat{a} + \hat{b}x$ 的带域。当 $x = \bar{x}$ 时，带域最窄，估计最精确。x 离 $\bar{x}$ 越远，带域越宽，估计精确性越差（见图 4-7）。

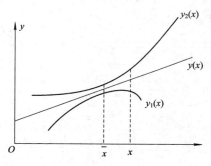

图 4-7

例 2 求上节例 1 中温度 $x_0 = 125℃$ 时得率 y_0 的预测区间。取 $1 - \alpha = 0.95$。

解 $\hat{y}_0 = [-2.73935 + 0.48303x]_{x=125} = 57.64$

$$t_{\alpha/2}(n-2)\hat{\sigma}\sqrt{1 + \frac{1}{n} + \frac{(x_0 - \bar{x})^2}{\sum_{i=1}^{n}(x_i - \bar{x})^2}} = 2.34$$

得预测区间为
$$(57.64 \pm 2.34) = (55.30, 59.98)$$

当 n 很大时，在 $\bar{x}$ 附近取 x，有
$$(x - \bar{x})^2 \ll \sum_{i=1}^{n}(x_i - \bar{x})^2$$

故可认为式(4.32)中的根式近似等于 1，而
$$t_{\alpha/2}(n-2) \approx Z_{\alpha/2}$$
于是 y_0 的置信度为 $1-\alpha$ 的预测区间近似为
$$(\hat{y}_0 - \hat{\sigma} Z_{\alpha/2},\ \hat{y}_0 + \hat{\sigma} Z_{\alpha/2})$$
如图 4-8 所示。

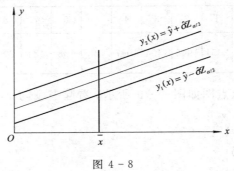

图 4-8

4.3.3 可化为线性回归的例子

实际问题中，有时两个变量间的关系可以不是线性相关关系，而是某种非线性相关关系。但在某些情况下，可以通过适当的变量转换，将变量间的关系化为线性的形式。

例 3 取模型 $y = a + b\sin t + \varepsilon,\ \varepsilon \sim N(0, \sigma^2)$
其中 a、b、σ^2 为与 t 无关的未知参数，令 $x = \sin t$，则上式化成
$$y = a + bx + \varepsilon,\ \varepsilon \sim N(0, \sigma^2)$$

例 4 取模型 $\varphi(y) = a + bx + \varepsilon,\ \varepsilon \sim N(0, \sigma^2)$
其中 φ 为已知函数，且设 $\varphi(y)$ 存在单值的反函数，a、b、σ^2 为与 x 无关的未知参数。这时，令
$$Z = \varphi(y)$$
得
$$Z = a + bx + \varepsilon,\ \varepsilon \sim N(0, \sigma^2)$$
求得 Z 的回归方程和预测区间后，再按 $Z = \varphi(y)$ 的逆变换，变回

原变量 y。我们就分别称它们为 y 的**回归方程**和**预测区间**。此时 y 的回归方程的图形是曲线，故又称为**曲线回归方程**。

例 5 下表所列是 1957 年美国旧轿车价格的调查资料，今以 x 表示轿车的使用年数，y 表示相应的平均价格，求 y 关于 x 的回归方程。

使用年数 x	1	2	3	4	5	6	7	8	9	10
平均价格（美元）y	2651	1943	1494	1087	765	538	484	290	226	204

解 作散点图如图 4-9 所示。看起来 y 与 x 呈指数关系，于是令 $Z = \ln y$。

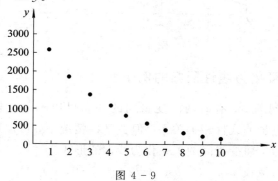

图 4-9

记 $Z_i = \ln y_i$，并作 (x_i, Z_i) 的散点图如图 4-10 所示，可见各点基本上处于一条直线上。

设 $$Z = a + bx + \varepsilon,\ \varepsilon \sim N(0, \sigma^2) \qquad (4.35)$$

经计算可得 $\hat{b} = -0.29768,\ \hat{a} = 8.164585$

从而有 $$\hat{Z} = 8.164585 - 0.29768x \qquad (4.36)$$

又可求得

$$|t| = \frac{\hat{b}}{\hat{\sigma}} \sqrt{\sum_{i=1}^{n}(x_i - \bar{x})^2} = 32.3693 > t_{0.05/2}(8) = 2.3060$$

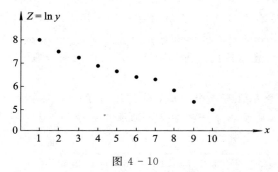

图 4 - 10

由此可见,线性回归效果是高度显著的。将上述结果代回原变量,得曲线回归方程为

$$\hat{y} = e^{\hat{z}} = 3514.26 e^{-0.29768x} \qquad (4.37)$$

在上式中,若依次令 $x=i$, $i=1, 2, \cdots, 10$,得到的 $\hat{y}_i$ 与观察值 y_i 甚为接近。

由式(4.35)知例 5 中的模型也可以写成

$$y = e^{a+bx+\varepsilon}, \varepsilon \sim N(0, \sigma^2) \qquad (4.38)$$

或

$$y = Ae^{bx}\varepsilon', \ln \varepsilon' \sim N(0, \sigma^2) \qquad (4.39)$$

习 题 四

1. 今有某种型号的电池三批,它们分别是 A、B、C 三个工厂所生产的。为评比其质量,从各厂随机抽取 5 只电池作为样品,经试验得其寿命(小时)如下:

A	B	C
40	26	39
48	34	40
38	30	43
42	28	50
45	32	50

试在显著性水平为 0.05 下检验电池的平均寿命有无显著的差异。若差异是显著的，试求均值差 $\mu_A-\mu_B$、$\mu_A-\mu_C$ 及 $\mu_B-\mu_C$ 的置信度为 95% 的置信区间。设工厂所生产的电池寿命服从同方差的正态分布。

2. 一个年级有三个小班，他们进行了一次数学考试，现从各个班级随机地抽取了一些学生，记录其成绩如下：

Ⅰ班		Ⅱ班		Ⅲ班	
73	66	88	56	68	
89	60	78	77	79	41
82	45	48	31	56	59
43	93	91	78	91	68
80	36	51	62	71	53
73	77	85	76	71	79
		74	96	87	15
		80			

试在显著性水平 0.05 下检验各班级的平均分数有无显著差异。设各个总体服从正态分布，且方差相等。

3. 抽查某地区三所小学五年级男生的身高，得数据如下：

小　学	身高数据(cm)
第一小学	128.1, 134.1, 133.1, 138.9, 140.8, 127.4
第二小学	150.3, 147.9, 136.8, 126.0, 150.7, 155.8
第三小学	140.6, 143.1, 144.5, 143.7, 148.5, 146.4

试问该地区三所小学五年级男学生的平均身高是否有显著差异（$\alpha=5\%$）？

4. 将抗生素注入人体会产生抗生素与血浆蛋白质结合的现象，以致减小了药效。下表列出了 5 种常用的抗生素注入到牛的体内时，抗生素与血浆蛋白质结合的百分比。试在显著性水平 $\alpha=0.05$ 下检验这些百分比的均值有无显著的差异。设各总体服从正态分布，且方差相同。

青霉素	四环素	链霉素	红霉素	氯霉素
29.6	27.3	15.8	21.6	29.2
24.3	32.6	16.2	17.4	32.8
28.5	30.8	11.0	18.3	25.0
32.0	34.8	18.3	19.0	24.2

5. 通过原点的一元回归的线性模型为
$$y_i = \beta x_i + \varepsilon_i \quad (i=1,2,\cdots,n)$$
其中各 ε_i 相互独立，并且都服从正态分布 $N(0, \sigma^2)$。试由 n 组观察值 $(x_i, y_i)(i=1,2,\cdots,n)$，用最小二乘法估计 β。

6. 在考察硝酸钠的可溶性程度时，在一系列不同温度下观察在 100 ml 的水中溶解的硝酸钠的重量，获得观察结果如下：

温度 x_i	0	4	10	15	21	29	36	51	68
重量 y_i	66.7	71.0	76.3	80.6	85.7	92.9	99.4	113.6	125.1

从经验和理论知 y_i 与 x_i 之间有下述关系
$$y_i = a + b_i x_i + \varepsilon_i \quad (i=1,2,\cdots,9)$$
其中各 ε_i 相互独立，并且都服从正态分布 $N(0, \sigma^2)$。试估计 a、b，并用矩法估计 σ^2。

7. 在钢线碳含量对于电阻的效应的研究中，得到以下的数据：

碳含量 $x\%$	0.10	0.30	0.40	0.55	0.70	0.80	0.95
电阻 y(20℃时, $\mu\Omega$)	15	18	19	21	22.6	23.8	26

设对于给定的 x，y 为正态变量，且方差与 x 无关。

(1) 画出散点图；

(2) 求线性回归方程 $\hat{y}=\hat{a}+\hat{b}x$；

(3) 检验假设 $H_0: b=0$，$H_1: b\neq 0$；

(4) 求 $x=0.50$ 处的置信度为 0.95 的预测区间。

8. 下表数据是退火温度 $x(℃)$ 对黄铜延性 y 效应的试验结果，y 是以延长度计算的，且设对于给定的 x，y 为正态变量，其方差与 x 无关。

$x(℃)$	300	400	500	600	700	800
$y(\%)$	40	50	55	60	67	70

画出散点图并求 y 对于 x 的线性回归方程。

9. 槲寄生是一种寄生在大树上部树枝上的寄生植物。它喜欢寄生在年轻的大树上。下面给出在一定条件下完成的试验中采集的数据。

(1) 作出 (x_i, y_i) 的散点图；

(2) 令 $z_i = \ln y_i$，作出 (x_i, z_i) 的散点图；

(3) 以模型 $y = ae^{bx}\varepsilon$，$\ln \varepsilon \sim N(0, \sigma^2)$ 拟合数据，其中 a、b、σ^2 与 x 无关。

试求曲线回归方程 $\hat{y} = \hat{a}e^{\hat{b}x}$。

大树的年龄(x 年)	3	4	9	15	40
每株大树上槲寄生的株数(y)	28 33 22	10 36 24	15 22 10	6 14 9	1 1

习 题 答 案

第 一 部 分

习 题 一

1. (1) 9!； (2) 7!； (3) 8!； (4) 7×8!

2. (1) 1 680； (2) 120； (3) 20 160

3. (1) 6!−5!＝600； (2) 偶数共 312 个，奇数共 288 个；(3) 120 个； (4) 末两位是 25 的共 18 个，末两位是 50 的共 24 个，因此共有 42 个能被 25 整除。

4. (1) $(m+n)!$； (2) $(m+1)! \cdot n!$；
   (3) $(n+1)! \cdot m!$； (4) $2 \cdot m! \cdot n!$

5. (1) $C_{10}^3 = 120$； (2) $C_{10}^7 = 120$；
   (3) $C_n^m = C_n^{n-m}$； (4) $n = 10$

6. (1) $C_{10}^3 = 120$； (2) $C_9^2 = 36$；
   (3) $C_9^3 = 84$； (4) $C_n^{m-1} + C_n^m = C_{n+1}^m$

7. 女队员共 C_5^2 种选法，男队员共 C_{10}^2 种选法。每两名男队员和每两名女队员可以有两种分组方法，于是共有 $2 \cdot C_5^2 \cdot C_{10}^2 = 900$ 种分组方法。

8. (1) $C_{20}^5 \cdot P_5$；

(2) 包含品种 A 在内的选法共有 C_{19}^4 种，每次选出的五个品种在试验田中的试验方案共有 P_5 种。因此，包含品种 A 在内的试验方案共 $C_{19}^4 \cdot P_5$ 种；

(3) $C_{18}^3 \cdot P_5$。

9. 选出的 5 名工人中，有 2 名熟练工人的选法有 $C_4^2 \cdot C_5^3$ 种；有 3 名熟练工人的选法有 $C_4^3 \cdot C_5^2$ 种；有 4 名熟练工人的选法有 $C_4^4 \cdot C_5^1$ 种。所以，至少有 2 名熟练工人的选法有：

$$C_4^2 \cdot C_5^3 + C_4^3 \cdot C_5^2 + C_4^4 \cdot C_5^1 = 105 \text{ 种}$$

10.（1）千位数字只能由数字 3、4、5、6、7 中取一个，共有 A_5^1 种取法。千位数字取定后，另外三个数位上的数字又有 A_9^3 种取法。所以共有

$$A_5^1 \cdot A_9^3 = 2520 \text{ 个}$$

（2）千位数字为奇数且个位数字为奇数的数为 $A_3^1 \cdot A_8^2 \cdot A_4^1$ 个；千位数字为偶数且个位数字为奇数的数为 $A_2^1 \cdot A_8^2 \cdot A_5^1$ 个。故个位数字为奇数的数共有：

$$(A_3^1 \cdot A_4^1 + A_2^1 \cdot A_5^1)A_8^2 = 1232 \text{ 个}$$

个位数字为偶数的数共有 2 520－1 232＝1288 个。

11.（1）$P_5 = 120$；   （2）$P_4 = 24$；

 （3）$P_5 - P_4 = 96$；   （4）$P_4 = 24$

12.（1）C_{96}^5；   （2）$C_{96}^3 \cdot C_4^2$；

 （3）$C_{96}^3 \cdot C_4^2 + C_{92}^2 \cdot C_4^3 + C_{96}^1 \cdot C_4^4$

13. $C_{x-2}^2 + 6 = 84$，解得 $x = 14$。

习 题 二

5.（1）$A \bar{B} \bar{C}$；   （6）$\overline{A(B \cup C)}$；

 （2）$A B C$；   （7）$\overline{A B \cup B C \cup C A}$；

 （3）$\bar{A} \bar{B} \bar{C}$；   （8）$A B \cup B C \cup C A$；

 （4）$A \cup B \cup C$；   （9）$\overline{A B C}$；

 （5）$A \bar{B} \bar{C} \cup \bar{A} B \bar{C} \cup \bar{A} \bar{B} C$；

(10) $\overline{A}BC \cup A\overline{B}C \cup AB\overline{C}$。

6. (1) 见图 1; (2) 见图 2; (3) 见图 3。

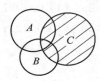

图 1　　　　　　图 2　　　　　　图 3

7. (1) $\{x \mid 0 \leqslant x < 3\}$; (2) $\{x \mid 1 \leqslant x < 2\}$;
   (3) $\{x \mid -\infty < x < 0, 2 \leqslant x < +\infty\}$; (4) $\{x \mid 0 \leqslant x < 1\}$。

8. (1) 是互不相容; (2) 是一个分划;
   (3) $B = A_1 \cup A_2 \cup A_3$ 或 $B = \overline{A}$。

9. $\overline{A} = \{$所有产品都为优质品$\}$;
   $\overline{B} = \{$有一件次品或者没有次品$\}$。

10. $\dfrac{24}{45}$

11. 0.146

12. 0.276

13. 0.91

14. (1) $\dfrac{C_4^2}{C_{10}^3} = 0.05$; (2) $\dfrac{C_5^2}{C_{10}^3} = 0.083$; (3) $\dfrac{C_4^3}{C_{10}^3} = 0.033$。

15. $P = 1 - \dfrac{C_{48}^5}{C_{52}^5} = 0.342$

16. 0.895

17. 0.42

18. (1) 0.003; (2) 0.388

19. 0.684

20. (1) 0.347; (2) 0.253

22. 0.93

23. 0.50

24. (1) 0.973; (2) 0.25

25. (1) 0.3087; (2) 0.472

26. (1) 0.321; (2) 0.436

习 题 三

1. 不正确,因为 $\frac{1}{2}+\frac{1}{4}+\frac{1}{3} \neq 1$。

2.

X	0	1	2
P	0.941	0.0588	0.0006

$$F(x)=\begin{cases}0, & x<0\\ 0.941, & 0\leqslant x<1\\ 0.9994, & 1\leqslant x<2\\ 1, & x\geqslant 2\end{cases}$$

3. (1)

X	1	2	3	4	5	6	7	8
P	$\frac{3}{10}$	$\frac{7}{30}$	$\frac{7}{40}$	$\frac{1}{8}$	$\frac{1}{12}$	$\frac{1}{20}$	$\frac{1}{40}$	$\frac{1}{120}$

(2) $\frac{23}{60}$

4.

X	0	1
P	0.2	0.8

$$F(x)=\begin{cases}0, & x<0\\ 0.2, & 0\leqslant x<1\\ 1, & x\geqslant 1\end{cases}$$

5. $P\{X=n\}=q^{n-1}p$ $(n=1, 2, \cdots)$

其中,$q=1-p$

6. $\dfrac{2}{n(n+1)}$

7. 0.9983

8. $0.0902 = \dfrac{2}{3e^2}$

9. (2) $\frac{3}{4}$; $\frac{1}{4}$

10. $\frac{16}{25}$

11. (1) $A=1$, $B=-1$; (2) $f(x) = \begin{cases} xe^{-\frac{x^2}{2}}, & x \geqslant 0 \\ 0, & x < 0 \end{cases}$

   (3) 0.4712

12. (1) $\frac{1}{\pi}$; (2) $\frac{1}{3}$

   (3) $F(x) = \begin{cases} 0, & x < -1 \\ \frac{1}{\pi}(\arcsin x + \frac{\pi}{2}), & -1 \leqslant x < 1 \\ 1, & x \geqslant 1 \end{cases}$

13. (1) 不能; (2) 不能。

14. $\frac{3}{5}$

15. (1) 0.9918; (2) 0.1587;
    (3) 0.8664; (4) 0.0456

16. (1) 0.5328; (2) 0.9995;
    (3) 0.6977; (4) 0.9972

17. 31.25

18. (1) 0.9236 (2) $x \geqslant 57.75$

习 题 四

1. $\frac{1}{3}$ 2. 0   3. 1

4. (1) 2; (2) $\frac{1}{3}$

5. $\sqrt{\dfrac{\pi}{2}}\sigma$, $\left(\dfrac{4-\pi}{2}\right)\sigma^2$

6. 0; $\dfrac{\pi^2}{12}-\dfrac{1}{2}$

习 题 五

1. (1)

X \ Y	0	1	$p_{i\cdot}$
0	$\dfrac{25}{36}$	$\dfrac{5}{36}$	$\dfrac{5}{6}$
1	$\dfrac{5}{36}$	$\dfrac{1}{36}$	$\dfrac{1}{6}$
$p_{\cdot j}$	$\dfrac{5}{6}$	$\dfrac{1}{6}$	

(2)

X \ Y	0	1	$p_{i\cdot}$
0	$\dfrac{45}{66}$	$\dfrac{10}{66}$	$\dfrac{5}{6}$
1	$\dfrac{10}{66}$	$\dfrac{1}{66}$	$\dfrac{1}{6}$
$p_{\cdot j}$	$\dfrac{5}{6}$	$\dfrac{1}{6}$	

2.

X \ Y	0	3	$p_{i\cdot}$
0	0	$\dfrac{1}{8}$	$\dfrac{1}{8}$
1	$\dfrac{3}{8}$	0	$\dfrac{3}{8}$
2	$\dfrac{3}{8}$	0	$\dfrac{3}{8}$
3	0	$\dfrac{1}{8}$	$\dfrac{1}{8}$
$p_{\cdot j}$	$\dfrac{3}{4}$	$\dfrac{1}{4}$	

3. (1) 12；

(2) $F(x,y) = \begin{cases} (1-e^{-3x})(1-e^{-4y}), & x>0, y>0 \\ 0, & 其它 \end{cases}$

(3) 0.9499；

(4) 0.801

4. 0.5

5. $\dfrac{65}{72}$

6. $f(x,y) = \begin{cases} 6, & (x,y) \in G \\ 0, & 其它 \end{cases}$

$f_X(x) = \begin{cases} 6(x-x^2), & 0 \leqslant x \leqslant 1 \\ 0, & 其它 \end{cases}$

$f_Y(y) = \begin{cases} 6(\sqrt{y}-y), & 0 \leqslant y \leqslant 1 \\ 0, & 其它 \end{cases}$

7. (1) $A = \dfrac{3}{\pi R^3}$；

(2) $P\{(X,Y) \in G\} = \dfrac{r^2(3R-2r)}{R^3}$

8. (1) 有放回抽样时 X 与 Y 独立，无放回抽样时 X 与 Y 不独立；

(2) X 与 Y 不独立；

(3) X 与 Y 相互独立；

(4) X 与 Y 不独立。

9. (1) $f(x,y) = \begin{cases} 25e^{-5y}, & 0<x<\dfrac{1}{5}, y \geqslant 0 \\ 0, & 其它 \end{cases}$

(2) 0.3679

10. $f_Z(z) = \begin{cases} \dfrac{1}{2}z^2, & 0 \leqslant z \leqslant 1 \\ -z^2+3z-\dfrac{3}{2}, & 1 < z \leqslant 2 \\ \dfrac{1}{2}z^2-3z+\dfrac{9}{2}, & 2 < z \leqslant 3 \\ 0, & z<0 \text{ 或 } z>3 \end{cases}$

11. $f_R(r) = \begin{cases} \dfrac{r}{\sigma^2}\mathrm{e}^{-\frac{r^2}{2\sigma^2}}, & r>0 \\ 0, & r \leqslant 0 \end{cases}$ $(R=\sqrt{X^2+Y^2})$

12. $f_Z(z) = \begin{cases} 0, & z \leqslant 0 \\ \dfrac{b}{2a}, & 0 < z \leqslant \dfrac{a}{b} \\ \dfrac{a}{2bz^2}, & z > \dfrac{a}{b} \end{cases}$

13. $E(X)=0.504$, $E(Y)=1.947$, $D(X)=0.548$, $D(Y)=2.610$, $\mathrm{Cov}(X,Y)=0.561$, $\rho_{XY}=0.469$

14. $E(X)=1.2222$, $E(Y)=0.5556$, $D(X)=0.2840$, $D(Y)=0.0802$, $\mathrm{Cov}(X,Y)=-0.0123$, $\rho_{XY}=-0.0818$

15. $E(X)=2$, $E(Y)=1$, $D(X)=2$, $D(Y)=1$, $\mathrm{Cov}(X,Y)=0$, $\rho_{XY}=0$

16. 由于 $E(X)=E(Y)=0$，$\mathrm{Cov}(X,Y)=0$，故 X 与 Y 不相关；又因为 $P\{X=1,Y=1\}=\dfrac{1}{8}$，而 $P\{X=1\}\cdot P\{Y=1\}=\dfrac{9}{64}$，故 X 与 Y 不独立

17. $E(X+Y)=\dfrac{3}{4}$, $E(2X-3Y^2)=\dfrac{5}{8}$, $E(XY)=\dfrac{1}{8}$

18. $E(Z)=\sqrt{\dfrac{\pi}{2}}$, $D(Z)=2-\dfrac{\pi}{2}$

19. 由 X、Y 相互独立知 $E(XY)=E(X) \cdot E(Y)$，再由期望定义易得 $E(XY)^2=E(X^2) \cdot E(Y^2)$，于是有
$$\begin{aligned}D(XY)&=E(XY)^2-[E(XY)]^2\\&=E(X^2)E(Y^2)-[E(X)E(Y)]^2\\&=(D(X)+[E(X)]^2)(D(Y)+[E(Y)]^2)\\&\quad-[E(X)]^2[E(Y)]^2\\&=D(X)D(Y)+[E(X)]^2D(Y)+[E(Y)]^2D(X)\end{aligned}$$

20. (1) $E(W)=1$，$D(W)=3$；　　(2) 3.5

第 二 部 分

习 题 一

1. 0.8293

2. (1) 0.2628；　(2) 0.2923；　(3) 0.5785

3. $E(\overline{X})=0$，$D(\overline{X})=\dfrac{1}{3n}$

4. 0.1

5. 0.6744

6. $f_Y(y)=\begin{cases}\dfrac{1}{\sqrt{2n\pi}\,y\sigma}e^{-\frac{y}{2n\sigma^2}},&y\geqslant 0\\0,&y<0\end{cases}$

8. λ，λ/n，λ

9. 0.99，$\dfrac{2\sigma^4}{n-1}$

习 题 二

1. (1) $\hat{\theta}=\dfrac{n}{\sum\limits_{i=1}^{n}\ln x_i - n\ln c}$；　(2) $\hat{\theta}=\dfrac{\overline{x}}{\overline{x}-c}$

2. 都为 $\hat{p} = \dfrac{1}{\overline{x}}$

3. $\hat{\theta} = \dfrac{\sqrt{\sum\limits_{i=1}^{n} x_i^2}}{2n}$

4. (1) $\hat{\mu} = \overline{x} - \sqrt{\dfrac{1}{n}\sum\limits_{i=1}^{n}(x_i - \overline{x})^2}$, $\hat{\theta} = \sqrt{\dfrac{1}{n}\sum\limits_{i=1}^{n}(x_i - \overline{x})^2}$

   (2) $\hat{\mu} = \min(x_1, \cdots, x_n)$, $\hat{\theta} = \overline{x} - \hat{\mu}$

5. 0.499

6. $D(\hat{\mu}_1) = \dfrac{5}{9}$, $D(\hat{\mu}_2) = \dfrac{5}{8}$, $D(\hat{\mu})_3 = \dfrac{1}{2}$（最小）

7. $C = \dfrac{1}{2(n-1)}$

9. $\hat{\theta} = \max(x_1, x_2, \cdots, x_n)$, $E(\hat{\theta}) = \dfrac{n}{n+1}\theta$

10. $a = \dfrac{n_1}{n_1 + n_2}$, $b = \dfrac{n_2}{n_1 + n_2}$

11. (992.16, 1 007.84)

12. (1) (5.608, 6.392), (2) (5.558, 6.442)

13. $n \geqslant \dfrac{4 Z_{\alpha/2}^2 \sigma^2}{L^2}$

14. (4.58, 9.60)

15. (−0.002, 0.006)

16. (−6.04, −5.96)

17. (0.45, 2.79)

18. (0.0299, 0.0501)

习 题 三

1. 接受 H_0，可以认为这批产品的指标为 1600。

2. 拒绝 H_0。
3. 无显著差异。
4. 没有显著地影响产品质量。
5. 不能认为期望值是 12 100。
6. 此药有好的疗效。
7. (1) 拒绝 H_0; (2) 接受 H_0。
8. 产量无显著差异。
9. 直径无显著差异。
10. 不正常。
11. 与通常无显著差异。
12. (1) 接受 H_0; (2) 接受 H_0。
13. 无显著差异。

习 题 四

1. 各总体均值间有显著差异 $(6.75, 18.45)$, $(-7.65, 4.05)$, $(-20.25, -8.55)$。

2. 差异不显著。

3. 有显著差异。

4. 差异显著。

5. $\hat{\beta} = \overline{xy}/\overline{x^2}$, 其中 $\overline{xy} = \dfrac{1}{n}\sum\limits_{i=1}^{n} x_i y_i$, $\overline{x^2} = \dfrac{1}{n}\sum\limits_{i=1}^{n} x_i^2$。

6. $\hat{a} = 67.5088$, $\hat{b} = 0.8706$, $\hat{\sigma}^2 = 0.7476$。

7. (2) $\hat{y} = 13.9584 + 12.5503x$; (4) $(19.66, 20.81)$。

8. $\hat{y} = 24.6287 + 0.05886x$。

9. $\hat{y} = 32.4556 e^{-0.0867318x}$。

附录一　标准正态分布表

$$\Phi(z) = \int_{-\infty}^{z} \frac{1}{\sqrt{2\pi}} e^{-u^2/2} \, du = P(Z \leqslant z)$$

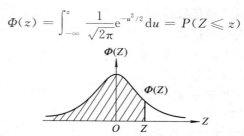

z	0	1	2	3	4	5	6	7	8	9
−3.0	0.0013	0.0010	0.0007	0.0005	0.0003	0.0002	0.0002	0.0001	0.0001	0.0000
−2.9	0.0019	0.0018	0.0017	0.0017	0.0016	0.0016	0.0015	0.0015	0.0014	0.0014
−2.8	0.0026	0.0025	0.0024	0.0023	0.0023	0.0022	0.0021	0.0021	0.0020	0.0019
−2.7	0.0035	0.0034	0.0033	0.0032	0.0031	0.0030	0.0029	0.0028	0.0027	0.0026
−2.6	0.0047	0.0045	0.0044	0.0043	0.0041	0.0040	0.0039	0.0038	0.0037	0.0036
−2.5	0.0062	0.0060	0.0059	0.0057	0.0055	0.0054	0.0052	0.0051	0.0049	0.0048
−2.4	0.0082	0.0080	0.0078	0.0075	0.0073	0.0071	0.0069	0.0068	0.0066	0.0064
−2.3	0.0107	0.0104	0.0102	0.0099	0.0096	0.0094	0.0091	0.0089	0.0087	0.0084
−2.2	0.0139	0.0136	0.0132	0.0129	0.0126	0.0122	0.0119	0.0116	0.0113	0.0110
−2.1	0.0179	0.0174	0.0170	0.0166	0.0162	0.0158	0.0154	0.0150	0.0146	0.0143
−2.0	0.0228	0.0222	0.0217	0.0212	0.0207	0.0202	0.0197	0.0192	0.0188	0.0183
−1.9	0.0287	0.0281	0.0274	0.0268	0.0262	0.0256	0.0250	0.0244	0.0238	0.0233
−1.8	0.0359	0.0352	0.0344	0.0336	0.0329	0.0322	0.0314	0.0307	0.0300	0.0294
−1.7	0.0446	0.0436	0.0427	0.0418	0.0409	0.0401	0.0392	0.0384	0.0375	0.0367
−1.6	0.0548	0.0537	0.0526	0.0516	0.0505	0.0495	0.0485	0.0475	0.0465	0.0455
−1.5	0.0668	0.0655	0.0643	0.0630	0.0618	0.0606	0.0594	0.0582	0.0570	0.0559
−1.4	0.0808	0.0793	0.0778	0.0764	0.0749	0.0735	0.0722	0.0708	0.0694	0.0681
−1.3	0.0968	0.0951	0.0934	0.0918	0.0901	0.0885	0.0869	0.0853	0.0838	0.0823
−1.2	0.1151	0.1131	0.1112	0.1093	0.1075	0.1056	0.1038	0.1020	0.1003	0.0985
−1.1	0.1357	0.1335	0.1314	0.1292	0.1271	0.1251	0.1230	0.1210	0.1190	0.1170
−1.0	0.1587	0.1562	0.1539	0.1515	0.1492	0.1469	0.1446	0.1423	0.1401	0.1379
−0.9	0.1841	0.1814	0.1788	0.1762	0.1736	0.1711	0.1685	0.1660	0.1635	0.1611
−0.8	0.2119	0.2090	0.2061	0.2033	0.2005	0.1977	0.1949	0.1922	0.1894	0.1867
−0.7	0.2420	0.2389	0.2358	0.2327	0.2297	0.2266	0.2236	0.2206	0.2177	0.2148
−0.6	0.2743	0.2709	0.2676	0.2643	0.2611	0.2578	0.2546	0.2514	0.2483	0.2451
−0.5	0.3085	0.3050	0.3015	0.2981	0.2946	0.2912	0.2877	0.2843	0.2810	0.2776
−0.4	0.3446	0.3409	0.3372	0.3336	0.3300	0.3264	0.3228	0.3192	0.3156	0.3121
−0.3	0.3821	0.3783	0.3745	0.3707	0.3669	0.3632	0.3594	0.3557	0.3520	0.3483
−0.2	0.4207	0.4168	0.4129	0.4090	0.4052	0.4013	0.3974	0.3936	0.3897	0.3859
−0.1	0.4602	0.4562	0.4522	0.4483	0.4443	0.4404	0.4364	0.4325	0.4286	0.4247
−0.0	0.5000	0.4960	0.4920	0.4880	0.4840	0.4801	0.4761	0.4721	0.4681	0.4641

附录一 标准正态分布表

续表

z	0	1	2	3	4	5	6	7	8	9
0.0	0.5000	0.5040	0.5080	0.5120	0.5160	0.5199	0.5239	0.5279	0.5319	0.5359
0.1	0.5398	0.5438	0.5478	0.5517	0.5557	0.5596	0.5636	0.5675	0.5714	0.5753
0.2	0.5793	0.5832	0.5871	0.5910	0.5948	0.5987	0.6026	0.6064	0.6103	0.6141
0.3	0.6179	0.6217	0.6255	0.6293	0.6331	0.6368	0.6406	0.6443	0.6480	0.6517
0.4	0.6554	0.6591	0.6628	0.6664	0.6700	0.6736	0.6772	0.6808	0.6844	0.6879
0.5	0.6915	0.6950	0.6985	0.7019	0.7054	0.7088	0.7123	0.7157	0.7190	0.7224
0.6	0.7257	0.7291	0.7324	0.7357	0.7389	0.7422	0.7454	0.7486	0.7517	0.7549
0.7	0.7580	0.7611	0.7642	0.7673	0.7703	0.7734	0.7764	0.7794	0.7823	0.7852
0.8	0.7881	0.7910	0.7939	0.7967	0.7995	0.8023	0.8051	0.8078	0.8106	0.8133
0.9	0.8159	0.8180	0.8212	0.8238	0.8264	0.8289	0.8315	0.8340	0.8365	0.8389
1.0	0.8413	0.8438	0.8461	0.8485	0.8508	0.8531	0.8554	0.8577	0.8599	0.8621
1.1	0.8643	0.8665	0.8686	0.8708	0.8729	0.8749	0.8770	0.8790	0.8810	0.8830
1.2	0.8849	0.8869	0.8888	0.8907	0.8925	0.8944	0.8962	0.8980	0.8997	0.9015
1.3	0.9032	0.9049	0.9066	0.9082	0.9099	0.9115	0.9131	0.9147	0.9162	0.9177
1.4	0.9192	0.9207	0.9222	0.9236	0.9251	0.9265	0.9278	0.9292	0.9306	0.9319
1.5	0.9332	0.9345	0.9357	0.9370	0.9382	0.9394	0.9406	0.9418	0.9430	0.9441
1.6	0.9452	0.9463	0.9474	0.9484	0.9495	0.9505	0.9515	0.9525	0.9535	0.9545
1.7	0.9554	0.9564	0.9573	0.9582	0.9591	0.9599	0.9608	0.9616	0.9625	0.9633
1.8	0.9641	0.9648	0.9656	0.9664	0.9671	0.9678	0.9686	0.9693	0.9700	0.9706
1.9	0.9713	0.9719	0.9726	0.9732	0.9738	0.9744	0.9750	0.9756	0.9762	0.9767
2.0	0.9772	0.9778	0.9783	0.9788	0.9793	0.9798	0.9803	0.9808	0.9812	0.9817
2.1	0.9821	0.9826	0.9830	0.9834	0.9838	0.9842	0.9846	0.9850	0.9854	0.9857
2.2	0.9861	0.9864	0.9868	0.9871	0.9874	0.9878	0.9881	0.9884	0.9887	0.9890
2.3	0.9893	0.9896	0.9898	0.9901	0.9904	0.9906	0.9909	0.9911	0.9913	0.9916
2.4	0.9918	0.9920	0.9922	0.9925	0.9927	0.9929	0.9931	0.9932	0.9934	0.9936
2.5	0.9938	0.9940	0.9941	0.9943	0.9945	0.9946	0.9948	0.9949	0.9951	0.9952
2.6	0.9953	0.9955	0.9956	0.9957	0.9959	0.9960	0.9961	0.9962	0.9963	0.9964
2.7	0.9965	0.9966	0.9967	0.9968	0.9969	0.9970	0.9971	0.9972	0.9973	0.9974
2.8	0.9974	0.9975	0.9976	0.9977	0.9977	0.9978	0.9979	0.9979	0.9980	0.9981
2.9	0.9981	0.9982	0.9982	0.9983	0.9984	0.9984	0.9985	0.9985	0.9986	0.9986
3.0	0.9987	0.9990	0.9993	0.9995	0.9997	0.9998	0.9998	0.9999	0.9999	1.0000

附录二 泊松分布表

$$1 - F(x-1) = \sum_{r=x}^{\infty} \frac{e^{-\lambda}\lambda^r}{r!}$$

x	$\lambda=0.2$	$\lambda=0.3$	$\lambda=0.4$	$\lambda=0.5$	$\lambda=0.6$
0	1.000 000 0	1.000 000 0	1.000 000 0	1.000 000 0	1.000 000 0
1	0.181 269 2	0.259 181 8	0.329 680 0	0.393 469	0.451 188
2	0.017 523 1	0.036 936 3	0.061 551 9	0.090 204	0.121 901
3	0.001 148 5	0.003 599 5	0.007 926 3	0.014 388	0.023 115
4	0.000 056 8	0.000 265 8	0.000 776 3	0.001 752	0.003 358
5	0.000 002 3	0.000 015 8	0.000 061 2	0.000 172	0.000 394
6	0.000 000 1	0.000 000 8	0.000 004 0	0.000 014	0.000 039
7			0.000 000 2	0.000 001	0.000 003

x	$\lambda=0.7$	$\lambda=0.8$	$\lambda=0.9$	$\lambda=1.0$	$\lambda=1.2$
0	1.000 000 0	1.000 000 0	1.000 000 0	1.000 000 0	1.000 000 0
1	0.503 415	0.550 671	0.593 430	0.632 121	0.698 806
2	0.155 805	0.191 208	0.227 518	0.264 241	0.337 373
3	0.034 142	0.047 423	0.062 857	0.080 301	0.120 513
4	0.005 753	0.009 080	0.013 459	0.018 988	0.033 769
5	0.000 786	0.001 411	0.002 344	0.003 660	0.007 746
6	0.000 090	0.000 184	0.000 343	0.000 594	0.001 500
7	0.000 009	0.000 021	0.000 043	0.000 083	0.000 251
8	0.000 001	0.000 002	0.000 005	0.000 010	0.000 037
9				0.000 001	0.000 005
10					0.000 001

x	$\lambda=1.4$	$\lambda=1.6$	$\lambda=1.8$
0	1.000 000	1.000 000	1.000 000
1	0.753 403	0.798 103	0.834 701
2	0.408 167	0.475 069	0.537 163
3	0.166 502	0.216 642	0.269 379
4	0.053 725	0.078 813	0.108 708
5	0.014 253	0.023 682	0.036 407
6	0.003 201	0.006 040	0.010 378
7	0.000 622	0.001 336	0.002 569
8	0.000 107	0.000 260	0.000 562
9	0.000 016	0.000 045	0.000 110
10	0.000 002	0.000 007	0.000 019
11		0.000 001	0.000 003

附录二　泊松分布表

续表

x	$\lambda=2.5$	$\lambda=3.0$	$\lambda=3.5$	$\lambda=4.0$	$\lambda=4.5$	$\lambda=5.0$
0	1.000 000	1.000 000	1.000 000	1.000 000	1.000 000	1.000 000
1	0.917 915	0.950 213	0.969 803	0.981 684	0.988 891	0.993 262
2	0.712 703	0.800 852	0.864 112	0.908 422	0.938 901	0.959 572
3	0.456 187	0.576 810	0.679 153	0.761 897	0.826 422	0.875 348
4	0.242 424	0.352 768	0.463 367	0.566 530	0.657 704	0.734 974
5	0.108 822	0.184 737	0.274 555	0.371 163	0.467 896	0.559 507
6	0.042 021	0.083 918	0.142 386	0.214 870	0.297 070	0.384 039
7	0.014 187	0.033 509	0.065 288	0.110 674	0.168 949	0.237 817
8	0.004 247	0.011 905	0.026 739	0.051 134	0.086 586	0.133 372
9	0.001 140	0.003 803	0.009 874	0.021 363	0.040 257	0.068 094
10	0.000 277	0.001 102	0.003 315	0.008 132	0.017 093	0.031 828
11	0.000 062	0.000 292	0.001 019	0.002 840	0.006 669	0.013 695
12	0.000 013	0.000 071	0.000 289	0.000 915	0.002 404	0.005 453
13	0.000 002	0.000 016	0.000 076	0.000 274	0.000 805	0.002 019
14		0.000 003	0.000 019	0.000 076	0.000 252	0.000 698
15		0.000 001	0.000 004	0.000 020	0.000 074	0.000 226
16			0.000 001	0.000 005	0.000 020	0.000 069
17				0.000 001	0.000 005	0.000 020
18					0.000 001	0.000 005
19						0.000 001

附录三 t 分布表

$P\{t(n) > t_\alpha(n)\} = \alpha$

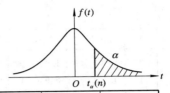

n	α=0.25	0.10	0.05	0.025	0.01	0.005
1	1.0000	3.0777	6.3138	12.7062	31.8207	63.6574
2	0.8165	1.8856	2.9200	4.3027	6.9646	9.9248
3	0.7649	1.6377	2.3534	3.1824	4.5407	5.8409
4	0.7407	1.5332	2.1318	2.7764	3.7469	4.6041
5	0.7267	1.4759	2.0150	2.5706	3.3649	4.0322
6	0.7176	1.4398	1.9432	2.4469	3.1427	3.7074
7	0.7111	1.4149	1.8946	2.3646	2.9980	3.4995
8	0.7064	1.3968	1.8595	2.3060	2.8965	3.3554
9	0.7027	1.3830	1.8331	2.2622	2.8214	3.2498
10	0.6998	1.3722	1.8125	2.2281	2.7638	3.1693
11	0.6974	1.3634	1.7959	2.2010	2.7181	3.1058
12	0.6955	1.3562	1.7823	2.1788	2.6810	3.0545
13	0.6938	1.3502	1.7709	2.1604	2.6503	3.0123
14	0.6924	1.3450	1.7613	2.1448	2.6245	2.9768
15	0.6912	1.3406	1.7531	2.1315	2.6025	2.9467
16	0.6901	1.3368	1.7459	2.1199	2.5835	2.9208
17	0.6892	1.3334	1.7396	2.1098	2.5669	2.8982
18	0.6884	1.3304	1.7341	2.1009	2.5524	2.8784
19	0.6876	1.3277	1.7291	2.0930	2.5395	2.8609
20	0.6870	1.3253	1.7247	2.0860	2.5280	2.8453
21	0.6864	1.3232	1.7207	2.0796	2.5177	2.8314
22	0.6858	1.3212	1.7171	2.0739	2.5083	2.8188
23	0.6853	1.3195	1.7139	2.0687	2.4999	2.8073
24	0.6848	1.3178	1.7109	2.0639	2.4922	2.7969
25	0.6844	1.3163	1.7081	2.0595	2.4851	2.7874
26	0.6840	1.3150	1.7056	2.0555	2.4786	2.7787
27	0.6837	1.3137	1.7033	2.0518	2.4727	2.7707
28	0.6834	1.3125	1.7011	2.0484	2.4671	2.7633
29	0.6830	1.3114	1.6991	2.0452	2.4620	2.7564
30	0.6828	1.3104	1.6973	2.0423	2.4573	2.7500
31	0.6825	1.3095	1.6955	2.0395	2.4528	2.7440
32	0.6822	1.3086	1.6939	2.0369	2.4487	2.7385
33	0.6820	1.3077	1.6924	2.0345	2.4448	2.7333
34	0.6818	1.3070	1.6909	2.0322	2.4411	2.7284
35	0.6816	1.3062	1.6896	2.0301	2.4377	2.7238
36	0.6814	1.3055	1.6883	2.0281	2.4345	2.7195
37	0.6812	1.3049	1.6871	2.0262	2.4314	2.7154
38	0.6810	1.3042	1.6860	2.0244	2.4286	2.7116
39	0.6808	1.3036	1.6849	2.0227	2.4258	2.7079
40	0.6807	1.3031	1.6839	2.0211	2.4233	2.7045
41	0.6805	1.3025	1.6829	2.0195	2.4208	2.7012
42	0.6804	1.3020	1.6820	2.0181	2.4185	2.6981
43	0.6802	1.3016	1.6811	2.0167	2.4163	2.6951
44	0.6801	1.3011	1.6802	2.0154	2.4141	2.6923
45	0.6800	1.3006	1.6794	2.0141	2.4121	2.6896

附录四 χ^2 分布表

$P\{\chi^2(n) > \chi_\alpha^2(n)\} = \alpha$

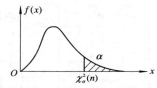

n	α=0.995	0.99	0.975	0.95	0.90	0.75
1	—	—	0.001	0.004	0.016	0.102
2	0.010	0.020	0.051	0.103	0.211	0.575
3	0.072	0.115	0.216	0.352	0.584	1.213
4	0.207	0.297	0.484	0.711	1.064	1.923
5	0.412	0.554	0.831	1.145	1.610	2.675
6	0.676	0.872	1.237	1.635	2.204	3.455
7	0.989	1.239	1.690	2.167	2.833	4.255
8	1.344	1.646	2.180	2.733	3.490	5.071
9	1.735	2.088	2.700	3.325	4.168	5.899
10	2.156	2.558	3.247	3.940	4.865	6.737
11	2.603	3.053	3.816	4.575	5.578	7.584
12	3.074	3.571	4.404	5.226	6.304	8.438
13	3.565	4.107	5.009	5.892	7.042	9.299
14	4.075	4.660	5.629	6.571	7.790	10.165
15	4.601	5.229	6.262	7.261	8.547	11.037
16	5.142	5.812	6.908	7.962	9.312	11.912
17	5.697	6.408	7.564	8.672	10.085	12.792
18	6.265	7.015	8.231	9.390	10.865	13.675
19	6.844	7.633	8.907	10.117	11.651	14.562
20	7.434	8.260	9.591	10.851	12.443	15.452
21	8.034	8.897	10.283	11.591	13.240	16.344
22	8.643	9.542	10.982	12.338	14.042	17.240
23	9.260	10.196	11.689	13.091	14.848	18.137
24	9.886	10.856	12.401	13.848	15.659	19.037
25	10.520	11.524	13.120	14.611	16.473	19.939
26	11.160	12.198	13.844	15.379	17.292	20.843
27	11.808	12.879	14.573	16.151	18.114	21.749
28	12.461	13.565	15.308	16.928	18.939	22.657
29	13.121	14.257	16.047	17.708	19.768	23.567
30	13.787	14.954	16.791	18.493	20.599	24.478
31	14.458	15.655	17.539	19.281	21.434	25.390
32	15.134	16.362	18.291	20.072	22.271	26.304
33	15.815	17.074	19.047	20.867	23.110	27.219
34	16.501	17.789	19.806	21.664	23.952	28.136
35	17.192	18.509	20.569	22.465	24.797	29.054
36	17.887	19.233	21.336	23.269	25.643	29.973
37	18.586	19.960	22.106	24.075	26.492	30.893
38	19.289	20.691	22.878	24.884	27.343	31.815
39	19.996	21.426	23.654	25.695	28.196	32.737
40	20.707	22.164	24.433	26.509	29.051	33.660
41	21.421	22.906	25.215	27.326	29.907	34.585
42	22.138	23.650	25.999	28.144	30.765	35.510
43	22.859	24.398	26.785	28.965	31.625	36.436
44	23.584	25.148	27.575	29.787	32.487	37.363
45	24.311	25.901	28.366	30.612	33.350	38.291

续表

n	$\alpha=0.25$	0.10	0.05	0.025	0.01	0.005
1	1.323	2.706	3.841	5.024	6.635	7.879
2	2.773	4.605	5.991	7.378	9.210	10.597
3	4.108	6.251	7.815	9.348	11.345	12.838
4	5.385	7.779	9.488	11.143	13.277	14.860
5	6.626	9.236	11.071	12.833	15.086	16.750
6	7.841	10.645	12.592	14.449	16.812	18.548
7	9.037	12.017	14.067	16.013	18.475	20.278
8	10.219	13.362	15.507	17.535	20.090	21.955
9	11.389	14.684	16.919	19.023	21.666	23.589
10	12.549	15.987	18.307	20.483	23.209	25.188
11	13.701	17.275	19.675	21.920	24.725	26.757
12	14.845	18.549	21.026	23.337	26.217	28.299
13	15.984	19.812	22.362	24.736	27.688	29.819
14	17.117	21.064	23.685	26.119	29.141	31.319
15	18.245	22.307	24.996	27.488	30.578	32.801
16	19.369	23.542	26.296	28.845	32.000	34.267
17	20.489	24.769	27.587	30.191	33.409	35.718
18	21.605	25.989	28.869	31.526	34.805	37.156
19	22.718	27.204	30.144	32.852	36.191	38.582
20	23.828	28.412	31.410	34.170	37.566	39.997
21	24.935	29.615	32.671	35.479	38.932	41.401
22	26.039	30.813	33.924	36.781	40.289	42.796
23	27.141	32.007	35.172	38.076	41.638	44.181
24	28.241	33.196	36.415	39.364	42.980	45.559
25	29.339	34.382	37.652	40.646	44.314	46.928
26	30.435	35.563	38.885	41.923	45.642	48.290
27	31.528	36.741	40.113	43.194	46.963	49.645
28	32.620	37.916	41.337	44.461	48.278	50.993
29	33.711	39.087	42.557	45.722	49.588	52.336
30	34.800	40.256	43.773	46.979	50.892	53.672
31	35.887	41.422	44.985	48.232	52.191	55.003
32	36.973	42.585	46.194	49.480	53.486	56.328
33	38.058	43.745	47.400	50.725	54.776	57.648
34	39.141	44.903	48.602	51.966	56.061	58.964
35	40.223	46.059	49.802	53.203	57.342	60.275
36	41.304	47.212	50.998	54.437	58.619	61.581
37	42.383	48.363	52.192	55.668	59.892	62.883
38	43.462	49.513	53.384	56.896	61.162	64.181
39	44.539	50.660	54.572	58.120	62.428	65.476
40	45.616	51.805	55.758	59.342	63.691	66.766
41	46.692	52.949	56.942	60.561	64.950	68.053
42	47.766	54.090	58.124	61.777	66.206	69.336
43	48.840	55.230	59.304	62.990	67.459	70.616
44	49.913	56.369	60.481	64.201	68.710	71.893
45	50.985	57.505	61.656	65.410	69.957	73.166

附录五 F 分布表

$$P\{F(n_1, n_2) > F_\alpha(n_1, n_2)\} = \alpha$$

$\alpha = 0.10$

n_1 \ n_2	1	2	3	4	5	6	7	8	9	10	12	15	20	24	30	40	60	120	∞
1	39.86	49.50	53.59	55.83	57.24	58.20	58.91	59.44	59.86	60.19	60.71	61.22	61.74	62.00	62.26	62.53	62.79	63.06	63.33
2	8.53	9.00	9.16	9.24	9.29	9.33	9.35	9.37	9.38	9.39	9.41	9.42	9.44	9.45	9.46	9.47	9.47	9.48	9.49
3	5.54	5.46	5.39	5.34	5.31	5.28	5.27	5.25	5.24	5.23	5.22	5.20	5.18	5.18	5.17	5.16	5.15	5.14	5.13
4	4.54	4.32	4.19	4.11	4.05	4.01	3.98	3.95	3.94	3.92	3.90	3.87	3.84	3.83	3.82	3.80	3.79	3.78	3.76
5	4.06	3.78	3.62	3.52	3.45	3.40	3.37	3.34	3.32	3.30	3.27	3.24	3.21	3.19	3.17	3.16	3.14	3.12	3.10
6	3.78	3.46	3.29	3.18	3.11	3.05	3.01	2.98	2.96	2.94	2.90	2.87	2.84	2.82	2.80	2.78	2.76	2.74	2.72
7	3.59	3.26	3.07	2.96	2.88	2.83	2.78	2.75	2.72	2.70	2.67	2.63	2.59	2.58	2.56	2.54	2.51	2.49	2.47
8	3.46	3.11	2.92	2.81	2.73	2.67	2.62	2.59	2.56	2.54	2.50	2.46	2.42	2.40	2.38	2.36	2.34	2.32	2.29
9	3.36	3.01	2.81	2.69	2.61	2.55	2.51	2.47	2.44	2.42	2.38	2.34	2.30	2.28	2.25	2.23	2.21	2.18	2.16
10	3.29	2.92	2.73	2.61	2.52	2.46	2.41	2.38	2.35	2.32	2.28	2.24	2.20	2.18	2.16	2.13	2.11	2.08	2.06
11	3.23	2.86	2.66	2.54	2.45	2.39	2.34	2.30	2.27	2.25	2.21	2.17	2.12	2.10	2.08	2.05	2.03	2.00	1.97
12	3.18	2.81	2.61	2.48	2.39	2.33	2.28	2.24	2.21	2.19	2.15	2.10	2.06	2.04	2.01	1.99	1.96	1.93	1.90
13	3.14	2.76	2.56	2.43	2.35	2.28	2.23	2.20	2.16	2.14	2.10	2.05	2.01	1.98	1.96	1.93	1.90	1.88	1.85
14	3.10	2.73	2.52	2.39	2.31	2.24	2.19	2.15	2.12	2.10	2.05	2.01	1.96	1.94	1.91	1.89	1.86	1.83	1.80
15	3.07	2.70	2.49	2.36	2.27	2.21	2.16	2.12	2.09	2.06	2.02	1.97	1.92	1.90	1.87	1.85	1.82	1.79	1.76
16	3.05	2.67	2.46	2.33	2.24	2.18	2.13	2.09	2.06	2.03	1.99	1.94	1.89	1.87	1.84	1.81	1.78	1.75	1.72
17	3.03	2.64	2.44	2.31	2.22	2.15	2.10	2.06	2.03	2.00	1.96	1.91	1.86	1.84	1.81	1.78	1.75	1.72	1.69
18	3.01	2.62	2.42	2.29	2.20	2.13	2.08	2.04	2.00	1.98	1.93	1.89	1.84	1.81	1.78	1.75	1.72	1.69	1.66
19	2.99	2.61	2.40	2.27	2.18	2.11	2.06	2.02	1.98	1.96	1.91	1.86	1.81	1.79	1.76	1.73	1.70	1.67	1.63

续表一

n_1 \ n_2	1	2	3	4	5	6	7	8	9	10	12	15	20	24	30	40	60	120	∞
20	2.97	2.59	2.38	2.25	2.16	2.09	2.04	2.00	1.96	1.94	1.89	1.84	1.79	1.77	1.74	1.71	1.68	1.64	1.61
21	2.96	2.57	2.36	2.23	2.14	2.08	2.02	1.98	1.95	1.92	1.87	1.83	1.78	1.75	1.72	1.69	1.66	1.62	1.59
22	2.95	2.56	2.35	2.22	2.13	2.06	2.01	1.97	1.93	1.90	1.86	1.81	1.76	1.73	1.70	1.67	1.64	1.60	1.57
23	2.94	2.55	2.34	2.21	2.11	2.05	1.99	1.95	1.92	1.89	1.84	1.80	1.74	1.72	1.69	1.66	1.62	1.59	1.55
24	2.93	2.54	2.33	2.19	2.10	2.04	1.98	1.94	1.91	1.88	1.83	1.78	1.73	1.70	1.67	1.64	1.61	1.57	1.53
25	2.92	2.53	2.32	2.18	2.09	2.02	1.97	1.93	1.89	1.87	1.82	1.77	1.72	1.69	1.66	1.63	1.59	1.56	1.52
26	2.91	2.52	2.31	2.17	2.08	2.01	1.96	1.92	1.88	1.86	1.81	1.76	1.71	1.68	1.65	1.61	1.58	1.54	1.50
27	2.90	2.51	2.30	2.17	2.07	2.00	1.95	1.91	1.87	1.85	1.80	1.75	1.70	1.67	1.64	1.60	1.57	1.53	1.49
28	2.89	2.50	2.29	2.16	2.06	2.00	1.94	1.90	1.87	1.84	1.79	1.74	1.69	1.66	1.63	1.59	1.56	1.52	1.48
29	2.89	2.50	2.28	2.15	2.06	1.99	1.93	1.89	1.86	1.83	1.78	1.73	1.68	1.65	1.62	1.58	1.55	1.51	1.47
30	2.88	2.49	2.28	2.14	2.05	1.98	1.93	1.88	1.85	1.82	1.77	1.72	1.67	1.64	1.61	1.57	1.54	1.50	1.46
40	2.84	2.44	2.23	2.09	2.00	1.93	1.87	1.83	1.79	1.76	1.71	1.66	1.61	1.57	1.54	1.51	1.47	1.42	1.38
60	2.79	2.39	2.18	2.04	1.95	1.87	1.82	1.77	1.74	1.71	1.66	1.60	1.54	1.51	1.48	1.44	1.40	1.35	1.29
120	2.75	2.35	2.13	1.99	1.90	1.82	1.77	1.72	1.68	1.65	1.60	1.55	1.48	1.45	1.41	1.37	1.32	1.26	1.19
∞	2.71	2.30	2.08	1.94	1.85	1.77	1.72	1.67	1.63	1.60	1.55	1.49	1.42	1.38	1.34	1.30	1.24	1.17	1.00

$\alpha = 0.05$

n_1 \ n_2	1	2	3	4	5	6	7	8	9	10	12	15	20	24	30	40	60	120	∞
1	161.4	199.5	215.7	224.6	230.2	234.0	236.8	238.9	240.5	241.9	243.9	245.9	248.0	249.1	250.1	251.1	252.2	253.3	254.3
2	18.51	19.00	19.16	19.25	19.30	19.33	19.35	19.37	19.38	19.40	19.41	19.43	19.45	19.45	19.46	19.47	19.48	19.49	19.50
3	10.13	9.55	9.28	9.12	9.01	8.94	8.89	8.85	8.81	8.79	8.74	8.70	8.66	8.64	8.62	8.59	8.57	8.55	8.53
4	7.71	6.94	6.59	6.39	6.26	6.16	6.09	6.04	6.00	5.96	5.91	5.86	5.80	5.77	5.75	5.72	5.69	5.66	5.63
5	6.61	5.79	5.41	5.19	5.05	4.95	4.88	4.82	4.77	4.74	4.68	4.62	4.56	4.53	4.50	4.46	4.43	4.40	4.36
6	5.99	5.14	4.76	4.53	4.39	4.28	4.21	4.15	4.10	4.06	4.00	3.94	3.87	3.84	3.81	3.77	3.74	3.70	3.67
7	5.59	4.74	4.35	4.12	3.97	3.87	3.79	3.73	3.68	3.64	3.57	3.51	3.44	3.41	3.38	3.34	3.30	3.27	3.23
8	5.32	4.46	4.07	3.84	3.69	3.58	3.50	3.44	3.39	3.35	3.28	3.22	3.15	3.12	3.08	3.04	3.01	2.97	2.93
9	5.12	4.26	3.86	3.63	3.48	3.37	3.29	3.23	3.18	3.14	3.07	3.01	2.94	2.90	2.86	2.83	2.79	2.75	2.71

续表二

附录五 F 分布表

n_2 \ n_1	1	2	3	4	5	6	7	8	9	10	12	15	20	24	30	40	60	120	∞
10	4.96	4.10	3.71	3.48	3.33	3.22	3.14	3.07	3.02	2.98	2.91	2.85	2.77	2.74	2.70	2.66	2.62	2.58	2.54
11	4.84	3.98	3.59	3.36	3.20	3.09	3.01	2.95	2.90	2.85	2.79	2.72	2.65	2.61	2.57	2.53	2.49	2.45	2.40
12	4.75	3.89	3.49	3.26	3.11	3.00	2.91	2.85	2.80	2.75	2.69	2.62	2.54	2.51	2.47	2.43	2.38	2.34	2.30
13	4.67	3.81	3.41	3.18	3.03	2.92	2.83	2.77	2.71	2.67	2.60	2.53	2.46	2.42	2.38	2.34	2.30	2.25	2.21
14	4.60	3.74	3.34	3.11	2.96	2.85	2.76	2.70	2.65	2.60	2.53	2.46	2.39	2.35	2.31	2.27	2.22	2.18	2.13
15	4.54	3.68	3.29	3.06	2.90	2.79	2.71	2.64	2.59	2.54	2.48	2.40	2.33	2.29	2.25	2.20	2.16	2.11	2.07
16	4.49	3.63	3.24	3.01	2.85	2.74	2.66	2.59	2.54	2.49	2.42	2.35	2.28	2.24	2.19	2.15	2.11	2.06	2.01
17	4.45	3.59	3.20	2.96	2.81	2.70	2.61	2.55	2.49	2.45	2.38	2.31	2.23	2.19	2.15	2.10	2.06	2.01	1.96
18	4.41	3.55	3.16	2.93	2.77	2.66	2.58	2.51	2.46	2.41	2.34	2.27	2.19	2.15	2.11	2.06	2.02	1.97	1.92
19	4.38	3.52	3.13	2.90	2.74	2.63	2.54	2.48	2.42	2.38	2.31	2.23	2.16	2.11	2.07	2.03	1.98	1.93	1.88
20	4.35	3.49	3.10	2.87	2.71	2.60	2.51	2.45	2.39	2.35	2.28	2.20	2.12	2.08	2.04	1.99	1.95	1.90	1.84
21	4.32	3.47	3.07	2.84	2.68	2.57	2.49	2.42	2.37	2.32	2.25	2.18	2.10	2.05	2.01	1.96	1.92	1.87	1.81
22	4.30	3.44	3.05	2.82	2.66	2.55	2.46	2.40	2.34	2.30	2.23	2.15	2.07	2.03	1.98	1.94	1.89	1.84	1.78
23	4.28	3.42	3.03	2.80	2.64	2.53	2.44	2.37	2.32	2.27	2.20	2.13	2.05	2.01	1.96	1.91	1.86	1.81	1.76
24	4.26	3.40	3.01	2.78	2.62	2.51	2.42	2.36	2.30	2.25	2.18	2.11	2.03	1.98	1.94	1.89	1.84	1.79	1.73
25	4.24	3.39	2.99	2.76	2.60	2.49	2.40	2.34	2.28	2.24	2.16	2.09	2.01	1.96	1.92	1.87	1.82	1.77	1.71
26	4.23	3.37	2.98	2.74	2.59	2.47	2.39	2.32	2.27	2.22	2.15	2.07	1.99	1.95	1.90	1.85	1.80	1.75	1.69
27	4.21	3.35	2.96	2.73	2.57	2.46	2.37	2.31	2.25	2.20	2.13	2.06	1.97	1.93	1.88	1.84	1.79	1.73	1.67
28	4.20	3.34	2.95	2.71	2.56	2.45	2.36	2.29	2.24	2.19	2.12	2.04	1.96	1.91	1.87	1.82	1.77	1.71	1.65
29	4.18	3.33	2.93	2.70	2.55	2.43	2.35	2.28	2.22	2.18	2.10	2.03	1.94	1.90	1.85	1.81	1.75	1.70	1.64
30	4.17	3.32	2.92	2.69	2.53	2.42	2.33	2.27	2.21	2.16	2.09	2.01	1.93	1.89	1.84	1.79	1.74	1.68	1.62
40	4.08	3.23	2.84	2.61	2.45	2.34	2.25	2.18	2.12	2.08	2.00	1.92	1.84	1.79	1.74	1.69	1.64	1.58	1.51
60	4.00	3.15	2.76	2.53	2.37	2.25	2.17	2.10	2.04	1.99	1.92	1.84	1.75	1.70	1.65	1.59	1.53	1.47	1.39
120	3.92	3.07	2.68	2.45	2.29	2.17	2.09	2.02	1.96	1.91	1.83	1.75	1.66	1.61	1.55	1.50	1.43	1.35	1.25
∞	3.84	3.00	2.60	2.37	2.21	2.10	2.01	1.94	1.88	1.83	1.75	1.67	1.57	1.52	1.46	1.39	1.32	1.22	1.00

续表三 $\alpha=0.025$

n_1 \ n_2	1	2	3	4	5	6	7	8	9	10	12	15	20	24	30	40	60	120	∞
1	647.8	799.5	864.2	899.6	921.8	937.1	948.2	956.7	963.3	968.6	976.7	984.9	993.1	997.2	1001	1006	1010	1014	1018
2	38.51	39.00	39.17	39.25	39.30	39.33	39.36	39.37	39.39	39.40	39.41	39.43	39.45	39.46	39.46	39.47	39.48	39.49	39.50
3	17.44	16.04	15.44	15.10	14.88	14.73	14.62	14.54	14.47	14.42	14.34	14.25	14.17	14.12	14.08	14.04	13.99	13.95	13.90
4	12.22	10.65	9.98	9.60	9.36	9.20	9.07	8.98	8.90	8.84	8.75	8.66	8.56	8.51	8.46	8.41	8.36	8.31	8.26
5	10.01	8.43	7.76	7.39	7.15	6.98	6.85	6.76	6.68	6.62	6.52	6.43	6.33	6.28	6.23	6.18	6.12	6.07	6.02
6	8.81	7.26	6.60	6.23	5.99	5.82	5.70	5.60	5.52	5.46	5.37	5.27	5.17	5.12	5.07	5.01	4.96	4.90	4.85
7	8.07	6.54	5.89	5.52	5.29	5.12	4.99	4.90	4.82	4.76	4.67	4.57	4.47	4.42	4.36	4.31	4.25	4.20	4.14
8	7.57	6.06	5.42	5.05	4.82	4.65	4.53	4.43	4.36	4.30	4.20	4.10	4.00	3.95	3.89	3.84	3.78	3.73	3.67
9	7.21	5.71	5.08	4.72	4.48	4.32	4.20	4.10	4.03	3.96	3.87	3.77	3.67	3.61	3.56	3.51	3.45	3.39	3.33
10	6.94	5.46	4.83	4.47	4.24	4.07	3.95	3.85	3.78	3.72	3.62	3.52	3.42	3.37	3.31	3.26	3.20	3.14	3.08
11	6.72	5.26	4.63	4.28	4.04	3.88	3.76	3.66	3.59	3.53	3.43	3.33	3.23	3.17	3.12	3.06	3.00	2.94	2.88
12	6.55	5.10	4.47	4.12	3.89	3.73	3.61	3.51	3.44	3.37	3.28	3.18	3.07	3.02	2.96	2.91	2.85	2.79	2.72
13	6.41	4.97	4.35	4.00	3.77	3.60	3.48	3.39	3.31	3.25	3.15	3.05	2.95	2.89	2.84	2.78	2.72	2.66	2.60
14	6.30	4.86	4.24	3.89	3.66	3.50	3.38	3.29	3.21	3.15	3.05	2.95	2.84	2.79	2.73	2.67	2.61	2.55	2.49
15	6.20	4.77	4.15	3.80	3.58	3.41	3.29	3.20	3.12	3.06	2.96	2.86	2.76	2.70	2.64	2.59	2.52	2.46	2.40
16	6.12	4.69	4.08	3.73	3.50	3.34	3.22	3.12	3.05	2.99	2.89	2.79	2.68	2.63	2.57	2.51	2.45	2.38	2.32
17	6.04	4.62	4.01	3.66	3.44	3.28	3.16	3.06	2.98	2.92	2.82	2.72	2.62	2.56	2.50	2.44	2.38	2.32	2.25
18	5.98	4.56	3.95	3.61	3.38	3.22	3.10	3.01	2.93	2.87	2.77	2.67	2.56	2.50	2.44	2.38	2.32	2.26	2.19
19	5.92	4.51	3.90	3.56	3.33	3.17	3.05	2.96	2.88	2.82	2.72	2.62	2.51	2.45	2.39	2.33	2.27	2.20	2.13
20	5.87	4.46	3.86	3.51	3.29	3.13	3.01	2.91	2.84	2.77	2.68	2.57	2.46	2.41	2.35	2.29	2.22	2.16	2.09
21	5.83	4.42	3.82	3.48	3.25	3.09	2.97	2.87	2.80	2.73	2.64	2.53	2.42	2.37	2.31	2.25	2.18	2.11	2.04
22	5.79	4.38	3.78	3.44	3.22	3.05	2.93	2.84	2.76	2.70	2.60	2.50	2.39	2.33	2.27	2.21	2.14	2.08	2.00
23	5.75	4.35	3.75	3.41	3.18	3.02	2.90	2.81	2.73	2.67	2.57	2.47	2.36	2.30	2.24	2.18	2.11	2.04	1.97
24	5.72	4.32	3.72	3.38	3.15	2.99	2.87	2.78	2.70	2.64	2.54	2.44	2.33	2.27	2.21	2.15	2.08	2.01	1.94

附录五 F分布表

续表四

n_2 \ n_1	1	2	3	4	5	6	7	8	9	10	12	15	20	24	30	40	60	120	∞
25	5.69	4.29	3.69	3.35	3.13	2.97	2.85	2.75	2.68	2.61	2.51	2.41	2.30	2.24	2.18	2.12	2.05	1.98	1.91
26	5.66	4.27	3.67	3.33	3.10	2.94	2.82	2.73	2.65	2.59	2.49	2.39	2.28	2.22	2.16	2.09	2.03	1.95	1.88
27	5.63	4.24	3.65	3.31	3.08	2.92	2.80	2.71	2.63	2.57	2.47	2.36	2.25	2.19	2.13	2.07	2.00	1.93	1.85
28	5.61	4.22	3.63	3.29	3.06	2.90	2.78	2.69	2.61	2.55	2.45	2.34	2.23	2.17	2.11	2.05	1.98	1.91	1.83
29	5.59	4.20	3.61	3.27	3.04	2.88	2.76	2.67	2.59	2.53	2.43	2.32	2.21	2.15	2.09	2.03	1.96	1.89	1.81
30	5.57	4.18	3.59	3.25	3.03	2.87	2.75	2.65	2.57	2.51	2.41	2.31	2.20	2.14	2.07	2.01	1.94	1.87	1.79
40	5.42	4.05	3.46	3.13	2.90	2.74	2.62	2.53	2.45	2.39	2.29	2.18	2.07	2.01	1.94	1.88	1.80	1.72	1.64
60	5.29	3.93	3.34	3.01	2.79	2.63	2.51	2.41	2.33	2.27	2.17	2.06	1.94	1.88	1.82	1.74	1.67	1.58	1.48
120	5.15	3.80	3.23	2.89	2.67	2.52	2.39	2.30	2.22	2.16	2.05	1.94	1.82	1.76	1.69	1.61	1.53	1.43	1.31
∞	5.02	3.69	3.12	2.79	2.57	2.41	2.29	2.19	2.11	2.05	1.94	1.83	1.71	1.64	1.57	1.48	1.39	1.27	1.00

$\alpha = 0.01$

n_2 \ n_1	1	2	3	4	5	6	7	8	9	10	12	15	20	24	30	40	60	120	∞
1	4052	4999.5	5403	5625	5764	5859	5928	5982	6022	6056	6106	6157	6209	6235	6261	6287	6313	6339	6366
2	98.50	99.00	99.17	99.25	99.30	99.33	99.36	99.37	99.39	99.40	99.42	99.43	99.45	99.46	99.47	99.47	99.48	99.49	99.50
3	34.12	30.82	29.46	28.71	28.24	27.91	27.67	27.49	27.35	27.23	27.05	26.87	26.69	26.60	26.50	26.41	26.32	26.22	26.13
4	21.20	18.00	16.69	15.98	15.52	15.21	14.98	14.80	14.66	14.55	14.37	14.20	14.02	13.93	13.84	13.75	13.65	13.56	13.46
5	16.26	13.27	12.06	11.39	10.97	10.67	10.46	10.29	10.16	10.05	9.89	9.72	9.55	9.47	9.38	9.29	9.20	9.11	9.02
6	13.75	10.92	9.78	9.15	8.75	8.47	8.26	8.10	7.98	7.87	7.72	7.56	7.40	7.31	7.23	7.14	7.06	6.97	6.88
7	12.25	9.55	8.45	7.85	7.46	7.19	6.99	6.84	6.72	6.62	6.47	6.31	6.16	6.07	5.99	5.91	5.82	5.74	5.65
8	11.26	8.65	7.59	7.01	6.63	6.37	6.18	6.03	5.91	5.81	5.67	5.52	5.36	5.28	5.20	5.12	5.03	4.95	4.86
9	10.56	8.02	6.99	6.42	6.06	5.80	5.61	5.47	5.35	5.26	5.11	4.96	4.81	4.73	4.65	4.57	4.48	4.40	4.31

续表五

n_1 \ n_2	1	2	3	4	5	6	7	8	9	10	12	15	20	24	30	40	60	120	∞
10	10.04	7.56	6.55	5.99	5.64	5.39	5.20	5.06	4.94	4.85	4.71	4.56	4.41	4.33	4.25	4.17	4.08	4.00	3.91
11	9.65	7.21	6.22	5.67	5.32	5.07	4.89	4.74	4.63	4.54	4.40	4.25	4.10	4.02	3.94	3.86	3.78	3.69	3.60
12	9.33	6.93	5.95	5.41	5.06	4.82	4.64	4.50	4.39	4.30	4.16	4.01	3.86	3.78	3.70	3.62	3.54	3.45	3.36
13	9.07	6.70	5.74	5.21	4.86	4.62	4.44	4.30	4.19	4.10	3.96	3.82	3.66	3.59	3.51	3.43	3.34	3.25	3.17
14	8.86	6.51	5.56	5.04	4.69	4.46	4.28	4.14	4.03	3.94	3.80	3.66	3.51	3.43	3.35	3.27	3.18	3.09	3.00
15	8.68	6.36	5.42	4.89	4.56	4.32	4.14	4.00	3.89	3.80	3.67	3.52	3.37	3.29	3.21	3.13	3.05	2.96	2.87
16	8.53	6.23	5.29	4.77	4.44	4.20	4.03	3.89	3.78	3.69	3.55	3.41	3.26	3.18	3.10	3.02	2.93	2.84	2.75
17	8.40	6.11	5.18	4.67	4.34	4.10	3.93	3.79	3.68	3.59	3.46	3.31	3.16	3.08	3.00	2.92	2.83	2.75	2.65
18	8.29	6.01	5.09	4.58	4.25	4.01	3.84	3.71	3.60	3.51	3.37	3.23	3.08	3.00	2.92	2.84	2.75	2.66	2.57
19	8.18	5.93	5.01	4.50	4.17	3.94	3.77	3.63	3.52	3.43	3.30	3.15	3.00	2.92	2.84	2.76	2.67	2.58	2.49
20	8.10	5.85	4.94	4.43	4.10	3.87	3.70	3.56	3.46	3.37	3.23	3.09	2.94	2.86	2.78	2.69	2.61	2.52	2.42
21	8.02	5.78	4.87	4.37	4.04	3.81	3.64	3.51	3.40	3.31	3.17	3.03	2.88	2.80	2.72	2.64	2.55	2.46	2.36
22	7.95	5.72	4.82	4.31	3.99	3.76	3.59	3.45	3.35	3.26	3.12	2.98	2.83	2.75	2.67	2.58	2.50	2.40	2.31
23	7.88	5.66	4.76	4.26	3.94	3.71	3.54	3.41	3.30	3.21	3.07	2.93	2.78	2.70	2.62	2.54	2.45	2.35	2.26
24	7.82	5.61	4.72	4.22	3.90	3.67	3.50	3.36	3.26	3.17	3.03	2.89	2.74	2.66	2.58	2.49	2.40	2.31	2.21
25	7.77	5.57	4.68	4.18	3.85	3.63	3.46	3.32	3.22	3.13	2.99	2.85	2.70	2.62	2.54	2.45	2.36	2.27	2.17
26	7.72	5.53	4.64	4.14	3.82	3.59	3.42	3.29	3.18	3.09	2.96	2.81	2.66	2.58	2.50	2.42	2.33	2.23	2.13
27	7.68	5.49	4.60	4.11	3.78	3.56	3.39	3.26	3.15	3.06	2.93	2.78	2.63	2.55	2.47	2.38	2.29	2.20	2.10
28	7.64	5.45	4.57	4.07	3.75	3.53	3.36	3.23	3.12	3.03	2.90	2.75	2.60	2.52	2.44	2.35	2.26	2.17	2.06
29	7.60	5.42	4.54	4.04	3.73	3.50	3.33	3.20	3.09	3.00	2.87	2.73	2.57	2.49	2.41	2.33	2.23	2.14	2.03
30	7.56	5.39	4.51	4.02	3.70	3.47	3.30	3.17	3.07	2.98	2.84	2.70	2.55	2.47	2.39	2.30	2.21	2.11	2.01
40	7.31	5.18	4.31	3.83	3.51	3.29	3.12	2.99	2.89	2.80	2.66	2.52	2.37	2.29	2.20	2.11	2.02	1.92	1.80
60	7.08	4.98	4.13	3.65	3.34	3.12	2.95	2.82	2.72	2.63	2.50	2.35	2.20	2.12	2.03	1.94	1.84	1.73	1.60
120	6.85	4.79	3.95	3.48	3.17	2.96	2.79	2.66	2.56	2.47	2.34	2.19	2.03	1.95	1.86	1.76	1.66	1.53	1.38
∞	6.63	4.61	3.78	3.32	3.02	2.80	2.64	2.51	2.41	2.32	2.18	2.04	1.88	1.79	1.70	1.59	1.47	1.32	1.00

附录五 F 分布表

续表六

$\alpha = 0.005$

n_1 \ n_2	1	2	3	4	5	6	7	8	9	10	12	15	20	24	30	40	60	120	∞
1	16211	20000	21615	22500	23056	23437	23715	23925	24091	24224	24426	24630	24836	24940	25044	25148	25253	25359	25465
2	198.5	199.0	199.2	199.2	199.3	199.3	199.4	199.4	199.4	199.4	199.4	199.4	199.4	199.5	199.5	199.5	199.5	199.5	199.5
3	55.55	49.80	47.47	46.19	45.39	44.84	44.43	44.13	43.88	43.69	43.39	43.08	42.78	42.62	42.47	42.31	42.15	41.99	41.83
4	31.33	26.28	24.26	23.15	22.46	21.97	21.62	21.35	21.14	20.97	20.70	20.44	20.17	20.03	19.89	19.75	19.61	19.47	19.32
5	22.78	18.31	16.53	15.56	14.94	14.51	14.20	13.96	13.77	13.62	13.38	13.15	12.90	12.78	12.66	12.53	12.40	12.27	12.14
6	18.63	14.54	12.92	12.03	11.46	11.07	10.79	10.57	10.39	10.25	10.03	9.81	9.59	9.47	9.36	9.24	9.12	9.00	8.88
7	16.24	12.40	10.88	10.05	9.52	9.16	8.89	8.68	8.51	8.38	8.18	7.97	7.75	7.65	7.53	7.42	7.31	7.19	7.08
8	14.69	11.04	9.60	8.81	8.30	7.95	7.69	7.50	7.34	7.21	7.01	6.81	6.61	6.50	6.40	6.29	6.18	6.06	5.95
9	13.61	10.11	8.72	7.96	7.47	7.13	6.88	6.69	6.54	6.42	6.23	6.03	5.83	5.73	5.62	5.52	5.41	5.30	5.19
10	12.83	9.43	8.08	7.34	6.87	6.54	6.30	6.12	5.97	5.85	5.66	5.47	5.27	5.17	5.07	4.97	4.86	4.75	4.64
11	12.23	8.91	7.60	6.88	6.42	6.10	5.86	5.68	5.54	5.42	5.24	5.05	4.86	4.76	4.65	4.55	4.44	4.34	4.23
12	11.75	8.51	7.23	6.52	6.07	5.76	5.52	5.35	5.20	5.09	4.91	4.72	4.53	4.43	4.33	4.23	4.12	4.01	3.90
13	11.37	8.19	6.93	6.23	5.79	5.48	5.25	5.08	4.94	4.82	4.64	4.46	4.27	4.17	4.07	3.97	3.87	3.76	3.65
14	11.06	7.92	6.68	6.00	5.56	5.26	5.03	4.86	4.72	4.60	4.43	4.25	4.06	3.96	3.86	3.76	3.66	3.55	3.44
15	10.80	7.70	6.48	5.80	5.37	5.07	4.85	4.67	4.54	4.42	4.25	4.07	3.88	3.79	3.69	3.58	3.48	3.37	3.26
16	10.58	7.51	6.30	5.64	5.21	4.91	4.69	4.52	4.38	4.27	4.10	3.92	3.73	3.64	3.54	3.44	3.33	3.22	3.11
17	10.38	7.35	6.16	5.50	5.07	4.78	4.56	4.39	4.25	4.14	3.97	3.79	3.61	3.51	3.41	3.31	3.21	3.10	2.98
18	10.22	7.21	6.03	5.37	4.96	4.66	4.44	4.28	4.14	4.03	3.86	3.68	3.50	3.40	3.30	3.20	3.10	2.99	2.87
19	10.07	7.09	5.92	5.27	4.85	4.56	4.34	4.18	4.04	3.93	3.76	3.59	3.40	3.31	3.21	3.11	3.00	2.89	2.78
20	9.94	6.99	5.82	5.17	4.76	4.47	4.26	4.09	3.96	3.85	3.68	3.50	3.32	3.22	3.12	3.02	2.92	2.81	2.69
21	9.83	6.89	5.73	5.09	4.68	4.39	4.18	4.01	3.88	3.77	3.60	3.43	3.24	3.15	3.05	2.95	2.84	2.73	2.61
22	9.73	6.81	5.65	5.02	4.61	4.32	4.11	3.94	3.81	3.70	3.54	3.36	3.18	3.08	2.98	2.88	2.77	2.66	2.55
23	9.63	6.73	5.58	4.95	4.54	4.26	4.05	3.88	3.75	3.64	3.47	3.30	3.12	3.02	2.92	2.82	2.71	2.60	2.48
24	9.55	6.66	5.52	4.89	4.49	4.20	3.99	3.83	3.69	3.59	3.42	3.25	3.06	2.97	2.87	2.77	2.66	2.55	2.43

续表七

n_1 \ n_2	1	2	3	4	5	6	7	8	9	10	12	15	20	24	30	40	60	120	∞
25	9.48	6.60	5.46	4.84	4.43	4.15	3.94	3.78	3.64	3.54	3.37	3.20	3.01	2.92	2.82	2.72	2.61	2.50	2.38
26	9.41	6.54	5.41	4.79	4.38	4.10	3.89	3.73	3.60	3.49	3.33	3.15	2.97	2.87	2.77	2.67	2.56	2.45	2.33
27	9.34	6.49	5.36	4.74	4.34	4.06	3.85	3.69	3.56	3.45	3.28	3.11	2.93	2.83	2.73	2.63	2.52	2.41	2.29
28	9.28	6.44	5.32	4.70	4.30	4.02	3.81	3.65	3.52	3.41	3.25	3.07	2.89	2.79	2.69	2.59	2.48	2.37	2.25
29	9.23	6.40	5.28	4.66	4.26	3.98	3.77	3.61	3.48	3.38	3.21	3.04	2.86	2.76	2.66	2.56	2.45	2.33	2.21
30	9.18	6.35	5.24	4.62	4.23	3.95	3.74	3.58	3.45	3.34	3.18	3.01	2.82	2.73	2.63	2.52	2.42	2.30	2.18
40	8.83	6.07	4.98	4.37	3.99	3.71	3.51	3.35	3.22	3.12	2.95	2.78	2.60	2.50	2.40	2.30	2.18	2.06	1.93
60	8.49	5.79	4.73	4.14	3.76	3.49	3.29	3.13	3.01	2.90	2.74	2.57	2.39	2.29	2.19	2.08	1.96	1.83	1.69
120	8.18	5.54	4.50	3.92	3.55	3.28	3.09	2.93	2.81	2.71	2.54	2.37	2.19	2.09	1.98	1.87	1.75	1.61	1.43
∞	7.88	5.30	4.28	3.72	3.35	3.09	2.90	2.74	2.62	2.52	2.36	2.19	2.00	1.90	1.79	1.67	1.53	1.36	1.00

$\alpha = 0.001$

n_1 \ n_2	1	2	3	4	5	6	7	8	9	10	12	15	20	24	30	40	60	120	∞
1	4053+	5000+	5404+	5625+	5764+	5859+	5929+	5981+	6023+	6056+	6107+	6158+	6209+	6235+	6261+	6287+	6313+	6340+	6366+
2	998.5	999.0	999.2	999.2	999.3	999.3	999.4	999.4	999.4	999.4	999.4	999.4	999.4	999.5	999.5	999.5	999.5	999.5	999.5
3	167.0	148.5	141.1	137.1	134.6	132.8	131.6	130.6	129.9	129.2	128.3	127.4	126.4	125.9	125.4	125.0	124.5	124.0	123.5
4	74.14	61.25	56.18	53.44	51.71	50.53	49.66	49.00	48.47	48.05	47.41	46.76	46.10	45.77	45.43	45.09	44.75	44.40	44.05
5	47.18	37.12	33.20	31.09	29.75	28.84	28.16	27.64	27.24	26.92	26.42	25.91	25.39	25.14	24.87	24.60	24.33	24.06	23.79
6	35.51	27.00	23.70	21.92	20.81	20.03	19.46	19.03	18.69	18.41	17.99	17.56	17.12	16.89	16.67	16.44	16.21	15.99	15.75
7	29.25	21.69	18.77	17.19	16.21	15.52	15.02	14.63	14.33	14.08	13.71	13.32	12.93	12.73	12.53	12.33	12.12	11.91	11.70
8	25.42	18.49	15.83	14.39	13.49	12.86	12.40	12.04	11.77	11.54	11.19	10.84	10.48	10.30	10.11	9.92	9.73	9.53	9.33
9	22.86	16.39	13.90	12.56	11.71	11.13	10.70	10.37	10.11	9.89	9.57	9.24	8.90	8.72	8.55	8.37	8.19	8.00	7.81

附录五 F 分布表

续表八

n_2 \ n_1	1	2	3	4	5	6	7	8	9	10	12	15	20	24	30	40	60	120	∞
10	21.04	14.91	12.55	11.28	10.48	9.92	9.52	9.20	8.96	8.75	8.45	8.13	7.80	7.64	7.47	7.30	7.12	6.94	6.76
11	19.69	13.81	11.56	10.35	9.58	9.05	8.66	8.35	8.12	7.92	7.63	7.32	7.01	6.85	6.68	6.52	6.35	6.17	6.00
12	18.64	12.97	10.80	9.63	8.89	8.38	8.00	7.71	7.48	7.29	7.00	6.71	6.40	6.25	6.09	5.93	5.76	5.59	5.42
13	17.81	12.31	10.21	9.07	8.35	7.86	7.49	7.21	6.98	6.80	6.52	6.23	5.93	5.78	5.63	5.47	5.30	5.14	4.97
14	17.14	11.78	9.73	8.62	7.92	7.43	7.08	6.80	6.58	6.40	6.13	5.85	5.56	5.41	5.25	5.10	4.94	4.77	4.60
15	16.59	11.34	9.34	8.25	7.57	7.09	6.74	6.47	6.26	6.08	5.81	5.54	5.25	5.10	4.95	4.80	4.64	4.47	4.31
16	16.12	10.97	9.00	7.94	7.27	6.81	6.46	6.19	5.98	5.81	5.55	5.27	4.99	4.85	4.70	4.54	4.39	4.23	4.06
17	15.72	10.66	8.73	7.68	7.02	6.56	6.22	5.96	5.75	5.58	5.32	5.05	4.78	4.63	4.48	4.33	4.18	4.02	3.85
18	15.38	10.39	8.49	7.46	6.81	6.35	6.02	5.76	5.56	5.39	5.13	4.87	4.59	4.45	4.30	4.15	4.00	3.84	3.67
19	15.08	10.16	8.28	7.26	6.62	6.18	5.85	5.59	5.39	5.22	4.97	4.70	4.43	4.29	4.14	3.99	3.84	3.68	3.51
20	14.82	9.95	8.10	7.10	6.46	6.02	5.69	5.44	5.24	5.08	4.82	4.56	4.29	4.15	4.00	3.86	3.70	3.54	3.38
21	14.59	9.77	7.94	6.95	6.32	5.88	5.56	5.31	5.11	4.95	4.70	4.44	4.17	4.03	3.88	3.74	3.58	3.42	3.26
22	14.38	9.61	7.80	6.81	6.19	5.76	5.44	5.19	4.99	4.83	4.58	4.33	4.06	3.92	3.78	3.63	3.48	3.32	3.15
23	14.19	9.47	7.67	6.69	6.08	5.65	5.33	5.09	4.89	4.73	4.48	4.23	3.96	3.82	3.68	3.53	3.38	3.22	3.05
24	14.03	9.34	7.55	6.59	5.98	5.55	5.23	4.99	4.80	4.64	4.39	4.14	3.87	3.74	3.59	3.45	3.29	3.14	2.97
25	13.88	9.22	7.45	6.49	5.88	5.46	5.15	4.91	4.71	4.56	4.31	4.06	3.79	3.66	3.52	3.37	3.22	3.06	2.89
26	13.74	9.12	7.36	6.41	5.80	5.38	5.07	4.83	4.64	4.48	4.24	3.99	3.72	3.59	3.44	3.30	3.15	2.99	2.82
27	13.61	9.02	7.27	6.33	5.73	5.31	5.00	4.76	4.57	4.41	4.17	3.92	3.66	3.52	3.38	3.23	3.08	2.92	2.75
28	13.50	8.93	7.19	6.25	5.66	5.24	4.93	4.69	4.50	4.35	4.11	3.86	3.60	3.46	3.32	3.18	3.02	2.86	2.69
29	13.39	8.85	7.12	6.19	5.59	5.18	4.87	4.64	4.45	4.29	4.05	3.80	3.54	3.41	3.27	3.12	2.97	2.81	2.64
30	13.29	8.77	7.05	6.12	5.53	5.12	4.82	4.58	4.39	4.24	4.00	3.75	3.49	3.36	3.22	3.07	2.92	2.76	2.59
40	12.61	8.25	6.60	5.70	5.13	4.73	4.44	4.21	4.02	3.87	3.64	3.40	3.15	3.01	2.87	2.73	2.57	2.41	2.23
60	11.97	7.76	6.17	5.31	4.76	4.37	4.09	3.87	3.69	3.54	3.31	3.08	2.83	2.69	2.55	2.41	2.25	2.08	1.89
120	11.38	7.32	5.79	4.95	4.42	4.04	3.77	3.55	3.38	3.24	3.02	2.78	2.53	2.40	2.26	2.11	1.95	1.76	1.54
∞	10.83	6.91	5.42	4.62	4.10	3.74	3.47	3.27	3.10	2.96	2.74	2.51	2.27	2.13	1.99	1.84	1.66	1.45	1.00

十 表示要将所列数乘以 100

图书在版编目(CIP)数据

概率论与数理统计/温小霓,王光锐编著. —2 版.
—西安:西安电子科技大学出版社,2016.12
(高等学校数学教材系列丛书)
ISBN 978-7-5606-4294-9

Ⅰ. ① 概… Ⅱ. ① 温… ② 王 Ⅲ. ① 概率论—高等学校—教材
② 数理统计—高等学校—教材 Ⅳ. ① O21

中国版本图书馆 CIP 数据核字(2016)第 275726 号

策　　划	李惠萍
责任编辑	李惠萍
出版发行	西安电子科技大学出版社(西安市太白南路2号)
电　　话	(029)88242885　88201467
邮　　编	710071
网　　址	www.xduph.com
电子信箱	xdupfxb001@163.com
经　　销	新华书店
印刷单位	陕西天意印务有限责任公司
版　　次	2016 年 12 月第 2 版　2016 年 12 月第 15 次印刷
开　　本	850 毫米×1168 毫米　1/32　印张 18
字　　数	217 千字
印　　数	62 001～65 000 册
定　　价	20.00 元

ISBN 978-7-5606-4294-9/O

XDUP 4586002-15

* * * 如有印装问题可调换 * * *